通信网络精品图书

移动互联网
关键技术与应用

（第2版）

张普宁　吴大鹏　舒　毅
迟　蕾　欧阳春　王汝言　编著

U0282779

电子工业出版社.

Publishing House of Electronics Industry

北京·BEIJING

内 容 简 介

本书致力于阐述面向应用的移动互联网关键技术，以便帮助读者建立从原理到应用、从概念到技术的移动互联网知识体系；从移动互联网基本含义出发，深入解析移动互联网产业链及体系架构，并就国内与国际的发展趋势等方面进行详尽的分析与阐述。本书以网络体系结构为依据，从终端技术、网络技术及应用技术等三个方面，详细地阐述移动互联网建设与发展过程中所涉及的信息通信技术，并以行业热点应用为例，分析不同应用场景下的业务需求，深入论述各种信息通信技术的适用性。书中全面介绍国内外研究机构及标准化组织的最新工作进展，同时展望我国移动互联网发展趋势，探讨发展过程中将会出现的问题及应对思路。

本书适合移动互联网产业链中的相关工程技术人员及高校师生阅读，也可作为高等院校电子信息类专业研究生、本科生的教学用书。

图书在版编目（CIP）数据

移动互联网关键技术与应用 / 张普宁等编著. —2 版. —北京：电子工业出版社，2019.6
（通信网络精品图书）
ISBN 978-7-121-36596-6

Ⅰ. ①移… Ⅱ. ①张… Ⅲ. ①移动通信－互联网络－研究 Ⅳ. ①TN929.5

中国版本图书馆 CIP 数据核字(2019)第 096803 号

责任编辑：宋　梅　　文字编辑：满美希
印　　刷：三河市华成印务有限公司
装　　订：三河市华成印务有限公司
出版发行：电子工业出版社
　　　　　北京市海淀区万寿路 173 信箱　邮编：100036
开　　本：787×1 092　1/16　印张：15.5　字数：397 千字
版　　次：2015 年 1 月第 1 版
　　　　　2019 年 6 月第 2 版
印　　次：2021 年 2 月第 3 次印刷
定　　价：59.00 元

凡所购买电子工业出版社图书有缺损问题，请向购买书店调换。若书店售缺，请与本社发行部联系，联系及邮购电话：（010）88254888，88258888。

质量投诉请发邮件至 zlts@phei.com.cn，盗版侵权举报请发邮件至 dbqq@phei.com.cn。

本书咨询联系方式：mariams@phei.com.cn。

前　言

随着宽带无线接入技术和移动终端技术的飞速发展，移动通信和互联网融合的产物——移动互联网应运而生，其继承了移动通信本身及互联网分享、开放、协作、互动的优势，实现了互联网技术、平台、商业模式和应用与移动通信技术的完美结合，在"互联网+"、人工智能、大数据的大背景下，移动互联网必将会为各行各业的发展注入新的活力。

摩根·斯坦利认为，移动互联网是继大型机、小型机、个人计算机及桌面互联网之后的第 5 个信息产业发展周期，是当今信息产业竞争最为激烈且发展最为迅速的领域。目前，世界各信息产业强国均非常重视移动互联网领域，都在抢占移动互联网这一高地。2011 年 2 月，时任美国总统奥巴马公布了美国《国家无线宽带计划》，目标是在 5 年内建成覆盖全美 98%人口的高速无线网络，以促进移动互联网产业的进一步发展。类似地，英国政府推出了旨在通过改善基础设施，推广移动互联网和全民数字应用的"数字英国"计划。作为信息化强国的日本，也推出了鼓励超高速宽带建设和移动互联网应用的信息技术发展战略——"i-Japan 战略 2015"。

移动互联网是移动网络和互联网的融合网络，在该环境下，用户可以用手机、PDA 或者其他手持（车载）终端通过移动网接入互联网，随时随地享用公共互联网上的服务，它体现了"无处不在的网络、无所不能的业务"的思想，正在改变着人们的生活方式和工作方式。目前，除文本浏览和图片下载等基本应用外，移动互联网所提供的音乐、移动 TV、视频、游戏、即时通信、位置服务和移动广告等应用增长迅速，并仍在继续衍生出移动通信与互联网业务深度融合的其他应用。

移动互联网涉及的信息与通信技术较多，包括终端技术、网络技术及高层应用技术等，移动互联网的建设与发展受到多方面因素的影响。

本书致力于阐述面向应用的移动互联网关键技术，以便帮助读者建立从原理到应用、从概念到技术的移动互联网知识体系；从移动互联网基本含义出发，深入解析移动互联网产业链及体系架构，并就国内与国际的发展趋势等方面进行详尽的分析与阐述。本书以网络体系结构为依据，从终端技术、网络技术及应用技术等三个方面，详细地阐述移动互联网建设与发展过程中所涉及的信息通信技术，并以行业热点应用为例，分析不同应用场景下的业务需求，深入论述各种信息通信技术的适用性。书中全面介绍国内外研究机构及标准化组织的最新工作进展，同时展望我国移动互联网发展趋势，探讨发展过程中将会出现的问题及应对思路。

全书共 6 章。

第 1 章移动互联网基本概念：从移动互联网的起源出发，深入阐述移动互联网的内涵，讨论移动互联网网络技术的发展现状，并对移动互联网产业链及体系架构进行剖析，通过分析其发展前景，表明其重要意义。

第 2 章移动终端：介绍移动互联网终端发展过程和发展趋势，阐述智能终端对移动互联网发展过程的影响，重点介绍智能终端关键技术，其中包括 AI 和 5G。

第 3 章移动操作系统：介绍了移动操作系统发展过程及最新发展态势，重点阐述了移动操作系统的架构，同时，对当今手机的主流操作系统进行了详细介绍与分析比较。

第 4 章移动互联网应用技术：主要介绍移动 Widget、移动 Mashup 和移动 Ajax，深入分析了云计算技术和边缘计算技术对移动互联网的推动作用。

第 5 章移动互联网典型应用：编著者根据当前所从事的工作内容，对典型的移动互联网应用进行了详尽的介绍，其中包括社交应用、位置应用、视频应用和搜索应用等方面。

第 6 章移动互联网标准化与运营：首先针对移动互联网标准化进程进行了介绍，并深入分析各个标准组织所提出方案的异同，然后对当前国际上各个国家的移动互联网发展战略进行了深入剖析，进而，结合当前发展现状，总结了我国移动互联网领域的发展方向。

近年来，移动互联网迅猛发展，其发展势头被全世界看好。5G、云计算技术、边缘计算技术等新一代信息通信技术将会是移动互联网高速发展的强力支撑点，应大力推动关键技术的发展，培养相关人才，为下一次信息产业的变革做准备，从而掌握国际话语权。希望本书能对我国移动互联网技术的发展起到促进作用。

本书配有教学资源，如有需要，请登录电子工业出版社华信教育资源网（www.hxedu.com.cn），注册后免费下载。

目　　录

第1章　移动互联网基本概念

1.1　移动互联网简介

　　移动互联网是当前信息技术领域的热门话题之一，它将移动通信和互联网这两个发展最快、创新最活跃的领域连接在一起，并凭借数十亿的用户规模，正在开辟信息通信业发展的新时代[1]。据中国互联网络信息中心（CNNIC）2018年发布的第42次《中国互联网络发展状况统计报告》，截至2018年6月，我国网民规模已达8.02亿，2018上半年新增网民2968万人，较2017年末增长3.8%，互联网普及率达57.7%。手机网民保持良好的增长态势，规模达到7.88亿，手机继续保持第一大上网终端的地位。2018年中国新增网民中使用手机上网的比例高达98.3%，远高于使用其他设备上网的网民比例。而新网民中较高的手机上网比例，也说明了手机在网民增长中的促进作用。移动互联网领域由于其巨大的潜在商用价值深为业界所看重。

　　移动互联网正在改变着人们的生活、学习和工作方式，移动互联网使人们可以通过随身携带的移动终端（智能手机、PDA、平板电脑等）随时随地乃至在移动过程中获取互联网服务。移动互联网体现了"无处不在的网络、无所不能的业务"的思想，它所改变的不仅是接入手段，也不仅是对桌面互联网的简单复制，而是一种新的能力、新的思想和新的模式，并将不断催生新的业务形态、商业模式和产业形态[2]。

1.1.1　移动互联网的概念

　　目前，移动互联网已成为学术界和业界共同关注的热点，对其的定义可谓众说纷纭。移动互联网是基于移动通信技术、广域网、局域网及各种移动终端并按照一定的通信协议组成的互联网络[3]。广义上讲，手持移动终端通过各种无线网络进行通信，与互联网结合就产生了移动互联网。简单说，能让用户在移动中通过移动设备（如手机、平板电脑等移动终端）随时随地访问Internet、获取信息，进行商务、娱乐等各种网络服务，就是典型的移动互联网。可以认为移动互联网是互联网的延伸，亦可认为移动互联网是互联网的发展方向。其他类似的定义如下所述。

　　① 中国工业和信息化部电信研究院（现名为中国信息通信研究院）在2011年发布的《移动互联网白皮书》中提出：移动互联网是以移动网络作为接入网络的互

联网及服务，它包括移动终端、移动网络和应用服务三大要素。

② 维基百科的定义：移动互联网是指使用移动无线 Modem，或者整合在手机或独立设备（如 USB Modem 和 PCMCIA 卡等）上的无线 Modem 接入的互联网。

③ WAP 论坛的定义：移动互联网是指用户能够依托手机、PDA 或其他手持终端通过各种无线网络进行数据交换的网络。

由以上这些定义可以看出，移动互联网包含两个层面。从技术层面的定义是：以宽带 IP 为技术核心，可以同时提供语音、数据、多媒体等业务的开放式基础电信网络；从终端层面的定义是：用户使用手机、上网本、笔记本电脑、平板电脑、智能本等移动终端，通过移动网络获取移动通信网络服务和互联网服务。

移动互联网包括网络、终端和应用三个基本要素。在网络方面，移动互联网和传统互联网最大的区别在于运营商占主导地位，手中完全掌握了用户的基本信息。至于终端形态，目前移动互联网的应用平台主要有 Apple（苹果）推出的 iPhone iOS 和 Google（谷歌）推出的 Android（安卓）系统，由此推出的服务模式为 Apple + App Store 和 Google + Android Market，此外，还有 Microsoft（微软）的 Windows Mobile 和其他一些系统。

移动互联网是建立在移动通信网络基础上的互联网，显而易见，没有互联网就不可能有移动互联网。从本质和内涵来看，移动互联网继承了互联网的核心理念和价值，例如体验经济、草根文化、长尾理论等。它与传统互联网最大的区别在于运营商的控制力，在传统互联网中互联网服务提供商（Internet Service Provider，ISP）对用户的控制力很弱，用户可以通过多种手段接入互联网获得基本相同的服务，ISP 基本不掌握用户信息。此外，移动互联网实质上推动了互联网技术的发展。比如，IPv6 标准虽然制定了多年，但实际实施过程一直非常缓慢，移动互联网用户数量的大大增加，特别是"永远在线"功能要消耗大量的 IP 地址，将会极大地推动 IPv6 的发展及相关应用。移动用户最大的特点是位置在不断变化，因此，移动互联网对移动 IP 有很高的需求。在新兴技术中对移动互联网影响最大的就是基于无线技术的 M2M 技术。物联网的英文名字叫作 Internet of Things，可以稍加改造升级为 Mobile Internet of Things。物联网的接入技术在很大程度上要依赖无线技术，所以移动物联网也是移动互联网的一个非常重要的分支。

移动互联网的第二个要素是终端，终端是移动互联网的前提和基础。随着移动终端技术的不断发展，移动终端逐渐具备了较强的计算、存储和处理能力以及触摸屏、定位、视频摄像头等功能组件，拥有了智能操作系统和开放的软件平台。对传统的互联网来说，终端不是一个瓶颈性的问题，但对移动网来说，由于受到电源和体积的限制，终端的功能和性能是实现各种业务的关键因素。首先是终端形态，未来的移动互联网绝对不仅是为了支持现在意义上的手机，各种电子书、平板电脑等都是移动互联网的终端类型。其次是物理特性，如 CPU 类型、处理能力、电池容量、屏幕大小等。另外，附加的各种硬件功能对实现各种业务也具有非常关键的影响。再次是操作系统，不同的操作系统各有特色，相互之间的软件也不兼容，给业务开发带来了很大的麻烦。

移动互联网的第三个要素是应用及其平台，这是移动互联网的核心。移动互联网服务不同于传统的互联网服务，具有移动性、智能化、个性化、商业化等特征，用户可以随时随地获得移动互联网服务。这些服务可以根据用户位置、兴趣偏好、需求和环境进行定制。随着 5G 时代的到来，移动互联网的应用也将会越来越丰富。

1.1.2　移动互联网的特点

相对于传统的桌面互联网，移动互联网拓展了更广阔的应用创新空间和更灵活多样的商业模式，因而，具有更大的市场潜力。随着传输和计算的瓶颈被打破，在消费者对于"决策和行动自由"的本能驱使下，大部分传统桌面互联网的业务和模式都将向移动互联网转移。

移动互联网继承了桌面互联网开放协作的特征，又继承了移动网的实时性、隐私性、便携性、准确性、可定位等特点。同时，移动互联网业务的特点又不仅体现在移动性上，可以"随时、随地、随心"地享受互联网业务带来的便捷，还表现在更丰富的业务种类、个性化的服务和更高服务质量的保障。总体来讲，移动互联网业务发展具有以下特点。

① 精准化。包括用户身份精准、用户行为记录精准以及用户位置精准，在这三个精准的条件下，移动互联网相对桌面互联网就具备了可管理、可支付以及可精准营销的优势。例如，近场支付、位置类服务都是在这个前提下发展起来的。

② 泛在化。包括终端形式泛在化、网络类型泛在化和用户行为泛在化。终端的突破性发展是实现移动互联网爆发式增长的重要前提，也是继续推动其深入发展的基本力量。网络的泛在化对运营商提出了更高的要求，蜂窝网、WLAN 甚至物联网的有机协调统一是网络运营商还未解决的难题，而管道经营将是运营商所必须解决的一大核心问题。用户在移动互联网时代几乎 7×24 小时在线，并且，随着移动互联网和现实生活越来越紧密地连接，娱乐、办公、购物、社交都会通过移动互联网解决，移动互联网将成为社会生活的重要载体。

③ 社交化。现在我们看到很多行业，比如过去的互联网媒体、电子商务，都跟社交有联系。社交应用已经是相当成熟的产业，但是随着移动互联网的推广以及社交与移动应用的完美结合，社交这个产品领域还是存在很大的发展潜力的。移动应用的最大特点是可随时和熟人社交，对于手机而言，所有社交活动的第一入口是通信录，这就意味着用户需要和自己熟知的人进行交流，获取信息。社交化决定了移动互联网

的业务与现实生活更紧密、更具即时性，竞争者更易形成先发优势，并且用户会更加活跃。近年来移动互联网迎来高速发展期，而未来移动互联网社交化则是全球趋势。

当然，在终端和网络方面，移动互联网也受到了一定的限制。其特点概括起来主要包括以下四个方面。

① 终端移动性。移动互联网业务使得用户可以在移动状态下接入和使用互联网服务，移动的终端便于用户随身携带和随时使用。

② 业务与终端、网络的强关联性。由于移动互联网业务受到了网络及终端能力的限制，因而，其业务内容和形式也需要符合特定的网络技术规格和终端类型。

③ 业务使用的私密性。在使用移动互联网业务时，所使用的内容和服务更私密，如手机支付业务等。

④ 终端和网络的局限性。移动互联网业务在便携的同时，也受到了来自网络能力和终端能力的限制。在网络能力方面，受到无线网络传输环境、技术能力等因素的限制；在终端能力方面，受到终端大小、处理能力、电池容量等因素的限制。

1.1.3　移动互联网的发展现状及趋势

1. 我国移动互联网发展现状

随着 5G 网络时代的到来，移动互联网将展现更强的生命力。5G 技术将为移动互联网的快速发展提供无所不在的基础性业务能力，在满足未来 10 年移动互联网流量增加 1000 倍发展需求的同时，为全行业、全生态提供万物互联的基础网络技术。5G 应用被划分为三个典型的场景：增强移动宽带（eMBB）、海量机器通信（mMTC）以及超可靠低时延通信（URLLC）。5G 网络具备速度快和延迟小这两大技术特性，因此，5G 无疑会给手机的硬件发展和以软件为基础的移动应用领域带来重大变革。今后移动互联网业务最基本的形态将是以云计算与边缘计算相结合的大数据平台以及基于客户端的大数据产品[4]。

中国的移动互联网正在步入快速发展轨道，这不仅体现在用户规模持续地快速增长，也体现在移动互联网产品和应用服务类型的不断丰富。随着移动互联网时代的到来，运营商、金融业、服务业，甚至工业、企业都将面临着挑战，企业转型升级刻不容缓、迫在眉睫。

（1）用户快速增长，渗透率快速提高

随着移动互联网产业的不断扩张，市场开始出现爆发式增长。移动通信技术的高速发展和通信终端的智能化，使得手机上网的便捷性优势逐渐显现。正如微软副总裁、技术战略专家 Eric Rudder 所言："大多数人的初次互联网体验将从手机开始。"手机正成为人们接触网络的最重要渠道之一。

（2）已形成完整的产业链

用户需求是市场的主宰力量，用户在使用移动互联网的同时会对该产业链上的其他产品产生巨大影响。用户需求的持续提高是移动互联网不断发展的动力源泉。

移动终端是用户接入互联网所需要的基础平台。移动互联网要求终端需要具备强大的处理能力、足够的储存空间、大屏幕以及长时间的待机能力。自从苹果公司发布 iPhone，摩托罗拉、三星、HTC 等手机厂商纷纷发布基于 Android 平台的手机以来，智能手机逐渐取代传统功能的手机，成为移动终端的首选。随着平板电脑的问世，移动终端的种类得以进一步完善，手机屏幕过小的缺点得以克服。

我国的电信网络运营商是移动通信网络和平台的提供者，负责基础网络设施建设、移动互联平台多方融合、信息传输、信息安全监管等，在整个移动互联网产业链中一直处于主导地位。随着移动互联网商业模式的创新和发展，运营商的主导地位将逐渐向终端商、内容和服务提供商转移。

任何移动终端都需要基于统一标准的手机软件运行环境，这就需要为移动终端配备操作系统。在构建操作系统和移动终端方面，存在着以 Apple 为代表的封闭 App Store 模式和以 Google 为代表的开放 Android Market 模式之间的竞争。在 Apple 相对封闭的 App Store 模式下，其软件、内容和服务均只能在 Apple 的硬件平台上运行。App Store 上的收费应用程序，由 Apple 和开发者按照 3:7 的比例进行收入分成。Google 则打造了一个不同于 App Store 的 Android Market，鼓励开发者为 Android 开发应用程序；同时，Google 向终端商免费提供 Android 操作系统，Google 则通过 Android 内置的搜索服务获取搜索广告收入。

内容和服务提供商负责根据用户需求开发和提供适合于手机用户使用的服务和软件平台或网站平台，是决定用户满意度和启动市场需求的关键环节，是移动通信产业链中的重要市场主体，也是未来决定整个产业链模式的重要力量。服务提供商逐渐脱离电信运营商的禁锢，寻求通过和上下游的合作关系使得自身在产业链中的话语权不断增加。

（3）商业模式不清晰

"终端+应用"成为产业链各参与方比较认可的一种运营模式，主要包括付费下载和"免费+广告"两种。由于中国消费者在互联网时代形成的消费理念与免费习惯，导致在欧美发达国家以付费下载或付费应用为主要盈利模式的商业模式在中国本土化的进程中却遭遇了困境。在这种背景下，移动应用免费下载+广告植入模式，就成为解决商业模式的利器。移动广告会在未来两年进入井喷阶段，并对传统互联网形成强有力的冲击。当然，移动广告面临很多挑战：表现形式还需要不断创新；优质媒体数量不够；核心价值与盈利模式不清晰；广告平台同质化严重。

（4）移动互联网网民手机上网更加理性化、多元化

随着用户结构的变化以及各种移动终端的快速发展，中国手机上网用户使用移动互联网的日均上网时长有所下降，网民手机上网更加理性化和多元化。目前，苹果的iPhone手机浪潮席卷全球，带来了手机终端的一次变革，Google推出Android系统与之共舞，共同推进了手机终端功能的改进和提升，从而在一定程度上影响着用户行为。

2. 我国移动互联网发展前景

工业和信息化部在2017年发布的《移动互联网发展白皮书》中指出："全球移动端访问网络的用户数量已超过桌面端用户，来自手机和平板的网络流量合计已达51.2%。"在移动互联网时代，移动终端用户渗透率的增长主要得益于移动设备的快速普及，尤其是智能手机的普及。整个移动互联网产业在硬件、软件、应用、流量等各个方面都以惊人的速度增长。

中国工程院院士邬贺铨表示，移动互联网是大数据的源头，是智能终端的互联网节点。手机上的社交化、个性化决定了移动互联网上的应用要比桌面互联网上丰富得多。移动互联网作为互联网发展的新阶段，是很重要的一个转折，移动互联网使互联网进入了一个全新的时期，具有非常广阔的前景。未来，移动互联网将呈现以下发展趋势。

（1）政策方面：扶持政策为行业发展保驾护航

国家出台了一系列产业扶持政策，对移动互联网的发展提供了强有力的政策支撑。《国民经济和社会发展第十三个五年规划纲要》中指出：实施"互联网+"行动计划，促进互联网深度广泛应用，带动生产模式和组织方式变革，形成网络化、智能化、服务化、协同化的产业发展新形态。

"十三五"战略性新兴产业发展规划指出：加快构建高速、移动、安全、泛在的新一代信息基础设施，推进信息网络技术广泛运用，形成万物互联、人机交互、天地一体的网络空间。

通信行业"十三五"规划表明：完善新一代高速光纤网络、构建先进泛在的无线宽带网、推进宽带网络提速降费、加快信息网络新技术开发应用，重点突破大数据和云计算关键技术、自主可控操作系统、高端产业和大型管理软件、新兴领域人工智能技术。

现代基础设施网络"十三五"规划要求：以云计算、物联网、移动互联网等新兴技术为基础，拓展基础设施建设空间，加快完善安全高效、绿色智能、互联互通的现代基础设施网络。

以上诸多政策均为移动互联网的发展奠定了坚实的基础。

（2）市场方面：市场仍将保持快速增长趋势

在网络通信时代，互联网以及手机等移动终端已深刻改变了人们的生活方式。用户对移动互联网访问的需求日趋增长，庞大的市场空间和成长前景成为移动互联网发展的客观基石。

从 2004 年开始到 2018 年，我国移动互联网用户从 350 万户增长到约 8 亿户，人们使用手机看直播，刷抖音，登陆社交网络，网络购物和地图查询，特别是微信、抖音、手机支付等正在以惊人的速度和影响力，渗透人们生活的方方面面，移动互联网市场呈现快速发展趋势，行业竞争全面展开。移动互联网人群正向主流与高端渗透，规模将进一步加大。同时，移动互联网的应用从娱乐主导向消费和电子商务转移，内容也呈现自创化趋势，整个移动互联网市场前景可观。

（3）技术方面：新通信技术标准、智能终端、云计算的不断创新及应用

在新兴通信技术的不断推动之下，随着大数据与人工智能的发展需求，4G 网络走向全面推广，5G 网络建设开始加快推进，这将为移动互联网的快速发展提供无所不在的基础性业务能力。

终端的支持是互联网业务推广的生命线，随着终端制造技术的提升和手机操作系统的多样化，未来智能手机出货量和普及率将逐步提高，智能移动终端的解决方案也将不断增多。移动终端呈现出宽带宽、多用途、互联化的趋势，智能终端的研发将向 4C〔即计算（Computer）、通信（Communication）、消费电子（Consumer Electronics）、内容（Contents）〕融合化、多样化方向发展。此外，终端厂商将带动市场进一步细分和深化，传统终端 / 系统设备厂商、手机制造商、解决方案提供商也将通过终端整合相关应用及业务，不断加速智能手机中低端化趋势，带动产业链变迁，促进移动互联网市场总体发展。

此外，云计算与边缘计算也将在移动互联网中逐步展开应用。云计算能够在有效提升数据处理能力的同时有效降低带宽成本，边缘计算可充分利用基站甚至是终端的计算能力，提高移动互联网应用的智能化水平并降低业务的时延。各种云计算与边缘计算方案的陆续出台，为移动互联网发展提供了强大的后台支撑，推动移动互联网朝向纵深发展。

（4）商业模式方面：多元商业模式成为移动互联网发展的必然趋势

尽管移动互联网商业模式近年来不断创新，但总体来看依然不成熟。由于手机屏幕尺寸和用户使用移动互联网时间碎片化的限制，目前移动互联网企业还无法完全移植 PC 互联网上的广告类盈利模式。随着移动通信技术的发展，以及产业链的相关各方对移动互联网产业认识的深入，多元商业模式成为移动互联网发展的必然趋势。新的商业模式将满足人们自我实现、全业务服务的需求，SP 合作策略从封闭、

半封闭向开放式模式演进，开放、创新、融合、聚焦新媒体渠道的生态链合作模式成为主流趋势，Freemium 成为基本盈利模式。

对比互联网和移动互联网的发展历程，可以发现今天移动互联网的发展趋势与 15 年前的互联网非常类似，而过去 15 年是互联网爆发式增长的 15 年，移动互联网的发展是对互联网的一脉相承，拥有广阔的发展空间，未来将维持快速增长的趋势。

1.2　移动互联网体系结构

1.2.1　移动互联网架构

移动互联网是互联网的技术、平台、商业模式和应用与移动通信技术结合的总称，包括移动终端、移动网络和应用服务三个要素。下面从业务体系和技术体系方面来介绍移动互联网的架构。

1. 移动互联网的业务体系

目前来说，移动互联网的业务体系主要包括三大类，如图 1.1 所示。

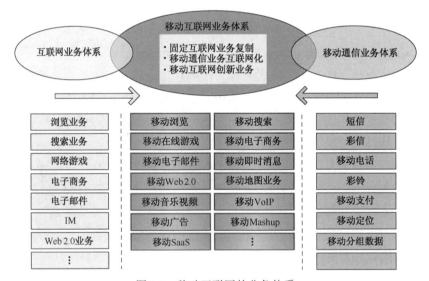

图 1.1　移动互联网的业务体系

① 桌面互联网的业务向移动终端的复制，从而实现移动互联网与固定互联网相似的业务体验，这是移动互联网业务的基础。

② 移动通信业务的互联网化，打造移动虚拟运营商，应用互联网的人工智能、数据分析与挖掘等技术，升级传统移动通信业务。

③ 结合移动通信与互联网功能而进行的有别于固定互联网的业务创新，这是

移动互联网业务的发展方向。移动互联网的业务创新关键是如何将移动通信的网络能力与互联网的网络与应用能力进行聚合，从而创新移动互联网业务。

2. 移动互联网的技术体系

移动互联网作为当前的热点融合发展领域，与广泛的技术和产业相关联，纵览当前移动互联网业务和技术的发展，主要涵盖六个技术领域，如图 1.2 所示为移动互联网的技术体系。

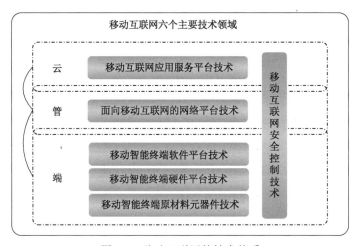

图 1.2　移动互联网的技术体系

① 移动互联网应用服务平台技术。
② 面向移动互联网的网络平台技术。
③ 移动智能终端软件平台技术。
④ 移动智能终端硬件平台技术。
⑤ 移动智能终端原材料元器件技术。
⑥ 移动互联网安全控制技术。

3. 未来移动互联网的基本架构

当移动终端作为访问互联网的主要工具时，互联网也由信息网络开始像应用网络迁徙。未来移动互联网的基本架构为 COWMALS（Connect Open Web Mobile Application Location Social）。

（1）C：Connect

互联网从"链接"向"连接"转变，应用服务之间的关系由弱转强，运营者最需要做的事是在自身、用户、其他应用服务之间建立最广泛、最有效的连接性。互联网内各个节点、各类要素之间正在经历连接、重新连接过程。C 是 COWMALS 的前提。

（2）O：Open

开放式分布，一站之内模式彻底终结。从网络层-数据层-终端层-OS 层-Web 层到应用层，开放正在重塑整个互联网产业体系结构，开放不仅是大平台的趋向，更是中小服务商的必然选择。O 是 COWMALS 的形态。

（3）W：Web

网站依然重要，Web 浏览依然是基础，且未来相当多的 App 存在通过 Web 分发的可能。Web+App 两翼齐飞，互相结合，是互联网服务商的基本业务格局。Website、Web App、移动 App、Software，未来网络天下四分。W 是 COWMALS 的基础。

（4）M：Mobile

移动终端手机成为互联网中心，而不再是 PC。Mobile 是 Web+App 布局的核心。互联网服务商的重心全面向 Mobile 转移，随时随地人机合一的特性使得照搬 PC 互联网不一定可行。移动应用环境更加碎片化。

（5）A：App

互联网应用化，App 成为应用的基本形态，未来互联网服务基本组合是Web+App。

（6）L：Location

位置成为各类互联网服务的标配和基准，L 因此是 Web+App 的基准，也是虚拟与现实充分连接的关键。L 是 COWMALS 的基准。

（7）S：Social

社交网络向社会化网络转变，后者成为互联网的网中网，且把互联网以关系为基础重新组织起来，但关系不再局限于人和人的连接，而是人机信息应用的连接。

1.2.2　移动互联网产业链

产业链结构是经营决策和商业模式成功的决定性因素。对目前已经提出的移动互联网产业链结构模型进行深入分析之后，可以将之分为两类：第一类模型基于传统移动通信产业链的微调改进；第二类模型跳出了传统移动通信产业链的思维局限，构建以运营商为核心，其他参与者协作的产业链结构。通过对各国移动互联网产业链发展情况和产业链主要参与者的分析研究，总结移动互联网产业链的结构模型特征如下。

① 网络、终端和内容是移动互联网产业的三个核心要素，分别对应着产业链上的三个环节：网络运营商、终端提供商和应用内容提供商。这三个环节的企业是相互

协作和竞争合作的关系，没有严格意义上的投入产出关系；并且它们都有直接接触最终消费者的机会，有能力形成自己的用户群。但是在不同时期和不同市场中，可能具有不同的表现形式。比如，在中国的移动互联网产业发展初期，应用内容提供商依赖于网络运营商，并没有形成自己的特定用户群，而终端厂商未与网络运营商有过多的合作，某些实力雄厚的企业则慢慢培养了自己的忠实用户。产业链结构模型应该体现出运营商、终端制造商和应用内容提供商三者的核心地位，以及三者的特殊性。

② 从系统论的观点看，移动互联网产业链是以企业为节点，承载着物流、信息流和资金流，由各种要素组合而成的复杂的动态系统，具有复杂系统的基本特征。因此，移动互联网的产业链结构模型应该体现出复杂系统的特征：系统各个单元间联系广泛而紧密；具有多层次、多功能的结构；能不断重组和完善；开放且与环境联系紧密；动态且对未来有一定的预测能力。

③ 具有复杂的竞争合作关系是移动互联网产业链的一个重要特征。在体现产业链上下游企业投入产出关系和价值流动关系时，应注意与竞争合作关系区分开来。

基于产业链形成过程的分析和上述特征，移动互联网产业链结构模型如图 1.3 所示。

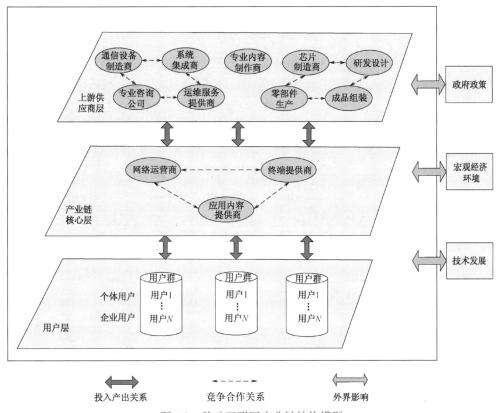

图 1.3　移动互联网产业链结构模型

从图 1.3 中可以看到，移动互联网产业链的结构模型是一个层次化的产业链网络，各产业链环节依据投入产出或竞争合作关系与其他环节相互作用，在这相互间的关系中还蕴含着复杂的产品／服务流、信息流和资金流。在层与层之间以上下游的投入产出关系为主，层内以各个环节的竞争合作关系为主。

若用户需要享受移动互联网服务和便利，则必须同时拥有网络、终端和内容三个要素。与之相对应的产业链的三个环节都有直接接触最终用户的机会，同时它们必须相互协作才能为用户提供完整的移动互联网服务。因此，该结构模型从用户的角度出发，以用户获取某种移动互联网产品或服务为考量，同时突出网络运营商、终端提供商和应用内容提供商三者的特殊地位，横向将模型分为三层：用户层、产业链核心层、上游供应商层。以层与层之间的投入产出关系代表上下游的关系，而层内的竞争合作关系则可以解释各环节的微妙关系。这使原本具有多点输入多点输出、联系错综复杂的产业链网络更加清晰和有条理。

第一层是代表着市场需求的用户层，包括个体用户和企业用户，以及由于交互作用而形成的用户群。第二层是由与满足用户需求直接关联的产业链环节组成的产业链核心层，包括网络运营商、终端提供商、应用内容提供商。第二层各产业链环节与用户接触最为紧密，它们围绕着最终用户并直接提供服务，它们之间的关系不是传统意义上的基于投入产出的上下游关系，而是不断变化的复杂的竞争合作关系。整个产业链核心层呈现出一种三元竞争合作的态势。第三层是上游供应商层，负责为产业链核心层企业提供硬件、软件以及服务等生产要素的投入，并未与最终用户产生直接的接触和联系，包括通信设备制造商、系统集成商、专业咨询公司、专业内容制作商及芯片制造商等。它们之间既有上下游的投入产出关系，又有竞争合作关系，其关系错综复杂，且各节点的确定争议较大。根据网络、终端和内容三个核心要素的生产过程，可以将产业链系统划分为三个子系统：满足用户接入移动互联网需求的网络提供子系统；提供用户移动互联网硬件和软件载体的终端提供子系统；满足用户的不断丰富和多样化的内容和服务需求的应用内容提供子系统。整个移动互联网产业链系统在政府政策、宏观经济环境以及技术发展等外部环境的影响下形成和演变。

1.3　移动互联网网络技术

1.3.1　蜂窝移动通信网络发展概述

移动通信的发展历史可以追溯到 19 世纪，1864 年麦克斯韦从理论上证明了电磁波的存在；1876 年赫兹用实验证实了电磁波的存在；1900 年马可尼等人利用电磁波进行远距离无线电通信取得了成功，从此世界进入了无线电通信的新时代。现代意义上的移动通信开始于 20 世纪 20 年代初期，1928 年，美国普渡大学学生发明了工作于 2 MHz 的超外差式无线电接收机，并很快在底特律的警察局投入使用，这是世界上第一种可以有效工作的移动通信系统；20 世纪 30 年代初，第一部调幅制式的双向移动通信系统在美国新泽西的警察局投入使用；20 世纪 30 年代末，第一个调频制式的移动通信系统诞生，试验表明调频制式的移动通信系统比调幅制式的移动通信系统更加有效。在 20 世纪 40 年代，调频制式的移动通信系统逐渐占据主流地位，这个时期主要完成电磁波传输的实验工作，在短波波段上实现了小容量专用移动通信系统。这种移动通信系统的工作频率较低、语音质量差、自动化程度低，难以与公众网络互通。在第二次世界大战期间，军事上的需求促使技术快速进步，同时推动了移动通信的巨大发展。战后，军事移动通信技术逐渐被应用于民用领域，到 20 世纪 50 年代，美国和欧洲部分国家相继成功研制了公用移动电话系统，在技术上实现了移动电话系统与公众电话网络的互通，并得到了广泛的使用。遗憾的是这种公用移动电话系统仍然采用人工接入方式，系统容量小。随着民用移动通信用户数量的急剧增长，业务范围的扩大，有限的频谱供给与可用频道数要求递增之间的矛盾日益尖锐。为了更有效地利用有限的频谱资源，美国贝尔实验室提出了在移动通信发展史上具有里程碑意义的蜂窝组网理论，为移动通信系统在全球的广泛应用开辟了道路，也开启了第一代蜂窝移动通信系统的大门。

关于蜂窝移动通信网络的概念，美国联邦通信委员会（Federal Communications Commission，FCC）是这样定义的：一个高容量的陆上移动通信系统，分配给系统的频谱资源被划分为独立的信道，这些信道按组分配给各个地理小区，这些小区覆盖了一个蜂窝地理服务区。独立的信道能够被服务区内的不同小区复用。

典型的蜂窝移动通信系统如图 1.4 所示。蜂窝式组网放弃了点对点传输和广播覆盖模式，将一个移动通信服务区划分成许多以正六边形为基本几何图形的覆盖区域，称为蜂窝小区。一个较低功率的发射机服务一个蜂窝小区，在较小的区域内设置相当数量的用户。由于传播损耗可为频谱资源的复用提供足够的隔离度，相隔一定距离的蜂窝基站间可重复使用同一组工作频率，频率复用能够从有限的原始频率分配中产生几乎无限的可用频率，这是使系统容量趋于无限的极好方法，该技术大大缓解了频率资源紧缺的矛盾，增加了用户数目和系统容量。但是，与此同时也存在着同频干扰的问题，即无用信号的载频与有用信号的载频相同，并对接收同频有用信号的接收机造成干扰。

移动通信无线服务区由许多正六边形小区覆盖而成，呈蜂窝状，通过相应的接口与公众通信网（PSTN 和 PSDN）互联。移动通信系统包括移动交换子系统（SS）、操作维护管理子系统（OMS）和基站子系统（BSS），是一个完整的信息传输实体。

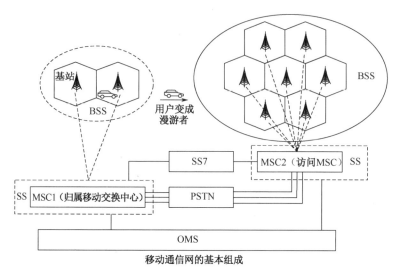

移动通信网的基本组成

图 1.4 典型的蜂窝移动通信系统

移动通信中呼叫的建立由基站子系统和移动交换子系统共同完成；BSS 提供并管理移动台（MS）和 SS 之间的无线传输通道，SS 负责呼叫控制功能，所有的呼叫都是经由 SS 建立连接的；操作维护管理子系统负责管理控制整个移动网。移动台（MS）也是一个子系统。移动台实际上是由移动终端设备和用户数据两部分组成的，移动终端设备又称为移动设备，用户数据存放在一个与移动设备可分离的数据模块中，此数据模块称为用户识别卡（SIM 卡）。

1. 蜂窝技术分类

常见的蜂窝移动通信系统按照功能不同可以分为三类，分别是宏蜂窝、微蜂窝和智能蜂窝，通常这三种蜂窝技术各有特点。

（1）宏蜂窝技术

在蜂窝移动通信系统中，在网络运营初期，运营商的主要目标是建设大型的宏蜂窝小区，取得尽可能大的地域覆盖率，宏蜂窝每小区的覆盖半径大多为 1～25 km，基站天线做得尽可能高。在实际的宏蜂窝小区，通常存在着两种特殊的微小区域。一是"盲点"，由于电波在传播过程中遇到障碍物而造成的阴影区域，该区域通信质量严重低劣；二是"热点"，由于空间业务负荷的不均匀分布而形成的业务繁忙区域，它支持宏蜂窝中的大部分业务。以上两"点"问题的解决，往往依靠设置直放站、分裂小区等办法。除了经济方面的原因，从原理上讲，这两种方法也不能无限制地使用，因为扩大了系统覆盖范围，通信质量则相应下降；提高了通信质量，往往又要牺牲容量。随着用户数的增加，宏蜂窝小区进行小区分裂，变得越来越小，当小区小到一定程度时，建站成本就会急剧增加，小区半径的缩小也会带来严重的干扰。另外，盲点地区仍然存在，热点地区的高话务量也无法得到很好吸收，微蜂窝技术就是为了解决以上难题而产生的。

（2）微蜂窝技术

与宏蜂窝技术相比，微蜂窝技术具有覆盖范围小、传输功率低和安装方便、灵活等特点，微蜂窝小区的覆盖半径为 30～300 m，基站天线低于屋顶高度，传播主要沿着街道的视线进行，信号在楼顶的泄漏小。微蜂窝可以作为宏蜂窝的补充和延伸，微蜂窝的应用主要有两方面：一是提高覆盖率，应用于一些宏蜂窝很难覆盖到的盲点地区，如地铁、地下室；二是提高容量，主要应用在高话务量地区，如繁华的商业街、购物中心、体育场等。微蜂窝在作为提高网络容量的应用时一般与宏蜂窝构成多层网。宏蜂窝进行大面积的覆盖，作为多层网的底层，微蜂窝则进行小面积连续覆盖并叠加在宏蜂窝上，构成多层网的上层，微蜂窝和宏蜂窝在系统配置上是不同的小区，有独立的广播信道。

（3）智能蜂窝技术

智能蜂窝是指基站采用具有高分辨阵列信号处理能力的自适应天线系统，智能监测移动台的位置，并以一定的方式将确定的信号功率传递给移动台的蜂窝小区。对于上行链路而言，采用自适应天线阵接收技术，可以极大地降低多址干扰，增加系统容量；对于下行链路而言，通过控制信号的有效区域以减少同频干扰。智能蜂窝小区既可以是宏蜂窝，也可以是微蜂窝。利用智能蜂窝小区的概念进行组网设计，能够显著地提高系统容量，改善系统性能。

2. 蜂窝移动通信经历的阶段

到目前为止，蜂窝移动通信大致经历了五个阶段。

（1）模拟阶段：第一代蜂窝移动通信系统

第一代蜂窝移动电话，在我国俗称"大哥大"，以模拟调制通信技术为基础，采用频分多址（FDMA）技术。20 世纪 70 年代中期至 80 年代中期，是移动通信蓬勃发展阶段。1978 年，美国贝尔实验室开发了高级移动电话系统（AMPS），建成了蜂窝状移动通信网。这是第一种真正意义上的具有随时随地通信能力的大容量的蜂窝移动通信系统。AMPS 采用频率复用技术，可以保证移动终端在整个服务覆盖区域内自动接入公用电话网，具有更大的容量和更好的语音质量，解决了公用移动通信系统所面临的大容量要求与频谱资源限制的矛盾。

AMPS 以优异的网络性能和服务质量获得了广大用户的一致好评。20 世纪 70 年代末，美国开始大规模部署 AMPS。1983 年，AMPS 首次在芝加哥投入商用，同年 12 月，在华盛顿也开始启用。之后，服务区域在美国逐渐扩大。到 1985 年 3 月已扩展到 47 个地区，约 10 万移动用户。其他工业化国家也相继开发出蜂窝式公用移动通信网。AMPS 在美国的迅速发展促进了在全球范围内对蜂窝移动通信技术的研究。到 20 世纪 80 年代中期，欧洲和日本也纷纷建立了自己的蜂窝移动通信网络，主要包括英国的 ETACS、北欧的 NMT-450、日本的 NTT/JTACS/NTACS 等。这些系统都是模拟制式的频分双工（Frequency Division Duplex，FDD）系统，亦被称为第一代蜂窝移动通信系统或 1G 系统。

在这一阶段，微电子技术得到长足的发展，通信设备不断向小型化、微型化演进。同时，大区制在用户数量增长到一定程度时也暴露出不足之处，受到无线频率资源有限性的制约。蜂窝网，即所谓小区制，由于实现了频率再用，大大提高了系统容量，真正解决了公用移动通信系统要求容量大与频率资源有限的矛盾。并且，随着移动通信中非语音业务（数据、传真和无线计算机联网等）的需求增大，加之固定通信网数字化的进展，以及综合业务数字网的逐步投入使用，对移动通信领域数字化的要求越来越迫切。而蜂窝网概念的提出完美地解决了这些问题，在技术上取得了突破。

（2）数字阶段：第二代移动通信系统

模拟蜂窝网虽然取得了很大成功，但也暴露了一些问题。例如，频谱利用率低；移动设备复杂；制式太多导致兼容性不好，妨碍漫游；费用较贵，业务种类受限制以及通话易被窃听等，最主要的问题是其容量已不能满足日益增长的移动用户需求。解决这些问题的方法是开发新一代数字蜂窝移动通信系统。数字无线传输的频谱利用率高，可大大提高系统容量。另外，数字网能提供语音、数据多种业务服务，并与 ISDN 等兼容。实际上，早在模拟蜂窝系统还处于开发阶段时，一些发达国家就着手数字蜂窝移动通信系统的研究。到 20 世纪 80 年代中期，欧洲首先推出了泛欧数字移动通信网（GSM）的体系，随后，美国和日本也制定了各自的数字移动通信体制，数字移动通信系统进入发展的成熟阶段。有三种应用最广泛的数字蜂窝移动通信制式，分别为欧洲的 GSM、北美的 DAMPS 和日本的 JDC（Japanese Digital Cellular）。

GSM 网络与其他系统的网络结构相比较为成熟，为近 30 亿用户提供服务并且被大约 670 家运营商在超过 200 个国家和地区部署，是目前全球应用最广的移动通信技术。亚洲 GSM 基础设施应用最广，其 GSM 用户数超过全球 GSM 用户数的 40%。拉丁美洲、东欧、中东和非洲等发展中国家和地区也是重要的 GSM 市场。GSM 移动通信业务是指利用工作在 900/1800 MHz 频段的 GSM 移动通信网络提供的语音和数据业务。该系统的无线接口采用 TDMA 技术，核心网移动性管理协议采用 MAP 协议。所有用户可以在签署了"漫游协定"的移动电话运营商之间自由漫游。GSM 较之它以前的标准最大的不同是其信令和语音信道都是数字式的，因此 GSM 被称为第二代（2G）移动通信系统，其结构示意图如图 1.5 所示。

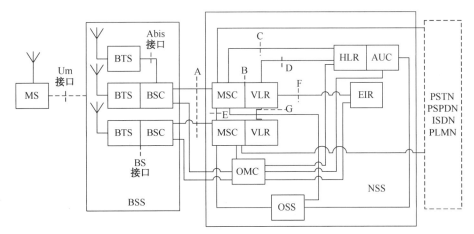

MS: 移动台；OSS: 操作系统；BTS: 基站发信台；BSC: 基站控制器
BSS: 基站系统；MSC: 移动业务交换中心；VLR: 访问位置寄存器

图 1.5　GSM 结构示意图

数字移动通信的优点可简单地归纳如下[5]。

① 频谱利用率高。

② 语音质量好。在多径传播情况下，数字编码的语音信号质量优于模拟调制语音信号质量。又由于在数字系统中可以采用纠错技术，因此可以获得更好的语音质量。

③ 保密性好。由于数字系统是以独特的编码技术和严格同步的时分结构为基础的，所以保密性比模拟系统好得多。同时数字系统也比较容易加密，可提供更高的保密性能。

④ 改善了频率再用能力。数字系统抗同频干扰能力强，与模拟系统相比，最小信噪比可降低 5 dB，每平方千米的话务量可增加 23 Erl，从而大大提高了信道利用率。

⑤ 与固定数字网的兼容性好。

⑥ 可降低基站成本。使用 TDM/TDMA 系统后，许多用户可以有效地共用基站无线电设备，从而降低了对机房空间的占用以及功耗和成本。

⑦ 可降低用户设备成本。

⑧ 用户设备体积及容量可进一步缩小。

另一个受到广泛应用的网络就是 CDMA 系统，该系统的业务是指利用工作在 800 MHz 频段上的 CDMA 移动通信网络提供的语音和数据业务。CDMA 移动通信的无线接口采用窄带码分多址技术，核心网移动性管理协议采用 IS—41 协议。CDMA 技术因其固有的抗多径衰落的性能，并且具有软容量、软切换、系统容量大、可以运用如语音激活、分集接收等先进技术，使得 CDMA 系统在移动通信领域的应用备受青睐。在美国以 Qualcomm 公司为首的倡导者提出的 CDMA 系统方案已成为 IS—95 标准，并且以 IS—95 为标准的 CDMA 商用系统已分别在中国香港及韩国、北美等地区和国家投入使用，取得良好的用户反映。尽管 CDMA 具有许多优点，但由于它推出较晚，所占据的市场份额还无法与拥有成熟网络的 GSM 相提并论。

（3）数据阶段：第三代移动通信系统

为了满足更多、更高速率的业务以及更高频谱效率的要求，同时减少各大网络之间的不兼容性，ITU 在 1985 年提出了一个世界性的标准，即未来公共陆地移动通信系统（Future Public Land Mobile Telephone System，FPLMTS）的概念，1996 年更名为国际移动通信—2000（IMT—2000）。1997 年进入实质性的技术选择与标准制定阶段，后经一系列的评估和标准融合后，在 1999 年 11 月举行的 ITU-R TG8/1 赫尔辛基会议上最终确定了第三代移动通信无线接口标准。2000 年 5 月，ITU 正式公布了第三代移动通信标准——IMT—2000 标准。因此，第三代移动通信（3rd Generation，3G）系统也称 IMT—2000，是在第二代移动通信技术基础上进一步演进的以宽带 CDMA 技术为主，并能够同时支持高速数据传输的蜂窝移动通信系统。3G 业务的主要特征是可提供移动宽带多媒体（如语音、数据、视频图像）业务，其中高速移动环境下支持 144 kbps 速率，步行和慢速移动环境下支持 384 kbps 速率，室内环境支持 2 Mbps 速率数据传输，并保证高可靠服务质量（QoS）。

第三代移动通信系统的一个突出特色就是，要在移动通信系统中实现个人终端用户能够在全球范围内的任何时间、任何地点，与任何人、用任意方式高质量地完成任何信息之间的移动通信与传输。可见，第三代移动通信十分重视个人在通信系统中的自主因素，突出了个人在通信系统中的主要地位，所以又叫未来个人通信系统。

国际电信联盟（International Telecommunication Union，ITU）在 2000 年 5 月确定 WCDMA、cdma2000、TD-SCDMA 为无线接口标准，写入 3G 技术指导性文件《2000 年国际移动通讯计划》。2007 年 10 月 19 日，在国际电信联盟于日内瓦举行的无线通信全体会议上，经过多数国家投票通过，WiMAX 正式被批准成为继 WCDMA、cdma2000 和 TD-SCDMA 之后的第四个全球 3G 标准。

（4）宽带多媒体阶段：第四代移动通信系统

尽管 3G 提供的多媒体服务已经形成了几个比较成熟的主流标准，在全球得到了广泛的应用，但是第三代移动通信系统仍是基于地面标准不一的区域性通信系统，尽管其传输速率可高达 2 Mbps，但其用户容量依然有限，所能提供的带宽和业务依然与人们的需求有一定差距，仍无法满足多媒体通信的要求，不能称得上是真正的宽带多媒体通信。因此，第四代移动通信系统（4rd-generation，4G）的研究应运而生。一些国际化标准组织在 3G 的基础上进行了新一轮演进型技术的研究和标准化工作。

移动通信技术的演进路径主要有三条：一是 WCDMA 和 TD-SCDMA，均从 HSPA 演进至 HSPA+，进而到 LTE；二是 cdma2000 沿着 EV-DO Rev.0/Rev.A/Rev.B，最终到 UMB；三是 IEEE 802.16 m 的 WiMAX 路线。而其中由 ITU 和 3GPP/3GPP2 引领的从 3G 走向 E3G（100 Mbps），再走向 B3G（1000 Mbps）/4G 的 LTE 路径拥有最多的支持者，被看作"准 4G"技术。

随着 LTE 用户基础，技术、终端业务的快速发展，全球 LTE 发展已驶入快车道，根据威普咨询发布的报告显示，LTE 网络投入商用 3 年来，全球已有超过 160 家运营商先后完成了 LTE 网络部署，LTE 用户规模呈高速增长态势，截至 2012 年底全球已有多达 67 个国家、163 个 LTE 网络商用化，用户数已突破 7000 万户，2012 年用户增长率高达 611%。2013 年，根据 Strategy Analytics 的最新研究报告，全球 LTE 用户数在 2013 年末达到了 2.38 亿户，较之 2012 年末的 8200 万户，增长了 190%。在区域市场方面，美国、日本、韩国仍领跑全球的 LTE 发展，这 3 个市场的 LTE 用户合计占全球 LTE 用户总数的 76%。但由于 LTE 在其他区域市场的起飞，该比例已经较一年前的 90% 有了明显下降。自 2013 年下半年起，西欧市场的 LTE 发展明显加速。2013 年末，西欧 LTE 用户数已超过 2800 万户，较之一年前增长了近 10 倍。至 2018 年全球 LTE 用户数超过了 20 亿户，而全球蜂窝技术连接用户总数超过了 90 亿户。

LTE 项目改进并增强了 3G 的空中接入技术，以分组域业务为主要目标，系统在整体架构上将基于分组交换，采用 OFDM 和 MIMO 作为其无线网络演进的标准。名义上 LTE 是对 3G 的演进，但事实上它对 3GPP 的整个体系架构进行了革命性的变革，逐步趋近于典型的 IP 宽带网结构。第四代移动通信技术的概念可称为广带（Broadband）接入和分布网络，具有非对称超过 2 Mbps 的数据传输能力，对全速移动用户能提供 150 Mbps 的高质量影像服务，将首次实现三维图像的高质量传输，同时，在 20 MHz 频谱带宽下能够提供下行 100 Mbps 与上行 50 Mbps 的峰值速率，改善了小区边缘用户的性能，能提高小区容量并降低系统延迟。总之，其优势可总结为高数据速率、分组传送、延迟降低、广域覆盖和向下兼容。

第四代移动通信系统的关键技术主要包括以下几项。

① OFDM 技术。

正交频分复用技术是一种在无线环境下高速传播网络数据的技术，与 3G 的 CDMA 技术有很大的区别。其是对多载波调制技术的改进，是 4G 技术的核心。在无线通信的环境中，多普勒效应会对信号产生干扰，OFDM 技术在传输领域中进行信号分解，使各载波进行交互。然后对低速数据进行片段分解，在载波上进行调制，使串行通道变成并行通道，使信道变得相对平坦，降低信号受信道的影响。由于每个子信道上的传输信号要小于带宽，信号波形间的干扰也会大大减少。

② MIMO 技术。

多输入多输出（MIMO）技术是一种分集技术，是多天线技术的发展，它利用天线的两端同时工作，以提高传播速度。并行工作各个接收天线通过角度扩展减少相关空间。在信道独立时，信道的传输能力会不断增强，这样的系统可以在不增加天线的情况下提高带宽。MIMO 技术是无线技术领域的重大突破，发展潜力巨大。在近几年的发展过程中得到了完善，已经广泛应用到通信系统中，被认为是现代通信技术的关键技术要点。其优点是可降低干扰、提高无线信道容量和频谱利用率。

③ 软件无线电技术。

软件无线电技术是改变传统无线终端来设计硬件的核心技术，强调硬件的配置和升级技术。尽量以简化、开放通用的平台，实现软件收发功能。在系统的组成上，软件无线电硬件包括天线、射频前端、模拟转换器、数字信号处理器。天线的覆盖范围一般比较广，射频的前端发射变频和滤波功能，信号在完成转换后就由工作软件来处理。

（5）第五代移动通信系统阶段

移动互联网技术属于一项十分强大的基础性平台，而各种新兴业务也必须依靠移动互联网技术才能够发展起来，5G 移动通信技术也不例外。5G 移动通信技术以 4G 技术为基础，来满足智能终端的快速普及和移动互联网的高速发展，其不仅拥有 4G 技术的优点，而且拥有许多新型的技术优势，使之具有更高的综合性、系统性和应用性[6]。

5G 技术标准正处于不断完善与成熟过程中。国际标准化组织 3GPP 于 2017 年 12 月公布了第一个 5G 技术标准，支持非独立组网（NSA）与增强移动宽带（eMBB）功能。2018 年 06 月 14 日，3GPP 批准了 5G 独立组网（SA）技术标准，5G 自此进入了产业全面冲刺的新阶段。

第五代移动通信系统的关键技术主要包括[7]：

① 大规模 MIMO 技术。

MIMO 技术已经广泛应用于 LTE、LTE-A，但其具有一定的缺陷，主要表现在信息处理及硬件的复杂度较高、能耗过大等方面，使之无法满足当今发展中愈加复杂化的数据处理需求。因此，催生了大规模 MIMO 技术。与传统 MIMO 技术相比，大规模 MIMO 技术增加了天线数量，这不仅能够有效提升系统整体容量，还能降低信息处理方面的复杂度，进而有效提升信息处理的质量与效率。

② 全双工技术。

这项技术的本质是在一个物理信道上传输两个方向的信号，通过通信双工节点发射机信号干扰的消除，既需要接收另一个节点所发射的同频信号，同时还得发射信号机中的信号，以此来促使频谱效率进一步提升。相较于传统手段来说，同时同频全双工技术的频谱效率有着极大的提升，并且灵活性也更强。

③ 超密集异构网络技术。

超密集异构网络技术在通信网络中占据重要地位，其能够在确保信息传输速度的前提下，促使通信系统存储、容纳更多的信息。就超密集异构网络技术的实际应用而言，其功能的实现主要是通过控制网络终端与基站之间距离，使之调整到合适距离，满足信息运行的需求。但是，这一技术在实际运行过程中极易受到干扰。此时，应以结构节点为主要切入点，通过调整节点距离改变结构形状，促使其转变为异型结构，从而提升抗干扰能力。

④ 自组织网络技术。

自组织网络技术是一种智能化技术，拥有较高的自动化程度，将其应用于故障检测中，可在网络运行过程中及时发现、解决故障，有效提升网络运行的安全性及可靠性。将自组织网络技术应用于 5G 移动通信网络，能够促使 5G 移动通信网络呈现一定的智能化，推动 5G 移动通信网络技术向全智能方向发展。

移动通信网的演进如图 1.6 所示，总体来说，蜂窝移动通信系统从模拟网发展到数字网，多址技术也相应地一步步从频分多址（FDMA）发展到时分多址（TDMA）与码分多址（CDMA），每个时期都有各自的特点和贡献。1G 的主要贡献是引入了蜂窝的概念，通过采用频率再用技术使容量大大提高。语音业务是第一代的唯一业务。2G 虽然仍定位于语音业务，但开始引入数据业务，更重要的是引入了数字技术，并在欧洲形成了统一标准，国际漫游的范围大大扩大。3G 定位于移动多媒体 IP 业务，传输容量更大，灵活性更高，形成了家族式的世界标准，并引入新的商业模式。4G 定位于宽带多媒体业务，使用更高的频带，使传输容量再上一个台阶。在不同网络间可无缝提供服务，网络可以自行组织，终端可以重新配置，是一个包括卫星通信在内的端到端 IP 系统，与其他技术共享一个 IP 核心网。5G 是面向 2020 年之后发展需求的新一代移动通信系统，其主要目标可概括为"增强宽带、万物互联"，将为移动互联网的快速发展提供无所不在的基础性业务能力。

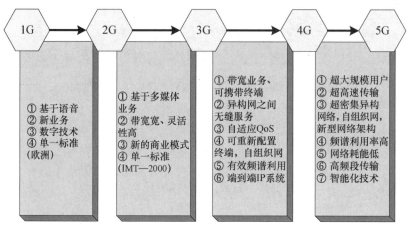

图 1.6　移动通信网的演进

1.3.2　第三代蜂窝移动通信系统

1. 第三代移动通信系统的发展历程

随着移动通信在全球范围内以惊人的速度迅猛发展，尤其是 20 世纪 90 年代，以 GSM 和 IS—95 为代表的第二代移动通信系统得到了广泛的应用，提供语音业务和低速数据业务。随着移动通信市场的日益扩大，现有的系统容量与移动用户数量之间的矛盾开始显现出来。在这一时期，互联网在全球逐渐普及，人们对数据通信业务的需求日益增高，已不再满足于传统的以语音业务为主的移动通信网所提供的服务。越来越多的互联网数据业务和多媒体业务需要在移动通信系统上承载，这些都促进和推动了新一代移动通信系统的研究与发展。发展 3G 移动通信是第二代移动通信前进的必然结果。

为了统一移动通信系统的标准和制式，以实现真正意义上的全球覆盖和全球漫游，并提供更宽带宽、更为灵活的业务，国际电信联盟（International Telecommunication Union，ITU）提出了 FPLMTS 的概念，1996 年更名为 IMT—2000，意指工作在 2000 MHz 频段并在 2000 年左右投入商用的国际移动通信系统（International Mobile Telecom System），它既包括地面通信系统，也包括卫星通信系统。

基于 IMT—2000 的宽带移动通信系统即称为第三代移动通信系统，简称为 3G，是英文 3rd Generation 的缩写。3G 能够支持速率高达 2 Mbps 的业务，处理图像、音乐、视频流等多种媒体形式，提供包括网页浏览、电话会议、电子商务等多种信息服务。概括起来，3G 是将无线通信与国际互联网等多媒体通信结合起来，用一个单一的全功能网络来实现，与第一代和第二代移动通信系统相比，第三代移动通信系统具有以下特点[8]。

（1）全球普及和全球无缝漫游的系统

第二代移动通信系统一般为区域或国家标准，而第三代移动通信系统是一个在全球范围内覆盖和使用的系统，具有 IMT—2000 同技术间的漫游、多运营者间的漫游以及全球无缝漫游能力。用户可以在整个系统甚至全球范围内漫游，且可以在不同速率、不同运动状态下获得有质量保证的服务。

（2）具有支持多媒体业务的能力，特别是 Internet 业务

第二代移动通信系统主要以提供语音业务为主，随着移动通信技术的发展，一般也仅提供 100～200 kbps 的数据业务，GSM 演进到最高阶段的速率为 384 kbps。而第三代移动通信的业务能力比第二代有明显的改进，它能支持可变速率，以及从语音到分组数据再到多媒体业务；能根据需要提供带宽。ITU 规定的第三代移动通信无线传输技术的最低要求中，必须满足在快速移动环境下最高速率达 144 kbps，在室外到室内或步行环境下最高速率达到 384 kbps，在室内环境下最高速率达到 2 Mbps。

（3）便于过渡、演进

由于以 GSM 和 IS—95 为代表的第二代移动通信系统在全球范围内具有相当的规模，因此，3G 系统必须采用演进策略，在 2G 系统上尽可能地平滑过渡，逐渐灵活演进，与固定网兼容以保证已有投资和运营商的利益。

（4）高频谱效率

1992 年世界无线电行政大会（World Administrative Radio Conference，WARC）根据 ITU-R 对于 IMT—2000 的业务量和所需频谱的估计，划分 230 MHz 带宽给 IMT—2000，1885～2025 MHz 用于上行链路，2110～2200 MHz 用于下行链路。1980～2010 MHz 和 2170～2200 MHz 为卫星移动业务频段，共 60 MHz，其余 170 MHz 为陆地移动业务频段，其中，对称频段是 2×60 MHz，不对称的频段是 50 MHz。上下行频带不对称主要是考虑到可以使用双频 FDD 方式和单频 TDD 方式。

除此之外，第三代移动通信具有全球范围内设计上的高度一致性，以及与固定网络各种业务的相互兼容性；具有与固定通信网络相比拟的高语音质量和高安全性；具有在 2 GHz 左右的高效频谱利用率，且能最大限度地利用有限带宽；移动终端可连接地面网和卫星网，可移动使用和固定使用，可与卫星业务共存和互联；能够处理包括国际互联网和视频会议、高数据率通信和非对称数据传输的分组和电路交换业务；具有高保密性等特点。总之，3G 将综合宽带网的业务尽量延伸到移动环境中，真正实现任何人在任何地点、任何时间与任何人都能便利地通信。

2. 3G 的系统结构

IMT—2000 的信令和协议研究是由 ITU-T 的 SG11/WP3 工作组负责制定的，该工作组于 1998 年 5 月确定了 IMT—2000 的网络框架标准 Q.1701。该标准明确了由 ITU 定义的系统接口，如图 1.7 所示。ITU-T 只规定了外部接口，并没有对系统采用的技术加以限制。

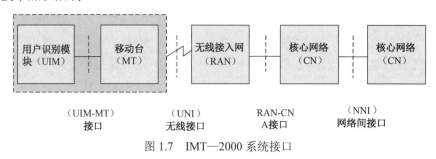

图 1.7　IMT—2000 系统接口

ITU 规定了 IMT—2000 系统由移动台（MT）、无线接入网（RAN）和核心网络（CN）三部分构成。而各个系统间的无线接口，即 UNI 接口，是最重要的一个接口，各种无线技术提案都是围绕该接口展开的，经过发展与融合，最终产生了几大主流标准——cdma2000、WCDMA 及 TD-SCDMA。

通过图 1.7 可以看出，IMT—2000 系统采用的是模块化网络设计，主要由 4 个功能子系统组成：核心网络（CN）、无线接入网（RAN）、移动台（MT）和用户识别模块（UIM），相应的接口分别是核心网络间接口（NNI）、核心网与无线接入网之间的接口（RAN-CN）、无线接入网与移动台之间的接口（UNI），以及用户识别模块与移动台间的接口（UIM-MT）4 个标准接口。这些标准化接口可以完美地将各种不同的网络与 IMT—2000 的组件连接在一起。其中，UNI 接口相当于第二代移动通信系统的空中接口 Um，RAN-CN 接口相当于第二代移动通信系统中的 A 接口，核心网络间接口（NNI）可保证 IMT—2000 系统不同家族成员间的网络互联互通和漫游。因为考虑到 IMT—2000 空中无线接口标准允许使用不同的无线传输技术（RTT），因此可采用不同的标准，于是在 Q.1701 中提出了"家族"的概念，无线接入网与核心网的标准化工作主要在"家族成员"内部进行。在 IMT—2000 中核心网主要有 3 种：一个是基于 GSMMAP 的核心网；另一个是基于 ANSI-41 的核心网，分别由 3GPP 和 3GPP2 进行标准化，两者之间的互联互通就是通过 NNI 接口来进行的；第三种核心网都是全 IP 的核心网。

3. 几种主要的 IMT—2000 无线传输方案

（1）WCDMA

通用移动通信系统（Universal Mobile Telecommunications System，UMTS）是

采用 WCDMA 空中接口技术的第三代移动通信系统，通常把 UMTS 称为 WCDMA 通信系统。WCDMA 即 Wideband CDMA，宽带码分多址，是由 GSM 发展出来的 3G 技术，其技术支持者主要是以 GSM 系统为主的欧洲厂商。这套系统的核心网络是基于 GSM/GPRS 网络的演进，所以能够保持与 GSM/GPRS 网络的兼容性。核心网络可以基于 TDM、ATM 和 IP 技术，并向全 IP 的网络结构演进。核心网络逻辑上分为电路域和分组域两部分，完成电路业务和分组业务。由于其架设在 GSM 网络上，对于系统提供商而言可以较为方便地过渡，而 GSM 系统普及程度较高的亚洲较易接受该项技术，因此 WCDMA 具有先天的市场优势。

WCDMA 技术建立在 CDMA 基础上，但在原有的基础上又前进了一步。它能够适应多种速率的传输，优化了分组数据传输方式，灵活地提供多种业务；BTS（Base Transceiver Station，基站收发台）之间无须同步并且可以支持不同载频之间的切换等。

UMTS 网络单元构成示意图如图 1.8 所示。一个完整的 WCDMA 移动通信系统是由用户设备（User Equipment，UE）、UMTS 陆地无线接入网（UMTS Terrestrial Radio Access Network，UTRAN）、核心网络（Core Network，CN）及外部网络（External Networks）构成的。

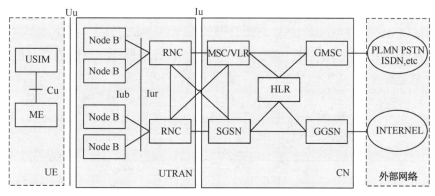

图 1.8　UMTS 网络单元构成示意图

① UE（User Equipment），用户设备，主要包括射频处理单元、基带处理单元、协议栈模块及应用层软件模块等。UE 通过 Uu 接口与网络设备进行数据交互，为用户提供电路域和分组域内的各种业务功能，包括普通语音、数据通信、移动多媒体、Internet 应用（如 E-mail、WWW 浏览、FTP）。UE 包括 ME（Mobile Equipment，移动设备）和 USIM（Universal Subscriber Identity Module，全球用户识别模块）；ME 提供应用和服务，USIM 提供用户身份识别。

② UTRAN 包括 Node B 和 RNC。Node B 是 WCDMA 系统的基站（即无线收发信机），包括无线收发信机和基带处理部件，通过标准的 Iub 接口和 RNC 互联，完成 Uu 接口物理层协议的处理。RNC 是无线网络控制器，主要完成连接建立和断

开、切换、宏分集合并、无线资源管理控制等功能。

③ CN（Core Network），核心网络，负责与其他网络的连接和对 UE 的通信和管理。

④ 外部网络（External Networks）可以分为以下两类。

● 电路交换网络（CS Network）：提供电路交换的连接，如通话服务，ISDN 和 PSTN 均属于电路交换网络；

● 分组交换网络（PS Network）：提供数据包的连接服务，Internet 属于分组数据交换网络。

UE 和 UTRAN 间的接口为 Uu 接口，即无线接口；UTRAN 和 CN 间的接口为 Iu 接口。整个系统的核心部分就是 UTRAN，它具有系统接入控制、移动性管理、无线资源管理和控制等功能。

UTRAN 包括许多通过 Iu 接口连接到 CN 的 RNS。RNS 由一个无线网络控制器和一个或多个基站 Node B 组成，Node B 通过 Iub 接口连接到 RNC 上，它支持 FDD 模式、TDD 模式或双模。Node B 包括一个或多个小区，完成 Iub 接口和 Uu 接口之间数据流的转换，同时也参与一部分无线资源管理。RNC 负责决定 UE 的切换，它具有合并 / 分离功能，用以支持在不同 Node B 之间的宏分集。

在 UTRAN 内部，RNS 中的 RNC 能通过 Iur 接口交互信息，Iu 接口和 Iur 接口是逻辑接口。Iur 接口可以是 RNC 之间物理的直接相连或通过适当的传输网络实现。UTRAN 各个接口的协议结构按照一个通用的协议模型设计，设计的原则是层和面在逻辑上互相独立，UTRAN 的结构示意图如图 1.9 所示。

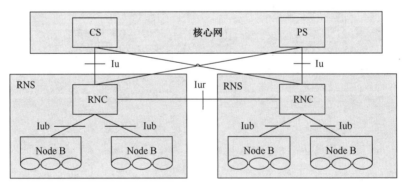

图 1.9　UTRAN 的结构示意图

（2）cdma2000

cdma2000 的发起者主要是以美国和韩国为主的以 IS—95CDMA 为标准的制造商和运营商。这套技术是从 CDMA1X 数字衍生出来的，因而，继承了 IS—95CDMA 系统的技术特点，网络运营商同样可以通过在 CDMA 网络中更换或增加部分网络设备过渡到 3G。可以从原来的 CDMA1X 结构直接升级到 cdma2000 3X（3G），建设成本低廉。cdma2000 沿用了 IS—95 的主要技术和基本技术思路，如帧长为 20 ms，采用 IS—95 的软切换和功率控制技术，需要 GPS 同步等。但也做了一些实质性的改进，如反向信道采用连续导频方式、反向信道相干接收、前向发送分集、全部速率采用 CRC 方式等。虽然 cdma2000 的支持者不如 WCDMA 多，但 cdma2000 的研发技术却是目前各标准中进度最快的，推出的 3G 手机种类也最多。

cdma2000 系统结构如图 1.10 所示，其核心网和无线接入网的组成基本继承了 IS—95 的系统结构。

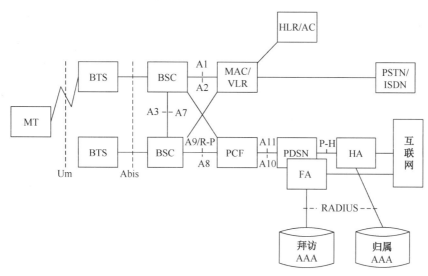

图 1.10　cdma2000 系统结构

cdma2000 系统的核心网分为电路域和分组域。其中电路交换核心网由 MSC/VLR、HLR/AC 等组成，其功能要求基本与第二代移动通信系统相同；分组域主要包括 PCF（分组控制功能）、PDSN（分组数据服务节点）、AAA（包括拜访 AAA 和归属 AAA）。其中 AAA 负责认证、授权和计费；PCF 和 BSC 配合，完成与分组数据有关的无线信道控制功能。PDSN 负责管理用户状态，转发用户数据。

无线接入网部分由基站控制器（BSC）、基站收发台（BTS）等组成。BSC 可以控制一个或多个 BTS，它主要负责无线网络资源的管理、小区配置数据管理、功率控制、定位和切换等，同时，负责将语音和数据分别转发给 MSC 和 PCF。BTS 是完全由 BSC 控制的无线接口设备，可以控制一个或多个小区，主要负责无线传输。完成无线与有线的转换、天线分集、无线信道加密等功能。

一些重要的接口有空中接口 Um、BTS 与 BSC 之间的 Abis 接口，以及无线接入网与核心网之间的 A 接口。

（3）TD-SCDMA

TD-SCDMA 是由我国大唐电信公司提出的 3G 标准。该标准将智能无线、同步 CDMA 和软件无线电等当今国际领先技术融于其中。由于我国国内庞大的市场，该标准受到各大主要电信设备厂商的重视，全球一半以上的设备厂商都宣布可以支持 TD-SCDMA 标准，这对我国通信事业来说是一大机遇。与其他技术标准相比，TD-SCDMA 具有以下特点和优势。

- 频谱利用率高：TD-SCDMA 采用 TDD 方式，以及 CDMA 与 TDMA 的多址技术，在传输中很容易针对不同类型的业务设置上、下行链路转换点，因而可以使频谱效率更高。
- 支持多种通信接口：TD-SCDMA 同时满足 Iub、A、Iu、Iur 多种接口要求，基站子系统既可作为 2G 和 2.5G 的 GSM 基站的扩容，又可作为 3G 网中的基站子系统，能同时兼顾当时的需求和未来长远的发展。
- 频谱灵活性强：TD-SCDMA 第三代移动通信系统频谱灵活性强，仅需单一 1.6 MHz 的频带就可提供速率达 2 Mbps 的 3G 业务需求，而且非常适合非对称业务的传输。
- 系统性能稳定：TD-SCDMA 收发在同一频段上，上行链路和下行链路的无线环境一致性很好，更适合使用新兴的"智能天线"技术；利用了 CDMA 和 TDMA 结合的多址方式，更利于联合检测技术的使用，这些技术都能减少干扰，提高系统的稳定性。
- 与传统系统兼容性好：TD-SCDMA 支持现存的覆盖结构，信令协议可以后向兼容，网络不必引入新的呼叫模式，能够实现从已有的通信系统到下一代移动通信系统的平滑过渡。
- 系统设备成本低：TD-SCDMA 上、下行工作于同一频率，对称的电波传播特性使之便于利用智能天线等新技术，这也可达到降低成本的目的。
- 在无线基站方面，TD-SCDMA 的设备成本也比较低。
- 支持与传统系统间的切换功能：TD-SCDMA 技术支持多载波直接序列扩频系统，可以再利用现有的框架设备、小区规划、操作系统、账单系统等，在所有环境下支持对称或不对称的数据速率。

当然，与前两种标准相比，尤其是与 WCDMA 比起来，TD-SCDMA 也有不足之处。比如，在对 CDMA 技术的利用方面，TD-SCDMA 因要与 GSM 的小区兼容，小区复用系数为 3，降低了频谱利用率。又因为 TD-SCDMA 频带宽度窄，不能充分利用多径，降低了系统效率，实现软切换和软容量能力较差。当 TD-SCDMA 系统要精确定时，小区间保持同步，对定时系统要求高。而 WCDMA 则不需要小区间同步，可适应室内、室外，甚至地铁等不同环境的应用。WCDMA 对移动性的支持更加完善，适合宏蜂窝、蜂窝、微蜂窝组网，TD-SCDMA 只适合微蜂窝，对高速移动的支持也较差，尤其是在从 GSM 向 3G 的过渡过程中，WCDMA 的优势更加明显。

（4）WiMAX

全球微波接入互操作性（Worldwide Interoperability for Microwave Access，WiMAX），是又一种为用户提供"最后一千米"宽带无线接入的方案。将此技术与需要授权或免授权的微波设备相结合之后，由于成本较低，将扩大宽带无线市场，改善企业与服务供应商的认知度。

三种主流标准无线传输技术对比情况如表 1.1 所示。

表 1.1　三种主流标准无线传输技术对比情况

制式	采用国家	继承基础	同步方式	信号带宽 / MHz	空中接口	核心网
WCDMA	欧洲 日本	GSM	异步	5	cdma2000	GSM MAP
cdma2000	美国 韩国	CDMA	同步	$N \times 1.25$	cdma2000 兼容 IS—95	ANSI-41
TD-SCDMA	中国	GSM	异步	1.6	TD-SCDMA	GSM MAP

4. 第三代移动通信系统中的关键技术

（1）智能天线技术

智能天线技术是多输入多输出（Multi-input Multi-output，MIMO）技术中的一种，基于自适应天线原理。由于移动通信的迅猛发展和频谱资源的日益紧张，自适应天线技术被应用到移动通信中来提高频谱利用率，利用天线阵的波束赋形产生多个独立的波束，并自适应地调整波束方向来跟踪每一个用户，达到提高信号与干扰加噪声比（Signal to Interference plus Noise Ratio，SINR）、增加系统容量的目的。

（2）软件无线电技术

软件无线电的基本思路是构建一种可编程硬件平台，基于该平台通过改变软件即可形成不同标准的通信设施（如基站和终端）。这样，无线通信新体制、新系统、新产品的研制开发将逐步由硬件为主转变为以软件为主。软件无线电的关键思想是尽可能在靠近天线的部位（中频，甚至射频）进行宽带 A/D 和 D/A 变换，然后用高速数字信号处理器（DSP）进行软件处理，以实现尽可能多的无线通信功能。

（3）高速下行分组交换数据传输技术

3G 业务在上、下行方向呈现非对称性。对 FDD 来说，则非常需要能有效地支持非对称业务的一种技术。必须在现有 3G 技术基础上采用新技术。高速下行分组接入（HSDPA）技术在 WCDMA 下行链路中提供分组数据业务，在一个 5 MHz 载波上的传输速率可达 8～10 Mbps（如采用 MIMO 技术，则可达 20 Mbps）。

（4）正交频分复用（OFDM）

正交频分复用（Orthogonal Frequency Division Multiplexing，OFDM）技术始于 20 世纪 60 年代，主要用于军事通信中，因结构复杂限制了其进一步推广。70 年代人们提出了采用离散傅里叶变换实现多载波调制，由于 FFT 和 IFFT 易用 DSP 实现，所以使 OFDM 技术开始走向实用化。OFDM 在频域把信道分成许多正交子信道，各子信道间保持正交，频谱相互重叠，从而减少了子信道间的干扰，提高了频谱利用率。同时在每个子信道上信号带宽小于信道带宽，虽然整个信道的频率选择性是非平坦的，但是每个子信道是平坦的，减少了符号间的干扰。此外，OFDM 添加了循环前缀以增加其抗多径衰落的能力。由于 OFDM 把整个信道分成相互正交的子信道，因此抗窄带干扰能力很强，因为这些干扰仅仅影响到一部分子信道。正是由于 OFDM 的这些优点，在宽带无线接入领域采用 OFDM 是发展的趋势，其也成为移动通信系统的关键技术。

（5）多输入多输出技术（MIMO）

MIMO 可以成倍地提高衰落信道的信道容量。假定发送天线数为 m，接收天线数为 n。在每个天线发送信号能够被分离的情况下，信道容量 $C = m\mathrm{lb}(n/m \cdot \mathrm{SNR})$，其中 SNR 是每个接收天线的信噪比。根据该公式，在理想情况下信道容量将随着 m 线性增加。其次，由于多天线阵本质上是空间分集与时间分集技术的结合，抗干扰能力强，进一步结合信道编码技术，可以极大地提高系统的性能。这导致了空时编码技术的产生，空时编码技术真正实现了空分多址，是无线通信中必然选择的技术之一。

（6）联合检测

目前多用户检测面临的问题有远近效应、异步问题、多径效应等。在此基础上人们提出了联合检测，即多用户检测，同时使用均衡技术，以消除符号间干扰和码间干扰。传统的均衡技术需要用户发送训练序列，在 GSM 系统中，大约有 20% 的发送序列用于训练，由于训练序列的频繁发送，增加了大量的信道开销。信道盲均衡和盲识别技术的研究已成为通信领域的一个热点。在信道的盲均衡过程中，用户不用发送训练序列，接收端通常只知道输出信号及输入信号的一些统计信息。目前人们已经提出了很多盲均衡算法，但是这些算法速度慢且很难收敛。另外，联合接收技术、天线分集技术和 Turbo 码技术结合起来，可以得到更好的接收性能。使用联合检测技术可以有效地克服传播路径损耗、阴影效应和快衰落现象。

1.3.3　第四代移动通信系统及其演进

1. LTE 技术概述

无线接入概念的出现，使得用户对于接入移动化、宽带化的需求越来越旺盛，对移动通信网速率和质量的要求也越来越高，WiFi 及 WiMAX 等无线宽带接入技术迅猛发展。尽管 WCDMA/HSDPA/HSUPA 能较好地支持移动性和 QoS，但是由于空中接口和网络结构过于复杂，造成无线频谱利用率和传输时延等能力较差。另外，以 OFDM 技术为核心的新一代技术逐渐成熟，接入速率相应地提升到了 100 Mbps 的范畴，相比之下，2 Mbps 的 WCDMA R99 传输速率、14.4 Mbps R5 HSDPA 的峰值速率已经不能满足用户的需求，3G 及其增强技术已经无法满足业务的发展需求。因此，为保持 3G 技术的竞争能力以及在移动通信领域的领导地位，同时适应新技术和移动通信理念的变革，2004 年年底，国际标准化组织 3GPP（3rd Generation Partnership Project）和 3GPP2 启动了对 3G 新一轮演进型技术的研究和标准化工作。无线接入技术长期演进计划（Long Term Evolution，LTE）就是对 3G 技术的长期演进和升级，并且是在原有的 3G 框架内进行的。LTE 以 OFDM 为核心技术，是关于 UTRA 和 UTRAN 改进的项目，是对包含核心网在内的全网技术的演进。

3GPP 从系统性能要求、网络部署场景、网络架构、业务支持能力等方面对 LTE 进行了详细的描述。LTE 的研究包含了很重要的基础内容，例如，如何减少等待时间、如何提供更高的用户数据速率、如何改善系统容量和覆盖效果，以及如何降低运营成本。LTE 设计目标如图 1.11 所示。3GPP2 主要把工作集中在了空中接口技术的演进上，LTE 项目在无线接口的关键技术指标、无线网络架构及高层协议等多个方面均取得了重要的成果。3GPP2 空中接口演进（AIE）项目在空中接口层（L2）及更高层标准的制定、空中接口物理层标准的制定方面均取得了进展。

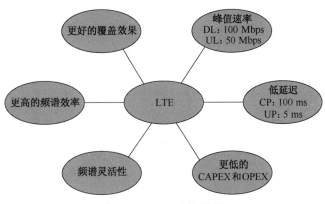

图 1.11　LTE 设计目标

　　3GPP 组织的 LTE 工作基本可以分为两个阶段，分别为 2005 年 3 月—2006 年 6 月的 SI（Study Item）阶段，其主要任务是完成对工作目标需求的定义，明确 LTE 的概念并形成可行性研究报告；2006 年 6 月—2007 年 6 月的 WI（Work Item）阶段，其主要任务是完成核心技术规范撰写工作。因为第一阶段提出的需求和议题太多，并且对几个关键性课题的方案迟迟不能确定，导致工作推迟，实际的 LTE 发展时间进度如图 1.12 所示。

图 1.12　实际的 LTE 发展时间进度

　　2005 年年初，3GPP2 启动了 cdma2000 1x 系列的空中接口演进（Air Interface Evolution，AIE）项目。3GPP LTE 采纳一系列先进技术和创新理念，对 IP 语音（VoIP）业务和多媒体广播多播业务（MBMS）的解决方案进行了优化，实现了高数据率、低时延和基于全分组的设计目标。3GPP2 AIE 在技术需求目标方面与 3GPP LTE 相似，如提高频谱资源利用率、提高数据业务的速率等。3GPP2 在强调提高数据业务速率的同时，也强调提高语音业务的容量和技术的后向兼容。AIE 技术演进目标如下：提高语音容量，在 HRPD 上通过 VoIP 实现语音功能；增加峰值速率和系统容量，使前向峰值数据速率为 100 Mbps～1 Gbps、反向峰值速率为 50～100 Mbps，支持 1.25 MHz 间隔的 20 MHz 带宽的分配；提高频谱效率，减少系统等待时间，更低的终端功耗；提高小区覆盖率；无缝切换到其他无线接入技术，包括 1x EV-DO VoIP 到 1x 电路语音的切换；保持前后兼容等。

　　3GPP 和 3GPP2 分别提出了 LTE 和 AIE 标准研究规划，并把系统的数据速率提高到几十 Mbps 的数量级，主要就是为了对 WiMAX 等其他技术标准保持竞争力，并为后续演进发展做准备，因此各国都着手进行 E3G 的研究。无线电通信发展的一条主线是由 ITU 和 3GPP/3GPP2 引领的移动通信系统从 3G 走向 E3G（100 Mbps），再走向 B3G（1000 Mbps）/4G。B3G 又称超 3G 或后 3G，是 ITU-R 对 IMT—2000 以后移动通信系统的称谓。ITU-R 的定义中要求 B3G 系统增加一种新的无线接入技术，具有更高的频谱效率，能够提供更高的数据速率、更好的覆盖和更强的业务支撑能力。B3G 系统的目标是为高速移动终端提供峰值 1000 Mbps 的数据速率，为移动用户提供峰值 2 Gbps 的数据速率。ITU 指定 2007 年国际无线电大会（WRC2007）为 B3G 系统分配所需频谱，制定了 2010 年完成主要标准，2012 年开始商用，2015 年大规模商用的发展计划。E3G 和 B3G 分别作为 3G 的演进型技术和未来的无线通信技术，面向市场的时间不同，将按照各自的方向继续发展。E3G 的启动为众多研究 B3G 的组织和项目提供了将成果输出并成为标准的舞台，尤其是 3GPP 和 3GPP2 的演进型 3G 的目标与 B3G 的远景接近，候选技术包括 OFDM 和 MIMO 等，同时也被认为是 B3G 系统的主要技术，因此包括 FUTURE 和 WINNER 在内的 B3G 研究项目都积极参与了 E3G 的工作。

2. LTE 网络架构

3G 的网络由基站（NB）、无线网络控制器（RNC）、服务通用分组无线业务支持节点（SGSN）和网关通用分组无线业务支持节点（GGSN）4 个网络节点组成。其中，RNC 的主要功能是实现无线资源管理，实现网络相关功能、无线资源控制（RRC）的维护和运行，是网管系统的接口等。RNC 的主要缺点是与空中接口相关的许多功能都在 RNC 中，导致资源分配和业务不能适配信道，协议结构过于复杂，不利于系统优化。

LTE 在网络架构方面做了较大的改变。为有利于简化网络层次架构和减小延迟，LTE 进一步优化核心网和接入网划分，简化结构，减少接口数量，并增强了端到端的 QoS 能力。基本确定的是一种扁平化的架构，即 E-UTRAN 结构。在 2006 年 3 月的全会上，决定 3GPP LTE 接入网由 E-UTRAN 基站（eNB）和接入网关（aGW）组成，网络结构扁平化。这样，整个 LTE 系统由核心网络（Evolved Packet Core，EPC）、地面无线接入网（E-UTRAN）和用户设备（UE）3 部分组成。其中，EPC 负责核心网部分，由 eNB 节点组成的 E-UTRAN 负责接入网部分，UE 为用户终端设备。eNB 与 EPC 通过 S1 接口连接，eNB 之间通过 X2 接口以网格方式互相连接。

LTE 系统架构如图 1.13 所示，由该图可知，演进的 UTRAN 结构仅由 eNB 组成，因此 LTE 的 eNB 除了具有原来 Node B 的功能，还增加了原来 RNC 的物理层、MAC 层、RRC、调度、接入控制、承载控制、移动性管理等大部分功能。与空中接口相关的功能都被集中在 eNB 中。eNB 的主要功能包括：选择 aGW；寻呼信息和广播信息的发送和调度；无线资源的管理和动态分配，包括多小区无线资源管理；IP 头压缩、用户数据流加密设置和 eNB 测量；无线承载控制；无线接纳控制；在激活状态下的连接移动性控制。eNB 是向 UE 提供的控制平面和用户平面协议的终点，eNB 之间通过 X2 接口互联。eNB 通过 S1 接口同演进的分组交换核心网相连。

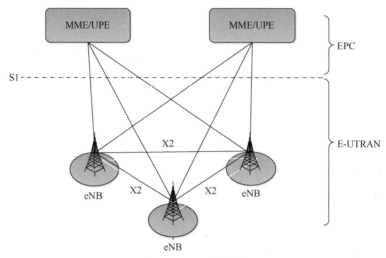

图 1.13　LTE 系统架构

　　aGW 的功能主要有：发起寻呼，LTE_IDLE 状态下 UE 信息管理，移动性管理，用户平面加密处理，PDCP（分组数据汇聚协议），SAE 承载控制，NAS 信令的加密和完整性保护。aGW 实际上是一个边界节点，如果把它看成核心网的一部分，那么接入网就主要由 eNB 一层构成。

　　移动性管理实体（Mobility Management Entity，MME）主要负责移动性管理，将寻呼信息分发至 eNB。MME 的功能主要有：存储 UE 控制面上下文，包括 UE ID、状态、跟踪区（Tracking Area，TA）等；移动性管理；鉴权和密钥管理；信令的加密、完整性保护；管理和分配用户临时 ID。用户平面实体（User Plane Entity，UPE）负责对用户平面进行处理，功能主要包括：数据的路由和转发；用户平面加密终结点；头压缩；存储 UE 用户平面上下文，包括基本 IP 承载信息、路由信息等；eNB 间切换（3GPP AS 间切换）用户平面支持；处于 LTE_IDLE 状态时下行数据触发 / 发起寻呼。

　　S1 接口是 E-UTRAN 与 EPC 间的接口，沿袭了承载和控制分离的思想，S1 接口包括控制平面接口（S1-C）和用户平面接口（S1-U）两部分。EPC 侧的接入点是控制平面的 MME 或用户平面的 UPE，其中 S1-C 是 eNB 与 EPC 中 MME 的接口，而 S1-U 是 eNB 和 EPC 中 UPE 的接口。S1 是一个逻辑接口，EPC 和 eNB 之间的关系是多到多，即从任何一个 eNB 可能有多个 S1-C 逻辑接口面向 EPC，多个 S1-U 逻辑接口面向 EPC。S1-C 接口的选择由 NAS 逻辑选择功能实体决定；S1-U 接口的选择在 EPC 中完成，由 MME 传递到 eNB。S1-C 无线网络层协议支持的功能有：移动性功能（支持系统内和系统间的 UE 移动性），连接管理功能（处理 LTE_IDLE 到 LTE_ACTIVE 的转变，漫游区域限制等功能），SAE 承载管理（SAE 承载的建立、修改和释放），总的 S1 管理和错误处理功能（释放请求，所有承载的释放和 S1 复位功能），在 eNB 中寻呼 UE，在 EPC 和 UE 间传输 NAS 信息，MBMS 支持功能。S1-U 无线网络层协议支持 eNB 和 UPE 之间用户数据包的隧道传输。而隧道协议支持以下功能，对数据包所属的目标基站节点的 SAE 接入承载的标识，减少由于移动性而导致的数据包丢失；错误处理机制；MBMS 支持功能；包丢失检测机制。

X2 接口是 eNB 之间的接口，实现了 eNB 之间的互通，它支持两个 eNB 之间信令信息的交换，支持将 PDU 传送到各自的隧道终结点，支持不同厂商 eNB 之间的互联互通。X2 接口也由两部分构成，分别是控制平面接口（X2-C）和用户平面接口（X2-U）。X2-C 是 eNB 之间控制平面的接口，而 X2-U 是 eNB 之间用户平面的接口。X2-C 无线网络层协议支持移动性功能（支持 eNB 之间的 UE 移动性，包括切换信令和用户平面隧道控制），多小区 RRM 功能（支持多小区的无线资源管理和总的 X2 管理及错误处理功能）。X2-U 无线网络层协议支持 eNB 之间用户数据包的隧道传输。隧道协议支持以下功能，包括对数据包所属的目标基站节点的 SAE 接入承载的标识，减少由于移动性而导致的数据包丢失。

相对于 3G 网络，LTE 的最大特点就是网络扁平化，引入了 S1 和 X2 接口。位于演进基站和移动性管理实体 / 服务网关间的 S1 接口，将 SAE/LTE 演进系统划分为无线接入网和核心网。网络架构主要由演进型 Node B（eNB）和接入网关（aGW）两部分构成，和 3G 网络比较，少了 RNC。

LTE 与已有的其他移动通信网络相比，其根本性的优点就是采用了全 IP 网络体系架构，可以实现不同网络间的无缝互联。LTE 的核心网采用 IP 网络体系架构后，所使用的无线接入方式和协议与核心网络（CN）协议、链路层是相互独立的。IP 与多种无线接入协议相兼容，因此在设计核心网络时具有很大的灵活性，不需要考虑无线接入究竟采用何种方式和协议。

总结 LTE 网络结构的特点：其定义的是一个纯分组交换网络，为 UE 与分组数据网之间提供无缝的移动 IP 连接；一个 EPS 承载式分组数据网关与 UE 之间满足一定 QoS 要求的 IP 流；所有网元都通过标准接口连接，满足多供应商产品间的互操作性。

3. LTE 协议架构

传统的 3GPP 接入网 UTRAN 由 Node B 和 RNC 两层节点构成，LTE 技术中采用由 Node B 构成的单层结构，这种结构有利于简化网络，减小延迟。2006 年的会议中 3GPP 确定了 LTE 的结构，如图 1.14 所示为 E-UTRAN 架构，也称为演进型 UTRAN 结构，即接入网主要由演进型 Node B（eNB）和接入网关（aGW）构成。eNB 提供了 E-UTRAN 的用户平面（RLC/MAC/PHY）以及用户平面协议（RRC）。图 1.14 所示 E-UTRAN 的总体协议架构中，aGW 是否被分为用户平面或者控制平面还有待进一步研究。aGW 实际为一个边界节点，假如将其看作核心网的一部分，那么接入网主要由 eNB 一层构成。传统 UTRAN 中 TNC 的功能被分散到了演进的 eNB 和 aGW 中。采用这种"扁平"的网络架构，对 3GPP 系统的整个体系架构产生了深远的影响，实际上就是在逐步趋近于典型的 IP 宽带网结构。

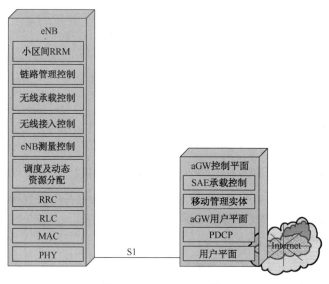

图 1.14　E-UTRAN 架构

E-UTRAN 的协议栈结构在整体上主要实现了以下几个方面的简化。

- 取代了 R6 中的专用信道，利用共享信道来承载用户的控制信令和业务，从而减少了传输信道的个数，达到使多个用户共享空中接口资源的目的。
- 实现了 MAC 层实体个数的减少。
- 使用 MBMS 代替广播媒体控制层（BMC 层）和公共业务信道（CTCH）。
- 删除了下行宏分集。
- 使用时隙统筹方案代替了 UTRAN 的压缩模式。
- 简化无线资源控制（RRC）状态，删除了 CELL_FACH 态，将 UTMS 中的 RRC 状态和 PMM 状态合并为一个状态集。

下面根据各平面组成详细介绍各功能体的作用。

（1）用户平面协议栈

用户平面用于执行无线接入承载业务，主要负责处理用户发送和接收的所有信息。E-UTRAN 用户平面协议栈结构如图 1.15 所示，相关缩略语说明如下。

- MAC：Media Access Control，媒体接入控制；
- RLC：Radio Link Control，无线链路控制；
- PDCP：Packet Data Convergence Protocol，分组数据汇聚协议；
- PHY：Physical Layer，物理层。

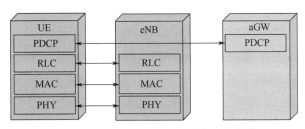

图 1.15 E-UTRAN 用户平面协议栈结构

用户平面协议栈主要包括 MAC、RLC 和 PDCP 三层，主要实现以下功能。

- MAC 层主要实现逻辑信道与传输信道之间的映射、SDU 复用和解复用、数据量测量、HARQ 功能、TF（传输格式）选择、调度信息上报、动态调度以及优先级操作等。
- RLC 层主要有对 RLC UMD（非确认模式数据）或 AMD（确认模式数据）SDU 的级联、分段和重组，对 RLC AMD 数据 PDU 的重分段，对高层 UMA 或 AMD PDU 的顺序传送，以及 RLC UM 或 AM 模式下重新检错。
- PDCP（分组数据汇聚协议）层位于 UPE，主要任务是头压缩，只支持 ROHC 算法，当下层 RLC 按序传送时，完成分组数据汇聚协议的重排缓冲（主要用于跨 eNB 切换）；当基于 ROHC（可靠头压缩）协议对 IP 数据流进行头压缩／解压缩和下层重建时，顺序传送上层 PDU、对用户平面和控制平面的数据进行加密与解密处理、对控制平面的数据进行完整性验证以及对映射到 AM 模式的 RB 的下层 SDU 进行重复排除等。

（2）控制平面协议栈

控制平面负责用户无线资源的管理、无线连接的建立、业务的 QoS 保证及最终资源释放，主要由上层的 RRC 层和非接入子层（NAS）实现。这种结构简化了控制平面从睡眠状态到激活状态的过程，使得迁移时间相应减少。E-UTRAN 控制平面协议栈结构如图 1.16 所示。

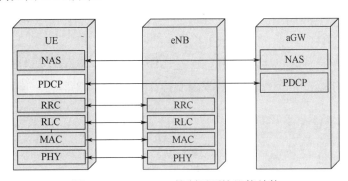

图 1.16 E-UTRAN 控制平面协议栈结构

控制平面协议栈包括以下部分。

- PDCP 层（网络侧终止在 eNB）：提供如加密及完整性保护的功能。
- RLC 和 MAC 层（网络侧终止在 eNB）：执行与用户平面相同的功能。
- RRC（网络侧终止在 eNB）：执行的功能主要有广播、寻呼、RRC 连接管理、RB 控制、移动性功能、UE 预测上报与控制。
- NAS 控制协议（网络侧终止在 MME）：执行 EPS 承载管理、鉴权、ECM（EPS Connection Management）- IDLE 状态移动性处理、ECM-EDLE 状态下的寻呼发起、安全控制功能。

其中，RLC 和 MAC 层完成与用户平面相应层同样的功能。NAS 层主要包括以下 3 个协议状态：

- LTE_DETACHED：网络和 UE 侧都没有 RRC 实体，此时 UE 通常处于关机等状态。
- LTE_IDLE：对应 RRC 的 IDLE 状态，UE 和网络侧存储的信息包括给 UE 分配的 IP 地址、安全相关的参数（密钥等）、UE 的能力信息和无线承载。此时 UE 的状态转移由基站或 aGW 决定。
- LTE_ACTIVE：对应 RRC 连接状态，状态转移由基站或 aGW 决定。

RRC 协议的主要功能如下。

- 完成系统信息广播：包括 NAS 公共信息；用于 RRC_IDLE UE 的信息，比如小区选择和重选参数、邻小区信息；以及用于 RRC_CONNECTED UE 的信息，例如公共信道配置信息、ETWS 通知。
- TTC 连接控制：寻呼；RRC 连接的建立、修改、释放；初始安全激活；RRC 连接移动性，包括同频和异频切换以及相关安全处理；承载用户数据的 RB（DRB）的建立、修改、释放；无线配置的控制，例如 ARQ 配置的分配/修改、HARQ 配置、DRZ 配置；QoS 控制，包括半持续调度的分配和修改、UE 中上行速率控制参数的分配和修改、无线链路失败的恢复。
- RAT 间移动：包括安全激活、RRC 上下文信息的发送。
- 测量配置并上报：测量（同频、异频和 IRAT）的建立，修改与释放；测量 GAP 的建立与释放，测量上报。
- 其他功能：包括专用 NAS 信息和非 3GPP 专用信息的发送、UE 无线接入能力信息的发送和 E-UTRAN 共享的支持（多个 PLMN 标识），一般的协议处理等。

4. LTE 物理层技术

物理层位于 LTE 接入网协议 3 个层次结构的最下层，它规范定义了 LTE 物理层的工作机制并为上层提供数据传输服务，包括物理层采用的基本技术，物理层信号和信道设计的设计方案，传输信道向物理信道的映射，信道编码方法及基本的物理层过程。有关 3G LTE 物理层技术的争论主要集中在多址技术、宏分集、小区间干扰等方面。

多址技术是无线通信技术的基础，LTE 的空中接口采用的多址方式是以正交频分复用（Orthogonal Frequency Division Multiplexing，OFDM）技术为基础的。OFDM 是一种在多个频域上相互正交的子信道上并行传输数据的方法，各子信道的载波频谱相互重叠，提高了频谱利用率。同时，每个子信道上的衰落可以看成平坦性衰落，每个信道具有很长的符号周期和很窄的带宽，从而大大减少了符号间干扰。OFDM 在移动高速数据传输中具有信道利用率高、抗多径干扰能力强、对抗频率选择性衰落能力强、抗窄带干扰能力强等突出优点，已经成为第四代移动通信系统标准的核心技术之一。下行方向 LTE 采用的多址方式为正交频分多址（Orthogonal Frequency Division Multiple Access，OFDMA），上行方向 LTE 采用基于正交频分复用（OFDM）传输技术的单载波频分多址（SC-FDMA）。SC-FDMA 的特点为低峰均比，子载波间隔为 15 kHz。考虑到终端的成本和功率效率，即上行链路最大的问题就是要使终端的有效能量能够覆盖尽可能大的范围，使用具有单载波特性的发送信号，即较低的信号峰均比，具有重要的意义，SC-FDMA 具有独特的优势。

采用宏分集技术的必要性是 LTE 的焦点之一。这个问题看似是物理层技术的取舍，实则影响到网络架构的选择，对 LTE/SAE 系统的发展方向具有深远的影响。3GPP 内部在下行宏分集问题上的看法比较一致。由于存在难以解决的"同步问题"，各公司很早就明确，对单播（Unicast）业务不采用下行宏分集，只是在提供多小区广播（Broadcast）业务时，由于放松了对频谱效率的要求，可以通过采用较大的循环前缀（CP），解决小区之间的同步问题，从而使下行宏分集成为可能。与下行相比，3GPP 对上行宏分集的选取较为艰难。宏分集的基础是软切换，这是 CDMA 系统的典型技术，在 FDMA 系统中却可能"弊大于利"。更重要的是，软切换需要一个"中心节点"（如 UTRAN 中的 RNC）来进行控制，这和大多数公司推崇的网络"扁平化""分散化"网络结构背道而驰。经过仿真结果的比较、激烈的争论甚至"示意性"的表决，3GPP 最终决定 LTE 不考虑宏分集技术。

在空中接口上，LTE 定义了无线帧进行信号的传输。上、下行帧长均为 10 ms，包含 20 时隙和 10 个子帧，最小物理资源块是 180 kHz。下行设计了长循环前缀（长 CP）和短循环前缀（短 CP）两种类型，以同时支持广播业务和单播业务。当采用短 CP 时，每 7 个 OFDM 符号组成 1 个子帧，主要支持单播业务；当采用长 CP 时，每 6 个 OFDM 符号组成 1 个子帧，主要支持多播业务，实现单频组网并获得多小区传输合并增益。上行每 2 个短 OFDM 符号和 6 个长 OFDM 符号组成 1 个子帧，短 OFDM 符号主要用于导频信号传输，长 OFDM 符号主要用于数据传输。LTE 支持两种帧结构，Type1 用于 FDD 模式（包括全双工和半双工），1 个无线帧包含 10 个长度为 1 ms 的子帧，2 个相邻的长度为 0.5 ms 的时隙构成 1 个子帧。Type2 用于

TDD 模式，由 2 个长度为 5 ms 的半帧组成，其中每个半帧由长度为 1 ms 的 4 个普通子帧和 1 个特殊子帧组成。普通子帧由 2 个长度为 0.5 ms 的时隙组成，而特殊子帧包含 3 个特殊时隙：下行导频时隙（DwPTS）、保护时隙（GP）以及上行导频时隙（UpPTS）。

LTE 提高小区边缘信息传输速率的目标将通过小区间干扰控制技术实现。目前主要的小区间控制技术包括：干扰随机化技术、干扰抵消技术和多小区干扰协调技术。干扰随机化技术采用小区加扰或交织区分多址（IDMA）实现，但该技术的性能难以令人满意。干扰抵消技术就是在接收机处采用多用户检测以消除相邻小区的干扰，但是该技术要求干扰源小区和被干扰小区采用相同的频率资源分配方式。多小区干扰协调技术就是在小区边缘应用小于 1 的频率复用率，对频谱资源和发射功率进行限制以避免强干扰，但是该技术可用于小区边缘的频率资源有限，从而限制了小区边缘的峰值速率和系统容量。

物理层技术还涉及调制与编码、MIMO、调度、链路自适应、HARQ、功率控制、同步以及切换等，这里不做详细介绍。

5. LTE 性能指标

- 支持 1.25～20 MHz 带宽，能够提供下行 100 Mbps、上行 50 Mbps 的峰值速率，频谱利用率可达到 3GPP R6 的 2～4 倍。
- 提高小区边缘的比特率，改善小区边缘用户的性能，增强 3GPP LTE 系统的覆盖性能，支持 100 km 半径的小区覆盖。
- 提高小区容量。
- 降低系统延迟，用户平面延迟（单向）小于 5 ms，控制平面从休眠状态到激活状态的迁移时间小于 50 ms，从驻留状态到激活状态的迁移时间小于 100 ms，以增强对实时业务的支持。
- 能够为 350 km/h 高速移动用户提供大于 100 kbps 的接入服务。
- 支持成对或非成对频谱，并可灵活配置 1.25～20 MHz 多种带宽。
- 支持与现有 3GPP 和非 3GPP 系统的互操作。
- 支持增强型的广播多播业务。
- 实现合理的终端复杂度、成本和功耗。
- 支持增强的 IMS（IP 多媒体子系统）和核心网。

6. LTE 未来演进 LTE-Advanced

LTE 技术已经具有明显的 4G 技术特征，与 4G 相比较，只有最大带宽、上行峰值速率两个指标略低于 4G 要求，其他技术指标都已经达到了 4G 标准的要求。

LTE-Advanced（LTE-A）是 LTE 技术的后续演进版本，以便满足未来几年内无线通信市场的更高需求和更多应用，满足和超过 IMT-Advanced 的需求，同时还要保持对 LTE 较好的后向兼容性。LTE-A 技术将 LTE 正式带入 4G，并且其整体设计远超过了 4G 的最小需求。

2008 年 6 月，3GPP 完成了 LTE-A 的技术需求报告，提出了 LTE-A 的最小需求：下行峰值速率 1 Gbps，上行峰值速率 500 Mbps，上、下行峰值频谱利用率分别达到 15 Mbps/Hz 和 30 Mbps/Hz。这些参数远高于 ITU 的最小技术需求指标，具有非常明显的优势。2009 年 6 月向 ITU 提交了 LTE-Advanced 技术研究方案，按照 ITU 的 IMT-Advanced 进程的时间表，3GPP 在 2009 年 10 月完成了自评估报告，完成了 IMT-Advanced 候选技术的提交工作。2010 年 10 月 ITU 确定 IMT-Advanced 技术标准方案。LTE-Advanced 是 LTE 的平滑演进，以 3GPP 提出的 R10 版本为基础标准，与 LTE R8 保持后向兼容。2012 年 1 月 18 日，在 ITU 2012 年无线电通信全体会议上，LTE-Advanced 和 Wireless MAN-Advanced（IEEE 802.16m）的技术规范通过审议，正式被确立为 IMA-Advanced（又称 4G）国际标准。其中，LTE-Advanced 的 TDD 模式即为 TD-LTE-Advanced，是我国主导的 4G 技术国际标准。TD-LTE-Advanced 国际标准是我国在移动通信领域取得的又一项重要创新成果，实现了 3G TD-SCDMA 的技术演进，对推动产业升级和创新发展具有重要意义。由于移动互联网业务的爆炸性增长，国际运营商作为移动互联网的"接入管道"，一方面要扩充管道的容量，另一方面需要向用户宣称自己具有"峰值速率优势"。因此，国际上已部署 LTE 的国家的运营商均不由自主地卷入"峰值速率竞争"，在 LTE-A 发展最快的韩国，3 家运营商已经于 2013 年开始了载波聚合的商用部署，以强化其"技术领跑"优势。国际上另有 3 家运营商也部署了载波聚合网络，超过 21 家已有计划或正在试验。2013 年 8 月，日本软银在 3.5 GHz 进行了采用 5 个 20 MHz 的 CA 和 44 MIMO 的 TD-LTE 系统演示，峰值速率达到 700 Mbps 以上。

LTE 及 LTE-A 已经成为很多国际运营商面向移动互联网发展扩展网络容量的重要技术手段。虽然在国际范围内 LTE 的发展还很不均衡，欧洲国家的 LTE 规模发展刚刚起步。但在美、韩、日等国家，LTE 发展领先的运营商已经部署 LTE-A 技术，以强化其技术先行优势，，在 5G 正式到来之前为移动通信系统持续带来性能提升。

（1）演进目标

LTE-Advanced 是 LTE 的平滑演进，LTE-Advanced 必须与 LTE R8 保持前后向兼容。LTE 已经具有明显的 4G 技术特征，只需要在其基础上进行适当增强，就可以达到 IMT-Advanced 的要求。因此，3GPP 势必会稳定 LTE 标准的更新状态，为 LTE 产业化和商业部署营造良好的环境。LTE-Advanced 必然会在 LTE 的基础上进行平滑演进，即 LTE-Advanced 系统要支持原 LTE 的所有功能，支持与 LTE 的前后向兼容性，支持 LTE R8 的终端接入 LTE-Advanced 系统，以及支持 LTE-Advanced 终端接入 LTE R8 系统。

LTE-Advanced 技术标准应该达到或者超过 ITU 制定的 IMT-Advanced 标准。LTE-Advanced 技术标准最小需求是要求支持的峰值速率为下行 1 Gbps、上行 500 Mbps，峰值频谱利用率要求达到上行 15 Mbps/Hz 和下行 30 Mbps/Hz，这些参数远高于 ITU 的最小技术需求指标。LTE-Advanced 提出了与 IMT-Advanced 相同的对系统带宽的要求，即最大支持 100 MHz 的带宽。由于如此宽的连续频谱很难找到，因此 LTE-Advanced 提出了对频谱整合的需求，将多个离散的频谱联合在一起使用。

LTE-Advanced 应该能够明显增加峰值数据速率以达到 ITU 的需求，重点应放在低流动性的用户，另外，小区边缘数据速率应该有很大的提升。目前 LTE-Advanced 考虑的是在下行 4×4 天线、上行 2×4 天线配置下，实现峰值速率为下行 1 Gbps、上行 500 MHz 的目标。应该说，这个指标从理论上是完全可以达到的。以下行为例，LTE 的下行峰值谱效率已经超过了 16 bps/Hz，因此，即使依靠 LTE 的现有技术，在 100 MHz 带宽达到 1.6 Gbps 峰值速率也是没有问题的。但过高的峰值速率对于终端有限的芯片处理能力和缓存容量而言，实际上是无法实现的。因此，LTE-Advanced 仅把下行峰值速率定为 1 Gbps。和峰值速率、峰值谱效率相比，更具有实际意义的指标是小区平均频谱效率及小区边缘频谱效率。在这方面，LTE-Advanced 提出的目标如下：在 LTE 原有应用场景下，平均频谱效率要求提高约 50%，即达到下行 2.4（2×2 天线）～3.7 bps/Hz（4×4 天线）和上行 1.2（1×2 天线）～2 bps/Hz（2×4 天线）。此时，下行最高天线配置为 4×4 天线，上行可从 1×4 天线扩展到 2×4 天线。在小区边缘频谱效率（即 5%CDF 频谱效率）方面，由于缺乏更好地抑制小区间干扰的技术，只能期待有大约 25% 的性能提升。

（2）技术指标

- 支持下行峰值速率为 1 Gbps，上行峰值速率超过 500 Mbps；对应的峰值频谱效率为下行 30 bps/Hz，上行 15 bps/Hz。下行天线扩展为 8×8，上行天线扩展为 4×4。

- 移动和覆盖要求与 LTE R8 标准一致，不同的是 LTE-Advanced 能够支持从宏蜂窝到室内环境的覆盖。

- 具有频谱灵活性，同时支持不连续和连续的频谱，支持高达 100 MHz 的可扩展带宽和传输带宽的频谱聚合，支持 ITU 的无线频段和共享 LTE 的频段。

- 降低成本，包括网络建设、功率使用效率、终端等成本，降低终端的复杂度，网络自适应和自由化功能进一步增强。

（3）关键技术

虽然 LTE R8 已基本能够满足 IMT-Advanced 的系统要求，但是 LTE-Advanced 技术还需要 3GPP 进一步的讨论研究。3GPP 为了满足 ITU IMT-A（4G）的需求，推出了 LTE 的后续演进技术标准 LTE-Advanced。LTE-Advanced 主要采用了载波聚合（Carrier Aggregation，CA）、多点协作传输（Coordinated Multi-Point Tx&Rx，CoMP）、无线中继（Relay）、增强型 UL/DL MIMO（Enhanced UL/DL MIMO）、异构网络的增强小区间干扰协调（Enhanced Inter-cell Interference Coordination for Heterogeneous Network）等关键技术，这些技术可大大提高无线通信系统的峰值数据速率、峰值谱效率、小区平均谱效率以及小区边界用户性能，同时也能提高整个网络的组网效率。这里简单介绍载波聚合、多点协作传输、无线中继和增强型 UL/DL MIMO 技术。

① 载波聚合技术（CA）。

ITU IMT-Advanced 要求系统的最大带宽不能小于 40 MHz，考虑到现有的频谱分配方式和规划，很难找到足以承载 IMT-Advanced 系统带宽的整段频带，而 LTE-Advanced 具有的一个显著特征就是频谱的灵活利用，LTE-Advanced 的空中接口技术的关键取决于如何实现更广泛的带宽和非连续频谱的使用，这就引入了频谱和载波聚合技术以达到灵活的频谱使用。因此 3GPP 确定采用载波聚合的方式，聚合两个或更多的载波，用于解决 LTE-Advanced 系统对频带资源的灵活使用。

载波聚合是能够满足 LTE-A 更大带宽需求且能保持对 LTE 后向兼容性的必备技术，它可以分为连续载波聚合和非连续载波聚合。连续载波聚合是对连续频段上的多个载波聚合以保持系统的后向兼容性，它可以简化基站和终端的配置；非连续载波聚合是对分散的频率资源进行整合，最大能聚合 100 MHz，它具有更强的频谱聚合灵活性，需要定义频谱聚合所支持的终端能力，以便能够将终端大小、成本和功率损耗降到最低。

现在 3GPP 对于载波聚合技术的可行性方案已经完成。考虑到与 LTE 的兼容性，各个载波都会采用 LTE 的设计。目前，LTE 支持的最大带宽是 20 MHz，而 IMT-Advanced 通过聚合多个对 LTE 后向兼容的载波，最大可以支持 100 MHz 的带宽；所有的成员载波和 R8 LTE 都是兼容的，但并不代表可以排除对非后向兼容的载波的考虑；关于聚合带宽和上下行非对称，UE 可能被配置为在上下行分别聚合不同数量、不同带宽的载波，然而对于 TDD 典型情况，上下行的载波数是相同的。

② 多点协作传输技术（CoMP）。

多点协作传输技术（CoMP）是通过对空域的扩充，以达到提高系统容量、减小用户间干扰的目的，它是 LTE-Advanced 对空域扩充的核心技术之一。CoMP 是对传统单基站 MIMO 技术的补充和扩展，通过基站协同传输能够有效提高数据速率、提升小区边界容量和小区平均吞吐量、减少小区干扰，CoMP 被誉为 LTE-Advanced 最有前途的技术之一。一个基站通过光纤连接到多个天线站点，所有的基带处理仍集中在基站，形成集中的基带处理单元。CoMP 的核心思想是当终端位于小区边界区域时，它能同时接收到来自多个小区的信号，同时它自己传输的信息也能被多个小区同时接收。在下行方向，在多个接入点间实现联合的调度，多个接入点联合向一个终端发送数据或者接收数据，对来自多个小区的发射信号进行协调以规避彼此间的干扰，能大大提升下行性能。在上行方向，信号可以同时由多个小区联合接收并进行信号合并，多个小区同时接收一个 UE 发出的数据，通过协调调度来抑制小区间干扰，从而达到提升接收信号信噪比的效果。

多点协作传输（CoMP）技术主要涉及 3 种技术：协作干扰抑制、协作波束赋型和联合处理。协作干扰抑制的意思是通过不适用某些特定的资源或者减小使用功率进行资源分割，达到避免或减少干扰的目的。协作波束赋型就是通过扩展的 eNB 间的接口来协调相邻基站的天线波束，从而让波束对准本小区的用户，同时避开使用相同资源的相邻小区用户。联合处理就是分布式基站／天线之间采用协同和联合处理，实现为一个或多个用户分布式 MIMO 发送或接收信号。

③ 无线中继技术（Relay）。

无线中继技术（Relay）主要定位在覆盖增强场景。中继和传统直放站的区别是它更像是一个使用无线回程（Backhaul）的微基站，它只放大信号而避免放大噪声和干扰，从而既能增大覆盖范围也能增加容量。无线中继技术是利用基站和中继器共同完成的，Relay 节点（RN）用来传递 eNB 和终端之间的业务／信令传输，目的是在 LTE-Advanced 中增强高数据速率的覆盖和临时性网络部署能力，提升小区边界吞吐量及覆盖扩展和增强能力，支持群移动等，同时也能提供较低的网络部署成本。

中继器可以支持层 1～层 3 的基本协议。层 1 中继：中继器最简单的一层，先接收信号，然后将信号进行放大转发使信息能覆盖各个蜂窝小区，时延小而且成本低。层 2 中继：增加了部分无线资源管理（RRM）功能，既不像层 1 那样简单，又不同于层 3 具有完整的 RRM 功能。层 3 中继：类似于一个无线回传的小基站，既具有完整的 RRM 功能，同时还能够兼容现在的 LTE 协议和无线接口协议功能。LTE-Advanced 支持层 3 和带内中继方式，可以支持旧 LTE 终端。中继器具有自己的 ID 和调度功能，对 R8 LTE 终端而言，它就类似于一个普通的 eNB，它与终端间的通信和它与 eNB 间的回程通信时分复用在同一频带上进行。

④ 增强型 UL/DL MIMO 技术（Enhanced UL/DL MIMO）。

增强型 UL/DL MIMO 技术（Enhanced UL/DL MIMO）通过扩展空间的传输维度而成倍地提高信道容量，以节省日益珍贵的频率资源，是满足 LTE-Advanced 峰值谱效率和平均谱效率提升需求的重要途径之一。由于天线高度对信道会造成影响，鉴于此限制，LTE-Advanced 系统上行和下行多天线增强的重点是有区别的。LTE-Advanced 支持的下行多天线配置最高规格是 8×8，那么增强多用户空分复用就成为了标准的重点。相对于 LTE 系统的下行，LTE-Advanced 上行增强主要集中在如何利用终端的多个功率放大器、利用上行发射分集来增强覆盖，如何利用上行空间复用来提高上行峰值速率等。

1.3.4　第五代移动通信系统及其发展趋势

1. 第五代移动通信系统概述

5G，又称 IMT—2020，即第五代移动通信技术，目前已进入全面研发测试与标准化阶段。国际电信联盟（ITU）已完成 5G 愿景研究，2017 年 11 月启动了 5G 技术方案征集，2020 年将完成 5G 标准制定。3GPP 已于 2016 年初启动 5G 标准研究，2017 年 12 月完成非独立组网 5G 新空中接口技术标准化、5G 网络架构标准化，2018 年 6 月已形成 5G 标准统一版本，完成独立组网、5G 新空中接口和核心网标准化，2019 年年底将完成满足 ITU 要求的 5G 标准完整版本。

5G 将开启万物互联新时代。业界一般认为移动通信 10 年一代：2G 时代提供语音和低速数据业务；3G 时代在提供语音业务的同时，开始提供基础的移动多媒体业务；4G 时代提供移动宽带业务；到了 5G 时代，移动通信将在大幅提升以人为中心的移动互联网业务使用体验的同时，全面支持以物为中心的物联网业务，实现人与人、人与物和物与物的智能互联。5G 满足增强移动宽带、海量机器通信和超高可靠低时延通信 3 大类应用场景，在 5G 系统设计时需要充分考虑不同场景和业务的差异化需求。

在全球范围内，各国组织积极参与 5G 技术的研发，力争 5G 标准和产业发展主导权。日本成立了 5G 移动通信推进论坛组织（5GMF），于 2017 年正式启动 5G 技术试验工作，NTT DoCoMo 正在组织十余家主流企业验证 5G 关键技术，进行关键技术及频段筛选，计划在 2020 年实现 5G 商用以支持东京奥运会；韩国 2015 年发布了 5G 国家战略，启动 GIGA Korea 项目，陆续投入 1.6 万亿韩元（约 14.3 亿美元），于 2018 年 2 月平昌冬奥会上开展了 5G 预商用试验，计划 2020 年底实现 5G 全面商用；欧盟于 2016 年发布了 5G 行动计划并启动频率规划，启动 5G PPP、METIS 等 5G 研究项目，启动 5G 技术试验，力争 2020 年实现 5G 技术的垂直行业应用；美国成立 5G American 组织，于 2016 年启动了 5G 外场试验并发布 5G 高频频段，投入约 4 亿美元支持 5G 试验及研发，从 2017 年 2 月起已陆续开启 5G 的部分预商用。

与此同时，我国也积极部署 5G 研究工作。我国已成立 IMT—2020 推进组，有效推动了 5G 试验规划的实施，目前已有 56 个成员，涵盖了国内外移动通信的产学研用单位。我国已全面启动 5G 技术研发试验，完成了 5G 关键技术方案验证，2018 年 1 月启动 5G 系统验证，预计 2019 年进入产品研发试验阶段，2020 年实现 5G 技术的商用[9]。

我国 5G 研究进展如图 1.17 所示。

图 1.17　我国 5G 研究进展

新业务、新需求对 5G 系统提出了新挑战。ITU 定义了八大关键技术指标，其中峰值速率、移动性、时延和频谱效率是传统的移动宽带关键技术指标，此外新定义了 4 个关键指标，即用户体验速率、连接数密度、流量密度和能效。5G 将满足 20 Gbps 的光纤般接入速率、毫秒级时延的业务体验、千亿设备的连接能力、超高流量密度和连接数密度及百倍网络能效提升等极致指标，一个系统如何同时满足多样业务需求，5G 系统设计面临新的挑战。

3GPP 于 2018 年 6 月发布第一个独立组网 5G 标准。3GPP 制定 R15 和 R16 标准满足 ITUIMT—2020 全部需求，其中，R15 为 5G 基础版本，重点支持增强移动宽带业务和基础的低时延高可靠业务，R16 为 5G 增强版本，将支持更多物联网业务。考虑到 5G 将与 LTE 共存较长时间，并且运营商拥有的频谱不同、部署节奏不同、5G 网络业务定位不同，3GPP 标准分阶段支持多种 5G 组网架构。具体地，R15 包含 3 个子阶段，第一个子阶段为 2017 年年底完成非独立组网的 5G 标准，第二个子阶段为 2018 年 6 月完成可独立组网的 5G 标准，第三个子阶段为 2018 年 12 月完成支持更多组网架构的版本，这些子版本将为运营商提供更多组网选择。2017 年 12 月，3GPP 发布了 R15 非独立组网的标准、5G 核心网架构和业务流程标准，重点增强支持移动宽带业务，5G 基站与 4G 基站或 4G 核心网连接，用户通过 4G 基站接入网络后，5G 新空中接口和 4G 空中接口为其提供数据服务，4G 负责移动性管理等控制功能。2018 年 6 月 3GPP 发布了第一个 5G 独立组网标准，5G 基站直接连接 5G 核心网，支持增强移动宽带和基础低时延高可靠业务，基于全服务化架构的 5G 核心网，5G 系统能提供网络切片、边缘计算等新应用。R15 第三个子阶段标准将完成更多组网架构，支持 4G 基站接入 5G 核心网，以快速提供网络切片、边缘计算等业务能力。此外，3GPP 将于 2019 年年底发布 R16 标准，R16 标准将在 R15 的基础上，进一步增强支持移动宽带的能力和效率，同时扩展支持更多物联网场景[10]。

2. 第五代移动通信系统特征

（1）高速率

相对于 4G，5G 要解决的第一个问题就是高速率。网络速率提升，用户体验与感受才会有较大改善，网络才能面对 VR／超高清业务时不受限制，对网络速率要求很高的业务才能被广泛推广和使用。因此，5G 第一个特点就定义了速率的提升。

其实与每一代通信技术一样，确切地说 5G 的速率到底是多少是很难的，一方面峰值速率和用户的实际体验速率不一样，不同的技术、不同的时期速率也会不同。对于 5G 的基站峰值要求不低于 20 Gbps，当然这个速率是峰值速率，不是每一个用户的体验。随着新技术投入使用，这个速率还有提升的空间。这意味着用户可以每秒钟下载一部高清电影，也可以体验 VR 视频。这样的高速率给未来对速率有很高要求的业务提供了机会和可能。

（2）泛在网

随着业务的发展，网络业务需要无所不包，广泛存在。只有这样才能支持更加丰富的业务，才能在复杂的场景中使用。泛在网有两个层面的含义：广泛覆盖和纵深覆盖。

广泛覆盖是指在我们社会生活的各个地方，需要广覆盖。以前在高山、峡谷中不一定需要网络覆盖，因为那里生活的人很少，但是如果能覆盖 5G，就可以大量部署传感器，进行环境、空气质量甚至地貌变化、地震的监测，这些都非常有价值。5G 可以为更多这类应用提供网络支持。

纵深覆盖是指在我们生活中，虽然已有网络部署，但是需要实现更高品质的深度覆盖。今天人们家中已经有了 4G 网络，但是家中的卫生间可能网络质量不是太好，地下停车场基本没信号。5G 的到来，可把以前网络质量不好的卫生间、地下停车场等广泛覆盖。

从某种程度而言，泛在网比高速率还重要，而建一个少数地方覆盖、速率很高的网络，并不能保证 5G 的服务与体验，泛在网才是 5G 体验的一个根本保证。在3GPP 的三大场景中没有专门提及泛在网，但是泛在的要求是隐含在所有场景中的。

（3）低功耗

5G 要支持大规模物联网应用，就必须要有功耗的要求。这些年，可穿戴产品有一定发展，但也遇到了很多瓶颈，最大的瓶颈是用户体验较差。以智能手表为例，用户需要每天充电，甚至不到一天就需要充电。所有物联网产品都需要通信与能源，虽然今天通信可以通过多种手段实现，但是能源的供应只能依靠电池。通信过程若消耗大量能量，就很难让物联网产品被用户广泛接受。

如果能把功耗降下来，让大部分物联网产品一周充一次电，甚或一个月充一次电，就能大大改善用户体验，促进物联网产品的快速普及。eMTC 基于 LTE 协议演进而来，为了更加适合物与物之间的通信，也为了降低成本，对 LTE 协议进行了裁剪和优化。eMTC 基于蜂窝网络部署，其用户设备通过支持 1.4 MHz 的射频和基带带宽，可以直接接入现有的 LTE 网络。eMTC 支持上下行最大 1 Mbps 的峰值速率。而 NB-IoT 构建于蜂窝网络，只消耗约 180 kHz 的带宽，可直接部署于 GSM 网络、UMTS 网络或 LTE 网络上，以降低部署成本，实现平滑升级。

NB-IoT 和 eMTC 一样，是 5G 网络体系的一个组成部分。它基于 GSM 网络和 UMTS 网络就可以进行部署，它不需要像 5G 的核心技术那样需重新建设网络，可直接部署在 GSM 和 UMTS 的网络上。它的作用是大大降低功耗，来满足 5G 对于低功耗物联网应用场景的需要。

（4）低时延

5G 的一个新场景是无人驾驶、工业自动化的高可靠连接。在人与人之间进行信息交流时，140 ms 的时延是可以接受的，但是如果这个时延在无人驾驶、工业自动化领域就无法被接受。5G 对于时延的最低要求是 1 ms，甚至更低。这就对网络提出严格的要求。而 5G 是这些新领域应用的必然要求。

无人驾驶汽车，需要中央控制中心和汽车进行互联，车与车之间也应进行互联。在高速行驶中，如果需要制动要瞬间把信息传送给汽车使其做出反应，而 100 ms 左右的时延后，车就会冲出几十米。

无人驾驶飞机更是如此。数百架无人驾驶飞机编队飞行，极小的偏差就会导致碰撞和事故，这就需要在极小的时延中，把信息传递给飞行中的无人驾驶飞机。在工业自动化过程中，一个机械臂的操作，如果要做到极精细化，保证工作的高品质与精准性，也需要极小的时延，最及时的反应。这些特征，在传统的人与人通信，甚至在人与机器通信时，要求都不那么高。而无论是无人驾驶汽车、无人驾驶飞机还是工业自动化，都是高速运行的，还需要在高速中保证及时信息传递和及时反应，这就对时延提出了极高要求。

要满足低时延的要求，需要在 5G 网络建构中找到各种办法，降低时延。边缘计算这样的技术也会被应用到 5G 的网络架构中。

（5）万物互联

在传统通信中，终端数量非常有限。在固定电话时代，电话是为人群提供服务的。而到了手机时代，终端数量有了巨大爆发，手机是为个人提供服务的。到了 5G 时代，终端不再是按人数来定义，因为每人可能拥有数个终端，每个家庭可能拥有数个终端。

2018 年，中国移动终端用户数已经达到 14 亿，这其中以手机用户为主。而通信业对 5G 的愿景是每平方千米可以支撑 100 万个移动终端。未来接入网络的终端，不仅是手机，还会有更多千奇百怪的产品。可以说，我们生活中每一个产品都有可能通过 5G 接入网络。我们的眼镜、手机、衣服、腰带、鞋子都有可能接入网络，成为智能产品。家中的门窗、门锁、空气净化器、加湿器、空调、冰箱、洗衣机都可能进入智能时代，通过 5G 接入网络，让我们的家庭成为智慧家庭。

而社会生活中大量以前不可能联网的设备也会联网工作，更加智能。例如汽车、井盖、电线杆、垃圾桶这些公共设施，以前管理起来非常困难，也很难做到智能化，而 5G 可以让这些设备都成为智能设备。

（6）重构安全

安全问题似乎并不是 3GPP 讨论的基本问题，但是它也应该成为 5G 的一个基本特点。

传统的互联网要解决的是信息速度、无障碍的传输的问题，自由、开放、共享是互联网的基本精神，但是在 5G 基础上建立的是智能互联网。智能互联网不仅要实现信息传输，还要建立起一个社会和生活的新机制与新体系。智能互联网的基本精神是安全、可控、高效、方便。安全是 5G 之后的智能互联网第一位的要求。假设 5G 建设起来却无法重新构建安全体系，那么会产生巨大的破坏力。

如果我们的无人驾驶系统很容易攻破，就会像电影中展现的那样，道路上行驶的汽车被黑客控制；智能健康系统被攻破，大量用户的健康信息被泄露；智慧家庭被攻破，家中安全无保障。这种情况不应该出现，出了问题也不是修修补补可以解决的。

在 5G 的网络构建中，应该在底层就解决安全问题。从网络建设之初，就应该加入安全机制，信息应该加密，网络并不应该是开放的，对于特殊的服务需要建立专门的安全机制。网络不是完全中立、公平的。举一个简单的例子，若目前只存在一套网络系统能够满足普通用户上网需求，则随着用户数量的增多，网络系统的负担增大，用户可能会面临网络拥堵的问题。但是智能交通体系，需要有多套系统保证其安全运行，保证其网络品质，在网络出现拥堵时，必须保证智能交通体系的网络畅通。而这个体系也不是一般终端可以接入实现管理与控制的。

3. 第五代移动通信系统架构

区别于 4G 等传统网络采用网元（或网络实体）来描述系统架构，5G 系统中引入了网络功能（Network Function，NF）和服务的概念。不同的 NF 可以作为服务提供者为其他 NF 提供不同的服务，此时其他 NF 被称为服务消费者。NF 作为服务提供者还是服务消费者之间较为灵活：一个 NF 既可使用一个或多个 NF 提供的服务，也可以为一个或多个 NF 提供服务。服务化架构基于模块化、可重用、自包含的思想，充分利用了软件化和虚拟化技术。每一个服务为软件实现的一个基本网络功能模块，系统可以根据需要对网络功能进行编排，就像一块积木，需要时就可以添加到系统架构中，不需要时就移除，这使得网络的部署和演进非常方便灵活，也有利于引入对新业务的支持。

5G 系统的非漫游场景架构[11]如图 1.18 所示，包含核心网中主要的 NF 和 NF 之间的连接关系。由于标准制定会议的时间有限，R15 中仅有控制面的 NF 实现了服务化，用户平面 NF 之间、控制面 NF 和用户平面 NF 之间，仍采用点对点方式。R16 将会对服务化架构进一步增强。

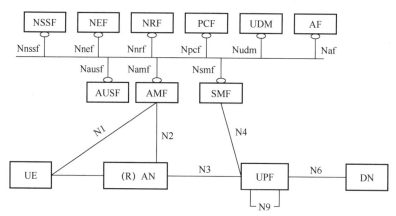

图 1.18　5G 系统的非漫游场景架构

5G 核心网中主要的 NF 名称和主要功能如下所述。

① 接入和移动性管理功能（Access and Mobility Management Function，AMF）：终结来自 UE 的非接入层消息、实现对 UE 的接入控制和移动性管理功能；终结接入网的控制面接口（N2）等。

② 用户平面功能（User Plane Function，UPF）：PDU 会话用户平面相关功能，即连接接入网和外部数据网络（DN，Data Network）之间采用特定的封装传递用户数据报文，实现 QoS、监听、计费等方面的功能；UPF 不但实现 4G 网络中服务网关（Serving Gateway，SGW）、分组数据网关（PDN Gateway，PGW）中的用户平面各项功能，还支持边缘计算等新特性所需的用户平面功能。

③ 会话管理功能（Session Management Function，SMF）：实现 PDU 会话管理（建立、删除、修改等）、UPF 选择、终端 IP 地址分配等功能；SMF 实现了 4G 网络中 SGW、PGW 中控制面的各项功能。

④ 网络存储功能（NF Repository Function，NRF）：实现服务的管理功能。NF 启动时将自己提供的服务注册到 NRF。当 NF 需要使用服务时，先查询 NRF，即可

发现提供该服务的 NF 信息。

⑤ 统一数据管理功能（Unified Data Management，UDM）：实现用户签约数据和鉴权数据的管理。

⑥ 鉴权服务器功能（Authentication Server Function，AUSF）：实现对用户的鉴权相关功能，与安全锚点功能（Security Anchor Function，SEAF）配合完成与密钥相关的操作。

⑦ 策略控制功能（Policy Control Function，PCF）：实现统一的策略和计费控制的节点，制定并下发策略给控制面 NF 和 UE。

⑧ 网络开放功能（Network Exposure Function，NEF）：将网络能够提供的业务和能力"暴露"给外部，如第三方实体。

⑨ 网络切片选择功能（Network Slice Selection Function，NSSF）：为 UE 选择为其服务的网络切片和 AMF 等。

⑩ 应用功能（Application Function，AF）：与核心网交互，以提供业务（如 IMS 的 AF 提供 IMS 语音呼叫服务）。

利用计算和存储相互分离的思想，5G 核心网还引入了可选的网络功能非结构化数据存储功能（Unstructured Data Storage Function，UDSF），实现非结构化数据的存储功能，并为任意控制面的 NF 提供检索功能。例如，将 AMF 中 UE 上下文数据交由 UDSF 存储，其他的 AMF 也可以访问，并在必要时比如某 AMF 死机时接管这些用户数据。这种分离不但提升了网络的鲁棒性，还天然地支持 NF 的虚拟化部署，如运行在虚拟环境中的 NF 可以按需调增或调减计算能力。

4. 第五代移动通信系统关键技术

（1）毫米波

毫米波（mmWave）特指波长为 1～10 mm 的电磁波，频率为 30～300 GHz。根据通信原理，无线通信的最大带宽约为载频的 5%，载波频率越高，信号速率越高。在毫米波波段，28 GHz 频段和 60 GHz 频段是 5G 最有希望采用的频带。28 GHz 频段中可用的频谱带宽高达 1 GHz，而 60 GHz 频带中每个信道的可用带宽高达 2 GHz。

与 5G 相比，目前运营商在 4G-LTE 频段中使用的最高频率约 2.6 GHz，可使用频谱带宽 100 MHz。故后续的 5G 研究将集中在高频段范围，使频谱带宽尽可能提升，从而提高传输速率。

6 GHz 以上的毫米波频段虽然具备大量的连续频谱资源，并可支持超过 10 Gbps 的接入速率，但毫米波频段的覆盖是个严重的短板，频率越高，波长越短，绕射和衍射能力越弱，覆盖面积越小，信号直射穿透过程中损耗越大。

基于毫米波频率高、波长短的特征，5G 天线相对尺寸短达毫米级别，根据此特点可以实现 5G 另一个关键技术：大规模天线阵列，通过 MIMO 和波束赋形，提高天线增益，弥补毫米波覆盖短板。

（2）大规模阵列天线技术

由于毫米波的波长约为 1～10 mm，在一定的单位面积里，相比于微波，可集成更多的天线。因此，在基站侧可以通过配置大规模天线阵列，结合 MIMO 技术，有效解决高频毫米波传输速率及频谱效率的问题。

当小区中的基站天线数量变得无限大时，可以忽略诸如附加高斯白噪声和瑞利衰减等副作用，并且可以大大提高数据速率。虽然高频传播损耗非常大，但由于高频段波长很短，因此，可以在有限的面积内部署非常多的天线阵子，通过大规模天线阵列形成具有非常高增益的窄波束抵消传播损耗。以 20 cm×20 cm 的天线尺寸为例，假设天线间距为工作频率波长一半，当工作频段为 3.5 GHz 时，可部署 16 根天线；当工作频段为 10 GHz 时，可部署 100 根天线；当工作频段为 20 GHz 时，则可部署高达 400 根天线。

Massive MIMO 具有以下优点。

① 更高的系统性能，利用 Massive MIMO 提供的空间自由度，基站可同时传输更多数据流，同时与更多用户通信，另外大规模阵列天线可发送具有指向性的信号，减少用户之间的干扰，大大提升数据传输速率，性能比现有 MIMO 系统明显提高。

② 更高的空间分辨度，大规模阵列天线可以集中辐射更小的空间区域，可形成更窄的波束，并增加垂直纬度的波束，产生三维可控波束，大大提升空间分辨度和自由度。

③ 更高的可靠性，Massive MIMO 天线的有效孔径比普通天线更大，从而可以接收更多信号分集度（如折射、散射等路径传输过来的信号），通信的可靠性得到加强。

（3）混合波束赋形技术

常规的波束赋形系统主要为数字波束赋形系统，此种系统的特点为射频链路数量需要与天线数目相同，若应用在配置了大规模天线阵列的毫米波系统，由于天线数目太大，会加重系统成本和功耗。为解决该问题，同时限制射频链路的数量，目前主要技术是 Mixed Beamforming（混合波束赋形）技术，通过把一部分波束赋形转换到模拟域完成。

混合波束赋形的基本原理如图 1.19 所示。

① 通过使用总辐射功率（TRP）天线的子面板发射正交下行链路参考信号来生成模拟波束。

② 用户设备（UE）可以测量这个波束参考信号的被接收功率，并报告波束指标，包括接收到的最高功率。

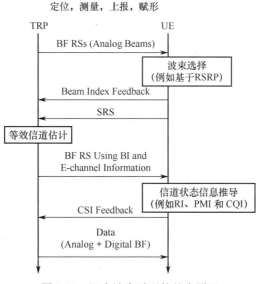

图 1.19　混合波束赋形的基本原理

③ TRP 可以基于探测的参考信号和报告的模拟波束确定数字预编码,因为时分复用（TDM）系统的传输是在同一频率发生的,上行链路和下行链路信道状态是完全相同的。

④ 到每个用户设备的下行链路信道在理论上可以通过用户设备在上行链路传输的探测参考信号来评估。

⑤ 配置用于数据传输的混合波束赋形。

（4）LDPC/Polar

信道编码是提升信道传输有效性和可靠性的重要手段。3GPP 最终确定 5G eMBB 场景的信道编码技术方案,Polar 为控制信道的编码方案,LDPC 为数据信道的编码方案。

在信息论中,Polar Code（极化码）是一种线性块纠错码,编码结构基于一个简短的内核代码的多重递归连接,它将物理信道转换成虚拟外部信道。当递归的数量变大时,虚拟通道趋向于具有高可靠性或低可靠性（即极化）特征,并且数据比特被分配给最可靠的通道。极化码的结构由 Stolte 首次描述,后由 Arikan 于 2007 年独立完成。这是第一个具有明确构造,使一组独立二进制对称输入离散无记忆信道（B-DMC）,能达到香农极限容量的信道编码。

在信息论中,LDPC（Low Density Parity Check,低密度奇偶校验码）,是一种线性纠错码,是一种能在有噪声的传输信道上传送信息的一种方法。LDPC 码也称 Gallager 码,由 Robert G.Gallager 于 1962 年提出。LDPC 是通过稀疏二部图构造的,是一种容量逼近码,意味着存在实际结构,使噪声门限在一个对称无记忆信道上能被设置得非常接近（甚至在二进制擦除信道上任意接近）理论最大值（香农极限）。噪声阈值定义了信道噪声的上限，据此可以使信息丢失的概率尽可能小。通过迭代置信传播技术，LDPC 码可以根据其块长度在时间上进行线性解码。它的校验矩阵 **H** 中非零元素（"1"）的个数远小于零元素的个数，或者矩阵的行重及列重与码长相比是个很小的数，LDPC 码的这种特性使其可以构造出低复杂度、高性能的码。

（5）FBMC

正交频分复用（OFDM）是子信道中信道使用的概念，所有子信道都是正交的，数据被符号调制并传输到每个子信道。因此，数据的传输速率更快。OFDM 的技术性质是 FFT 原型滤波器。原型滤波器的主要缺点是其窄带宽会导致在实际应用中出现强烈的频谱泄漏现象，并且在传统 OFDM 中，一般采用在信号波形上插入循环前缀（CP）的方法来对抗多径，保护间隔一般是符号周期的 1/4 或 1/8 长度。

相比于 OFDM 中使用的矩形窗函数，FBMC（Filter Back Multi Carrier，滤波器组多滤波）是通过一套优化滤波器进行替代的，进而减少带外衰减。此外，为了应付不同的多址接入或机会频谱接入通信标准，FBMC 原型滤波器可以被设计成可灵活匹配时间或者频率色散信道及具有较小的旁瓣。由于原型滤波器的脉冲响应和频率响应可以根据需要设计，因此子载波不必相互正交，而是允许较小的频带，因此必须插入循环前缀。

（6）NOMA

4G 时代使用正交频分多址（OFDMA）技术，通过把一系列相互正交不重叠的子载波分配给不同用户实现多址，具有无多址干扰（MAI）的特点，但正交多址技术由于其可容纳的接入用户数与正交资源成正比，而正交资源数量受限于正交性要求，不能满足未来 5G 时代广域连续覆盖、热点高容量、海量连接、低延时接入等的业务需求。

NOMA（Nor-Orthogonal Multiple Access，非正交多址接入）技术通过在发送端利用非正交传输主动引入干扰信息，并通过串行干扰消除（SIC）接收机校正接收端解调信号。使用 SIC 技术的接收机虽然提高了计算复杂度，但是能够提高频谱效率并增加接收机的频谱效率复杂度。

NOMA 采用与 4G 相同的正交频分复用（OFDM）技术，因此各个子信道之间互相正交，互不干扰，不同的是 NOMA 多个用户共享一个子信道，而不是单用户独享。

非正交信号在同一信道传输会引起用户间干扰问题，因此需要使用 SIC 技术在接收端进行多用户检测。在发送端，功率复用用于在同一个子信道上发送不同的用户信号。根据相关算法分配不同用户的信号强度，每个用户到达接收端的信号强度也不相同。然后 SIC 接收机根据不同用户的信号强度，按照一定的顺序进行干扰消除，实现正确解调，并以此区分不同用户。

5. 第五代移动通信系统发展趋势

就目前 5G 移动通信技术的研发现状和市场发展来看，未来 5G 移动通信技术的发展趋势主要表现为以下几方面。

① 为了更好地满足用户的通信需求，5G 移动通信未来的发展将主要分为移动互联网和物联网两类，并且将 KPI 确定为基础，技术研究人员在研发过程中会更加注重整体传输效率的提升，会把大部分时间和精力投入到机器海量无线通信需求问题的解决研发上，以便更好地满足用户对移动通信提出的新需求。

② 随着 5G 移动通信的不断发展，我国于 2013 年正式启动了 METIS 项目，并且在项目开展阶段积极将 METIS 融入 "865" 计划中，鼓励相关学者在开展研究过程中积极探讨针对 5G 移动通信的技术指标，实现对 5G 移动通信关键技术的深入分析与探讨。此外，我国在 2016 年已确定了 5G 移动通信的技术标准，基于此推动 5G 移动通信技术的发展和高效应用，打造良好的移动通信空间。

③ 为更好地迎合整个移动互联网的发展趋势和市场需求，5G 移动通信将始终坚持可持续发展理念，致力于实现 5G 技术的优化设计，注重资源利用率、吞吐率等的提升研究，并且还会逐渐转变传统设计理念，融入多点、多用户协作的思想，引入 3D、交互式游戏等新技术，为广大用户营造更实用、更方便、更快捷的通信空间，实现移动通信的最佳状态，让用户体验到更好的通信服务。

5G 移动通信未来的发展必然会呈现出新的特点，具体如下。

- 新特点一：5G 移动通信未来在技术变革的同时也会更加重视用户的体验，并且对网络传输时延、吞吐均速以及对交互式游戏、虚拟现实等新型业务的支撑力也将成为衡量 5G 移动通信的重要指标。
- 新特点二：5G 移动通信的核心目标不再仅仅是传统的点到点物理层传输及信道编译码等技术，还会拓展到多点、多天线、多用户以及多小区协作组网等方面，不断实践和突破，尽可能提升整个通信系统的性能。
- 新特点三：目前，室内移动通信业务已然成为市场的主导，未来 5G 移动通信的首要设计目标将会放在 5G 业务支撑能力及室内无线覆盖性能方面，逐渐转变传统的 "以大范围覆盖为主，同时兼顾室内覆盖" 的理念。
- 新特点四：未来 5G 移动通信系统中将会运用到更多的高频段频谱资源，但鉴于高频段无线电波的穿透能力有限，故未来光载无线组网技术及无线与有线融合的技术将会应用得更加普遍。
- 新特点五：未来 5G 移动通信的重点研发方向将是可 "软" 配置的 5G 无线网络，即运营商可以结合实际业务流量的动态变化及时对网络资源进行调整，以达到节省运营成本及降低能源消耗的目的。

1.3.5　移动 IP 技术

在当今飞快发展的信息领域中，Internet 和移动通信最为引人瞩目。以 Internet 为代表的信息网络给人们的生活带来了巨大的变化。随着人们生活节奏的加快，需要在任何地点、任何时候都能够在移动的过程中保持 Internet 接入和连续通信，这使得提供移动的 Internet 接入成为当前 Internet 技术研究的热点之一。移动 IP 就是在原有 IP 的基础上为了支持节点移动而提出的解决方案。移动 IP 的主要设计目标是移动节点在改变网络接入点时，不必改变节点的 IP 地址，能够在移动过程中保持通信的连续性。移动 IP 技术让用户能够在漫游过程中自由地实现 Internet 接入，得到个性化的内容服务。

1. 移动 IP 的基本概念

（1）移动 IP 的功能实体

① 移动节点（Mobile Node）。

指接入互联网的节点（可以是主机或者路由器）从一条链路或网络切换到另一条链路或网络时仍然保持所有正在进行的通信。移动节点可以改变它的网络接入点，但不需要改变它的 IP 地址，使用原有的 IP 地址仍然能够继续与其他节点进行通信。

② 本地代理（Home Agent）。

指位于移动节点本地链路（Home Link）上的路由器。当移动节点切换链路时，本地代理始终将其当前位置通知给移动节点，并将这个信息保存在移动节点的转交地址中。本地代理分析送往移动节点的原始地址的包，并将这些包通过隧道技术传送到移动节点的转交地址上。

③ 外地代理（Foreign Agent）。

指位于移动节点所访问的网络上的路由器。它为注册的移动节点提供路由服务，将转交地址信息通知给自己的本地代理，并且接收其通过隧道发来的报文，拆封后再转发给移动节点。外地代理为连接在外地链路上的移动节点提供类似默认路由器的服务。本地代理和外地代理可以统称为"移动代理"。

移动 IP 功能实体及相互关系如图 1.20 所示，该图表明了这些功能实体以及它们之间的关系。

（2）移动 IP 的基本操作

移动 IP 技术要解决的问题就是，当移动节点在网络之间不断移动时，仍然能够继续保持与已有连接间的通信。下面将简单介绍移动节点在外地网络时，实现与其他节点接收和发送分组的移动 IP 的基本操作。

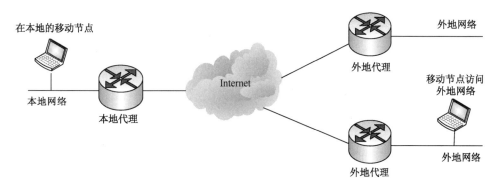

图 1.20　移动 IP 功能实体及相互关系

① 代理发现（Agent Discovery）。

代理发现是移动节点检测它当前是在主网还是在客网的一种方法。其基本思想是本地代理和移动代理周期性地广播代理通告（Agent Advertisement）消息，通过扩展 ICMP 报文得到代理通告。移动节点根据接收的代理通告消息来判断其是在本地链路上还是在外地链路上，从而决定是否再利用移动 IP 的其他功能或者是否需要向本地代理进行注册。

② 注册（Registration）。

当移动节点在外地网络时，通过通告消息获得外地代理的转交地址，或通过动态主机配置协议（DHCP）和手工配置等方法获得配置转交地址。然后向本地代理请求注册，本地代理确认后，通过把本地地址和相应的转交地址存放在绑定缓存中完成两个地址的绑定，并且向移动节点发送注册应答。在注册过程中，如果移动节点使用外地代理转交地址，就要通过外地代理进行注册请求和注册应答。

③ 分组路由（Packet Routing）。

本地代理和本地链路的路由器与外地链路的路由器交换路由信息，使得发送给移动节点本地地址的分组被正确转发到本地链路上。本地代理通过 ARP（Address Resolution Protocol，地址解析协议）来截取发向移动节点本地地址的分组，然后根据分组 IP 的目的地址查找绑定缓存，获得移动节点注册的转交地址，再通过隧道发送分组到移动节点的转交地址。如果转交地址是外地代理的转交地址，那么隧道末端的外地代理拆封分组并转发给移动节点；如果转交地址是配置转交地址，那么直接发送封装的数据分组给移动节点。

移动节点如果使用外地网络的路由器作为默认的路由器，那么它的分组便可通过此路由器直接发送给通信对端，不必再采用隧道机制。如此，通信对端发送的分组通过移动节点的本地代理转发给移动节点，移动节点的分组直接发送给通信对端，形成如图 1.21 所示的移动 IPv4 的三角路由现象。三角路由并不是优化的路由，移动 IPv4 的优化路由如图 1.22 所示。

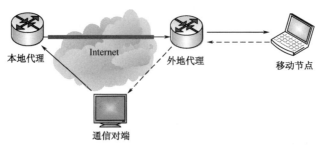

图 1.21　移动 IPv4 的三角路由现象

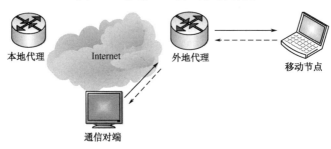

图 1.22　移动 IPv4 的优化路由

④ 注销（Deregistering）。

移动节点根据接收的代理通告消息判断该节点是否已经返回到本地链路上，如果移动节点已经在本地链路上，则向本地代理直接注销以前的注册，完成注销后，本地代理就认为节点已经回到本地。

2. IPv4 技术的不足

IPv4 即 IP 协议第 4 版本，已经难以满足 Internet 不断发展的需求。目前 IPv4 主要存在以下不足。

（1）地址资源匮乏

由于 IPv4 规定的 IP 地址位数是 32 位，大约能够提供 1 亿个左右的地址。但是随着 Internet 的不断发展，连接的主机数量不断增加，现有的 IP 地址资源严重匮乏，面临着很快被用光的局面。

（2）路由表越来越庞大

IPv4 的地址分配与网络的拓扑结构无关，当接入的网络以及路由器数目不断增加时，数据传输路由的路由表也就相应地越来越庞大，这不仅增加了路由器的负担，同时降低了 Internet 服务的稳定性。

（3）地址分配烦琐

IPv4 分配地址的方式是手工配置，这不仅增加了管理费用，而且给需要频繁变动地址的企业带来极大不便。

（4）发展受限

随着网络的普及和发展，新型网络业务不断涌现，这些网络业务对网络在传输上的要求不尽相同，很多有关 QoS 的技术，都因 IPv4 协议的局限性而限制了其更好的发展。随着网络技术的发展，越来越多类型的数据都需要在 IP 网上传输，相应地对于网络安全性的要求也会逐渐提高，而传统的 IPv4 不能完全满足网络对于安全性的要求，所以，IPv4 限制了 IP 网络的发展。

3. IPv6 技术

为彻底解决 IPv4 存在的地址匮乏等问题，IETF 开发了新一代网络协议 IPv6，它保留了许多 IPv4 的基本特性，并在 IP 地址、多终点传输支持、移动系统支持、对服务质量以及安全性的支持这几个方面进行了改进。

（1）IPv6 的地址及配置

IPv4 地址长度为 32 位，IPv6 为 128 位，有着巨大的地址空间，能为全球数十亿用户提供足够多的地址，因此不再需要管理内部地址与公网地址之间的网络地址翻译和地址映射，网络的部署工作更简单。IPv6 继承了 IPv4 的地址自动配置服务，即全状态自动配置（Stateful Auto Configuration），另外还采用了一种称为无状态自动配置（Stateless Auto Configuration）的自动配置服务。

（2）IPv6 的多终点传输支持

IPv6 和 IPv4 对于多终点的支持本质上并没有多大区别，IPv6 所做的改进是使所有 IPv6 具有本地多终点能力。多终点能力是低层网络技术本身所固有的，高层的应用可以利用低层协议所提供的这种能力。IPv6 保留了 IPv4 中单一终点和多终点的概念，并增加了任意终点（Any-cast）的新概念。一个单一的任意终点地址被分配给一组镜像的数据库或一组 Web 服务器，当用户发送一个数据包给该任意终点地址时，离用户最近的一个服务器会响应用户。这对于一个经常移动和变更的网络用户大有益处。IPv6 允许使用非全局特有（Non-globally Unique）地址连接至全局 Internet。

（3）IPv6 移动性支持

IPv4 协议对移动的支持是可选部分，IPv4 协议没有足够的地址空间为 Internet 上每个移动设备分配一个全球唯一的临时 IP 地址，很难判断移动节点是否在同一网络上。而移动 IPv6 是 IPv6 协议必不可少的组成部分，其足够的地址空间也能够满足大规模移动用户的需求。IPv6 对移动 IP 的改善也减轻了对原始接口的依赖性，使得 Internet 上的移动节点与其他节点能够直接通信。

（4）IPv6 对服务质量（QoS）的支持

IPv6 与 IPv4 相比，其优势是能提供差别服务，因为 IPv6 的头部增加了一个 20 位长的流标记域，让网络的中间点能确定并区别对待某个 IP 地址的数据流。IPv6 还通过提供永远连接、防止服务中断和提高网络性能等方法提高网络服务质量。

（5）IPv6 对安全性的支持

IPv6 对 Internet 安全性的改善措施就是对数据包头的结构进行了改进。认证头（Authentication Header，AH）和封装安全净荷（Encrypted Security Payload，ESP）扩展报头提供 IP 分组的认证和加密功能。一方面，IPv6 对移动性的支持要求移动节点在接入网络前必须接受证实，接收者可以要求发送者首先利用 IPv6 的 AH 进行登录后才能接收数据分组；另一方面，移动节点在网络上自身的位置也被保护起来，利用 IPv6 的 ESP 加密数据分组，这种加密也是算法独立的，意味着可以安全地在 Internet 上传输敏感数据而不用担心被第三方截取。

第2章 移动终端

本章所述移动终端指的是能够通过接入运营商的移动网络进行相关业务的移动设备。移动终端的形态多种多样，包括手机、平板电脑、可穿戴设备、车载设备等类型。本章将以移动终端为重点，对终端的技术、发展和产业进行阐述[12]。

2.1 移动终端概述

移动终端即移动通信终端，其移动性主要体现在移动通信能力和便携化体积。大体上，移动终端可分为智能型和功能型两类。其中，功能型是指传统的不具备开放操作系统平台的移动通信终端，通常采用封闭式操作系统，通过 Java 或 BREW 提供对第三方软件的支持。而近年来移动终端已进入智能化发展阶段，其智能性主要体现在 4 个方面[13]：一是具备开放的操作系统平台，支持应用程序的灵活开发、安装及运行；二是具备 PC 级的处理能力，可支持桌面互联网主流应用的移动化迁移；三是具备高速数据网络接入能力；四是具备丰富的人机交互界面，即在 3D 等显示技术和语音识别、图像识别等多模态交互技术的支持下，提供以人为核心的更智能的交互方式。在移动互联网时代，智能终端将逐渐取代功能型终端占据移动终端市场的主导地位。

以往的终端设备可以通过功能来区分，而目前的终端设备在功能上相互重叠，呈现出融合的大趋势。这体现在：首先，通信和内容逐渐数字化；其次，信息处理能力逐渐增强；再次，移动终端存储空间逐渐增大。此外，终端设备还呈现出多网络特性和多重功能特性[14]。移动终端除了可以接入移动网络，还要能够接入无线局域网或 WiMAX 网络，可接收广播电台和 GPS 信号，或播放移动电视节目。同时，各类移动终端基本都具有多媒体特性，即配备高像素摄像头可用于拍照、录像和可视电话，能够进行视频播放和音乐播放并支持游戏娱乐等功能。

2.2 移动终端发展过程

移动终端的发展历程从某种程度上反映了整个移动互联网的发展。用户对设备移动性和性能越来越高的需求促使着移动终端不断向前发展。本节以移动终端的典型代表：智能手机和平板电脑为切入点，简述移动终端的发展过程[15]。

2.2.1　智能手机

1983 年，Martin Cooper 带领他的团队设计出了世界上第一部移动电话——摩托罗拉 DynaTAC 8000X，如图 2.1 所示。30 多年来，移动通信网络从之前的模拟信号时代进入到 LTE 时代，手机屏幕从单色进化到"视网膜"屏幕，其处理能力也迅速发展，性能直逼入门级个人计算机。

图 2.1　世界上第一部移动电话

1999 年末，摩托罗拉公司推出了第一款智能手机——天拓 A6188，如图 2.2 所示。这部手机创造了两项纪录：第一，它是全球第一部具有触摸屏的手机；第二，它也是第一部支持中文手写输入的手机。A6188 的 CPU 是由摩托罗拉公司研发的 Dragon ball EZ 16 MHz CPU，支持 WAP1.1 无线网络连接，采用 PPSM（Personal Portable Systems Manager）操作系统。

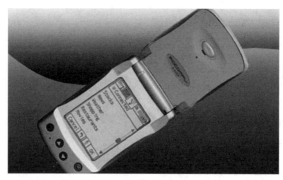

图 2.2　第一款智能手机

一年之后，北欧的通信设备制造厂商爱立信推出了 R380sc 手机。R380sc 采用了基于塞班（Symbian）平台的 EPOC 操作系统，同样支持 WAP 上网和手写输入。R380sc 是世界上第一款采用 Symbian 操作系统的手机，如图 2.3 所示。

图 2.3　第一款采用 Symbian 操作系统的手机

2001 年 1 月，诺基亚首款 PDA 手机 9110 上市，从此诺基亚正式进军智能手机市场。诺基亚 9110 采用了 AMD 公司出品的嵌入式 CPU，操作系统代号 GEOS，并内置了 8 MB 存储空间。

上述三款手机开创了手机智能化的先河，并激励了更多的手机研发制造厂商。于是，一个智能手机争相亮相的时代来临了。

2002 年 2 月，摩托罗拉推出了 A388，其性能以及丰富的无线上网等扩展功能赢得了大量用户的喜爱。同年 8 月，来自我国台湾地区的手机厂商宏达电（HTC）正式推出了多普达（dopod）686，如图 2.4 所示。这部手机以"能看电影的手机"为卖点，采用了当时性能强劲的英特尔 StrongARM 206 MHz 作为 CPU，操作系统则是来自微软的 Windows Mobile for Pocket PC 2002 Phone Edition。多普达 686 以其强大的功能和 4096 色的 TFT 大屏吸引了市场上不少用户的目光。同年 10 月在芬兰，世界上首部基于 Symbian OS 操作系统的 2.5G 智能手机诺基亚 7650 诞生。它内置了当时极为罕见的蓝牙传输功能，同时，它也是第一部内置数码相机功能的手机。2002 年 12 月，索尼与爱立信的手机部门合并后，推出了高端智能手机 P802，它独创了可以拆卸的半开式键盘。

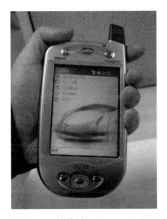

图 2.4　多普达（dopod）686

可以说 2002 年是智能手机发展过程中关键的一年，众多品牌的智能手机的诞生，使人们意识到了智能手机广泛的应用领域和强大的应用功能，而手机生产商也看到了智能手机广阔的市场前景，这些都为智能手机在今天的全面繁盛奠定了基础。从此以后，智能手机得到了快速发展，操作系统的能力、CPU 的频率、内存的容量等参数的纪录都在不断地被刷新，智能手机迎来了黄金发展时期。

2005 年 9 月，摩托罗拉发布 Motorola ROKR。其特别之处在于，它是第一款整合了苹果音乐软件 iTunes 的音乐手机。Motorola ROKR 的用户可以将通过 iTunes 购买的音乐传输到手机来聆听，但同时它也存在着传输速度慢、歌曲数目受限等不足。

2006 年 9 月，黑莓 BlackBerry Pearl 上市。它是第一款整合了照相功能和音视频播放器的黑莓手机，使得以商务功能著称的黑莓手机具有了多媒体功能。

2007 年，是智能手机发展过程中又一个具有重要意义的年份。该年的 1 月 10 日，在 MacWord 大会上苹果公司正式发布了首款苹果智能手机 iPhone，如图 2.5 所示。iPhone 首次加入了电容触控的理念，并将革命性的多点触控功能融入其中。结合 iOS 操作系统，用户可以用双手更加简单纯粹地操作手机。

图 2.5　首款苹果智能手机 iPhone

2008 年，HTC 推出了全球首款基于 Android 操作系统的智能手机：T-Mobile G1。G1 向人们展示了 Android 手机的风采，并显现出了 Android 系统强大的扩展能力。同年，诺基亚发布了 N79、N85 及 5800 手机，尽管其销售成绩出色，但是已无法阻止 iPhone 的崛起。随后，苹果公司发布了可支持 3G 网络的 iPhone 3G，并且增加了对企业邮件系统的支持和 GPS 导航功能。

2009 年，iPhone 发布的第三个年头，苹果公司发布了运行速度更快的 iPhone 3GS。iPhone 3GS 在硬件方面提升较大，其处理器主频达到了 667 MHz，运行内存提高到 256 MB，内部存储器也提升至最大 32 GB 容量，同时它还配有全新的 OpenGLES 2.0 图形处理引擎，在 3D 效果方面的表现非常出色。

2010 年苹果公司发布了号称可以改变一切的 iPhone 4，全新的外观设计、强悍的硬件配置、近乎完美的 iOS 4 系统，让这个苹果变成了"金苹果"。iPhone 4 在硬件方面同样有着不小的提升，其配备了主频为 1 GHz 的 A4 处理器，拥有比 iPhone 3GS 大一倍的 512 MB 运行内存。另外，它的摄像头像素也达到了 500 万像素，采用了背照式 CMOS 技术，能够在夜间取得相当不错的成像效果，并且受用户期待的前置摄像头也被加入其中。值得一提的是，CDMA 版 iPhone 4 可支持移动 AirPlay 功能，最多可以让 5 台设备共享 3G 网络。同年，Google 连续发布其自主设计的 Nexus 手机的第一个和第二个版本——Nexus One 和 Nexus S，如图 2.6 所示。Nexus 系列手机是由 Google 公司进行产品设计并由第三方厂家代工生产的 Android 手机产品，其通常搭载 Google 最新开发的 Android 版本，在后期也能第一时间得到系统更新。其中 Nexus One 手机由 HTC 代工，采用 Android 2.1 操作系统，装载一块 3.7 英寸 WVGA 分辨率的 AMOLED 触屏，同时还内置光线感应器和距离感应器。Nexus One 内置 500 万像素摄像头，不仅支持自动对焦，而且也具备 LED 闪光灯、2 倍数码变焦、照片地理标记等辅助功能。2010 年 12 月，Google 正式发布 Android 2.3 操作系统，并且对外展示 Google 自主品牌第二款手机——Google Nexus S。Nexus S 由三星代工制造，整体性能出色，采用 Android 2.3 智能操作系统，配合著名的蜂鸟处理器令该机性能强悍。该机正面采用 4.0 英寸、分辨率为 480×800 像素的 Super AMOLED 或者 Super Clear LCD 材质显示屏，显示效果清晰亮丽。值得一提的是，Nexus S 屏幕正面使用一块曲形玻璃面板，在接听电话时会更加贴合脸部，舒适而人性化。而作为 Google Nexus S 手机在功能上的最大特色之一，该机还提供了对近场通信（NFC）技术的支持。

(a) Nexus One　　　　　　　　　　　　　　(b) Nexus S

图 2.6　Google 自主设计的 Nexus 手机

iPhone 4S 于 2011 年 10 月由苹果公司新任 CEO 蒂姆库克在 2011 年苹果秋季产品发布会上发布。次年 1 月，首批配备 A5 双核处理器及双显示核的 iPhone 4S 由中国联通独家引进中国内地销售。几乎在 iPhone 4S 发布的同时，全球首款搭载 Android 4.0 操作系统的智能手机——Galaxy Nexus，于 2011 年 10 月发布。该机为继 Nexus One 和 Nexus S 之后的 Google 第三代手机，采用 1.2 GHz 的德州仪器 OMAP4460 双核处理器，内建 1 GB RAM，ROM 则有 16 GB 与 32 GB 两个版本。机身正面搭载一块 4.65 英寸的 Super AMOLED 电容屏，屏幕分辨率达到 720×1280 像素，显示效果清晰而艳丽。此外该机还内置一枚 500 万像素摄像头，支持自动对焦，并配有 LED 闪光灯辅助，以及 130 万像素的前置摄像头。重要的是，同样在该年 10 月，在英国伦敦开幕的诺基亚世界大会（Nokia World 2011）上，诺基亚正式发布了与微软合作的首批 Windows Phone 手机——诺基亚 Lumia 800/710，该手机内置微软 Windows Phone 7.5（Mango）操作系统。Lumia 800 作为诺基亚推出的首款 Windows Phone 手机，搭载了高通 Snapdargon S2 8255 处理芯片，主频达到 1.4 GHz，配有一块 800×480 分辨率的 3.7 英寸 AMOLED 显示屏，内置 16 GB 的存储空间，以及 800 万像素的卡尔蔡司认证摄像头，如图 2.7 所示。Windows Phone 手机的发布，意味着 PC 领域巨头微软再次回到了智能手机领域的激烈争夺当中。

图 2.7　诺基亚 Lumia 800

2012 年 8 月 29 日，三星正式发布了首款 WP8 系统手机 ATIV S，这也是第一款正式发布 Windows Phone 8 系统的手机。三星 ATIV S 采用了 4.8 英寸 HD Super AMOLED 屏幕，机身厚度仅 8.7 mm，800 万/190 万像素双摄像头，1G RAM，支持 NFC，并支持 HSPA+双载波网络。随后的 9 月 12 日，苹果公司发布了自 2010 年以来 iPhone 在设计上的第一个重大改变产品——iPhone 5。iPhone 5 的屏幕由 3.5 英寸增至 4 英寸，在不影响单手操作的前提下扩大了 iPhone 的显示范围。手机屏幕的比例由 3∶2 调整至接近 16∶9（71∶40），使其更适合观看视频。iPhone 5 使用 A6 处理器芯片，芯片面积比 iPhone 4S 的小 22%，成为史上最轻巧、最薄的 iPhone。同年 10 月，Google 的第四款 Nexus 品牌 Android 智能手机 Nexus 4 发布。Nexus 4 由 LG 电子设计与制造，采用 Android 4.2 操作系统，搭载 1.5 GHz 高通骁龙 S4 Pro 四核处理器，2 GB RAM，8 GB 或 16 GB ROM。Nexus 4 采用大屏触控式设计，正面采用 4.7 英寸的 True HD IPS Plus 显示屏，分辨率为 1280×768，边角进行了抛光处理，机身厚度仅为 9.1 mm，整机显得非常的圆润和轻薄。后置一枚 800 万像素的摄像头，前置摄像头则为 130 万像素，采用最新版本的 Google Now，并加入了对无线充电的支持。

2013 年 9 月 10 日，苹果公司于美国加州库比蒂诺备受瞩目的新闻发布会上，推出 2 款新的 iPhone 型号：iPhone 5S 及 iPhone 5C。iPhone 5S 配备了 4 英寸 1136×640 像素分辨率的屏幕，与 Home 键结合的指纹扫描仪，A7 处理器和全新的 iOS 7。与上一代产品 iPhone 5 相比，iPhone 5S 最大的变化是 A7 处理器+M7 运动协处理器，CPU/GPU 性能均比 iPhone 5 的 A6 快 2 倍。GPU 方面 A7 集成四核 PowerVRG6430，A7 也是首款集成此核心的 CPU，支持 OPENGL 3.0。网络兼容方面，部分版本支持 TD-LTE。相应地，Google 于同年 11 月发布了新一代 Nexus 手机——Nexus 5。该机依然由 LG 代工生产，搭载最新 Android 4.4 kitkat 系统。在配置方面，Nexus 5 采用 4.95 英寸 FHD（1920×1080 像素）超大触摸屏，搭载全新高通骁龙 800 四核处理器，主频高达 2.3 GHz，并配备 2 GB 超大运行内存（RAM），同时还拥有 130 万像素前置摄像头、800 万像素主摄像头，以及 2300 mAh 超大容量电池，硬件配置均属于时下高端顶级水准。

2014 年上半年，整个智能手机市场依旧欣欣向荣。从市场普及度来看，智能手机市场正面临高端市场饱和的问题，千元以下入门机型或将成为市场的增长点。国产手机阵营表现出了更强的市场竞争力，但与三星、苹果相比，还有明显差距。从品牌来看，2014 年上半年中国智能手机市场品牌关注占比为：三星占 19.6%；苹果占 13.7%；华为占 8.9%；诺基亚占 6.5%；酷派占 5.8%；联想占 5.5%；HTC 占 5.2%；OPPO 占 4.5%；索尼移动占 3.9%；vivo 占 3.7%；魅族占 3.3%；中兴占 3.0%；LG 占 2.8%；小米占 2.7%；金立占 1.9%。2014 年数码智能设备更新迭代，到 2015 年其各项产品类型得到了更加快速的发展，厂商也一直在使出浑身解数提高产品亮点，未来竞争趋势也将更加明显，主要集中于几项产品功能上。美国西北大学通过一种新型的锂离子电极实现了 10 倍于普通锂离子的电池寿命，压缩的硅及石墨烯充电层的应用可以实现更好的性能、更短的充电时间及长久的电力，高效节能组件的设计也有利于提高智能手机耗电性能。屏幕基本上是手机最费电的部分，更多像素意味着更多的电力消耗，如何改善便是关键。类似 IGZO 等底层面板技术是十分有前途的，当然三星也在进一步优化其 AMOLED 屏幕。高通和夏普合作投资的 MEMS 屏幕也是令人期待的，能够实现更低的功耗。存储空间也在不断攀升，128 GB 的 Micro SD 存储卡已经屡见不鲜。另外，eMMC 5.0 标准有效提升了传输速度，达到 400 MBps，相比此前的 eMMC 4.5 提升了一倍。

2015 年国内智能手机销量达到 5 亿台，相比 2014 年增长了 14.6%，整个智能手机市场发展势态良好。由于 4G 的推进，4G 手机出货量的占比总体上呈上涨趋势，是当前市场的主流。有数据研究表明，2015 年中国智能终端厂商销量在占比方面，华为、小米及苹果位居前三，销量占比分别为 15.7%、14.8%、12.6%。三星本年度销量下滑比较严重，本年度智能手机销量仅占 7.6%，在 2015 年，华为异军突起，高端路线取得较好成绩，其他厂商也在不断寻找新的亮点，主要集中在手机的智能化上。第一个亮点是首次提出无边框设计，很多智能手机厂商将液晶显示面板中不可避免的封边进行视觉隐藏，从而进行视觉上的无边框设计，真正意义上的无边框将会在后续推出；第二个亮点是双曲面屏设计，传统智能手机屏幕是平面的，而双曲面屏设计的显示基板是塑料材质，能够弯曲成特定弧度，不仅让人在持握时更加舒适，而且会更加美观；第三个亮点是快速充电，这能够解决手机续航问题，很多厂商正在逐步发展闪充技术。OPPO 的 VOOC 闪充，Moto X Style 的涡轮快充技术等都为智能手机用户提供快速充电的体验；还有一个亮点是双摄像头技术，主要优势是拍照更清晰、景深拍照和更佳的低光表现。

2016 年 12 月，华为发布 Mate9 Pro，在中关村在线 2016 年度科技产品大奖评选中，荣获年度卓越产品大奖。该款手机采用 5.5 英寸纳米级炫光效果双曲面屏幕，在工业设计上实现玻璃触板和金属壳体双曲面无缝衔接，前置指纹解锁。其操作系统为 EMUI 5.0 兼容 Android 7.0，CPU 型号为华为麒麟 960，CPU 核数为八核。指纹为前置按压式指纹传感器、有效识别假指纹、360 度指纹识别、芯片级安全，支持 NFC，电池容量为 4000 mAh。

2017 年，第一代小米 MIX 被全球知名的芬兰国家设计博物馆收藏，被称为“指明未来设计方向”，第一次实现了无人机 Logo，正面无实体按键设计，6.4 寸屏幕左右两侧和上方基本没有边框，前置相机下沉设计，屏幕比例定制为 17：9，占屏比高达 91.3%，屏幕显示内容更多，视觉体验效果更佳，机身全陶瓷材质。从配置方面看，屏幕分辨率为 2040×1080 像素，PPI 为 362，对比度达到了 1300：1，NTSC 色域高达 94%，同时，它还支持阳光屏、夜光屏、护眼模式、色温调节以及标准模式等。此外，小米 MIX 搭载骁龙 821 高性能版，配备 1600 万像素 PDAF 相机，支持 HD 高清音质、高精度定位，配置 4400 mAh 电池，支持 QC3.0 快充。

2017 年智能手机开始了全面屏之战，各大厂商纷纷推出了全面屏手机，双摄像头手机出货量达 2.42 亿台，华为、vivo、小米等国产手机成为主要推动力。苹果公司推出的 iPhone X 采用了 Face ID/3D 人脸识别功能让整个业界为之一颤。手机顶部一小块没被屏幕覆盖的区域，集成了多达 8 个组件，除了麦克风、扬声器、前置摄像头、环境光传感器、距离感应器等我们熟知的部分，还集成了红外镜头、泛光感应元件、点阵投影器。苹果将整个系统称之为原深感摄像头，而整个系统除了能用于 Face ID 人脸验证，也可以扩展自拍功能，实现动画表情发布和 AR 效果叠加。国内不少模组厂商都在进行试验，为 3D 视觉在 Android 手机上的应用做准备。现在 Android 手机厂商大家都在等高通的 3D 方案成熟。高通的方案从 2016 年开始研发，高通负责算法和系统方案，奇景负责核心光学部件。高通 3D 视觉方案已经在 2018 年初开始商用，并推出了一些相关机型。

2018 年全球智能手机市场占比份额前三的是苹果、三星、华为，小米位居第四，而在全球第二大智能手机市场印度，小米市场份额居于首位，在推动全球手机用户数量提升的新兴市场，小米排名也位列前三。华为 Mate20 是首款搭载 7 nm 制程工艺麒麟 980 芯片的手机，采用新一代珍珠屏设计，将珍珠形态融入 6.53 英寸 FHD 大屏设计，屏占比高达 88.07%，搭载全新矩阵多焦影像系统，可在等效焦距 16～270 mm 的范围内切换自如，同时拥有 Super HDR，无惧逆光，还搭载全新徕卡超大广角镜头，支持 2.5 cm 超微距拍摄，AI 电影模式，拍摄影片时 AI 人像留色，实时识别人像。随后，小米推出 MIX 3，采用了滑盖全面屏，磁动力设计，6.39 英寸 FHD+AMOLED 屏幕，屏占比高达 93.4%，底部缩短 4.46 mm，正面几乎全是屏幕，搭载骁龙 845 处理器，全球首批 10 GB 超大内存，256 GB 存储空间，10 W 无线快充，全系标配充电座，多项领先通信技术，业界首家支持多类型门卡模拟，超级听筒音量再大 27%，专属 AI 键，可识别 7 种方言，搭载后置 AI 双摄+前置 2400 万柔光双摄，支持 960 帧慢动作摄影。

新型的智能手机技术在最近几年给我们带来了越来越多的惊喜，未来，智能手机带来的惊喜还将持续。

2.2.2　平板电脑

今天，平板电脑已经融入了人们生活的方方面面。凭借其优秀的便携性和性能的不断提升，除了在用户家里被使用，在公交地铁、咖啡厅里、公园内、办公室等场景中，都可以看到它的身影。因此，平板电脑是移动智能终端领域的重要产品类型之一。

平板电脑（Tablet Personal Computer，简称 Tablet PC、Flat PC、Tablet、Slates）是一种小型、方便携带的个人电脑，以触摸屏作为基本的输入设备，允许用户通过触控笔或直接用手来进行操作。用户可以通过内建的手写识别、屏幕上的软键盘、语音识别或者一个真正的键盘进行输入。平板电脑由比尔·盖茨提出，目前平板电脑主要分为 ARM 架构（代表产品为 iPad 和 Android 平板电脑）与 X86 架构（代表产品为 Surface Pro 和 Wbin Magic）。下面我们一起简要回顾一下平板电脑的发展与演变。

首先出场的是由兰德公司于 1964 年推出的 RAND 平板电脑，如图 2.8 所示。它采用无键盘设计，配有数字触笔。用户可通过使用这支笔进行菜单选择、图表制作甚至编写软件等操作。这款平板电脑在当时的售价高达 1800 美元（约合目前的130000 美元），由于售价过高所以使用范围并不广泛。但是，尽管在此之前人们在科幻电影中想象过手触屏幕的产品，但却没有制造出真正的产品，而这款 RAND 平板电脑算得上是真正意义上的首款平板电脑。

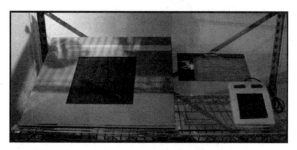

图 2.8　兰德公司推出的 RAND 平板电脑

1968 年，来自施乐帕洛阿尔托研究中心的艾伦·凯（Alan Kay）提出了一种可以用笔输入信息的名为 Dynabook 的新型笔记本电脑的构想，其概念图如图 2.9 所示，他所描绘的 Dynabook 可以随身携带，其主要使用目的是帮助儿童学习。为了发展 Dynabook，艾伦甚至发明了 Smalltalk 编程语言，并发展出图形使用者接口，即苹果麦金塔电脑的原型。

图 2.9　Dynabook 新型笔记本电脑概念图

1979 年的 Graphics Tablet 平板，如图 2.10 所示，这是首款针对美国市场发布的平板电脑。当时它的售价为 650 美元（约合目前的 2000 美元），但这款平板在市场仍然没有得到消费者青睐。而且 FCC（美国联邦通信委员会）发现它会影响电视信号，因此并没有获得 FCC 的通过。

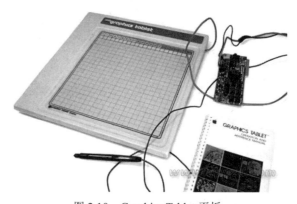

图 2.10　Graphics Tablet 平板

1984 年，终于有一款产品在平板电脑市场获得了成功，它就是 KoalaPad，如图 2.11 所示。这款产品允许孩童利用触笔或者手尖在家庭电脑的屏幕上画画，售价比较合理，为 195 美元（约合目前的 425 美元）。

图 2.11　KoalaPad 平板电脑

1989 年，平板电脑 GRiDPad 问世，如图 2.12 所示。它采用 MS-DOS 系统，通过触笔来控制 10 英寸触摸屏。这款产品销量很好，但是开发这款产品的母公司在 20 世纪 90 年代出现了财政问题，其设计者 Jeff Hawkins 则转向开发 Palm Pilot。

图 2.12　平板电脑 GRiDPad

1993 年，苹果公司推出了 Newton，如图 2.13 所示。它允许用户通过手写设备记录下自己的想法、做笔记、添加联系人信息等。遗憾的是它的技术并不完善，受到公众的批判，使市场对其失去了兴趣，1998 年 Newton 项目被取消。

2001 年，比尔·盖茨在 COMDEX 主题演讲时重申了平板电脑的概念，并推出了 Windows XP Tablet PC 版，使得一度消失多年的平板电脑产品线再次走入人们视线。该系统建立在 Windows XP Professional 基础之上，用户可以运行兼容 Windows XP 的软件，同时也为硬件厂商开发平板电脑提供了支持。英特尔低功耗处理器的出现也加快了 X86 架构向平板电脑市场进军的步伐。在随后的几年时间里，可以看到三星 Q1、惠普 TouchSmart TX2、华硕 EeePC T91 等一系列采用 Windows、Win86 组合的平板电脑。可以看出这个时期的平板电脑都是结合着 PC 逐步发展的，但是这些产品并没有成功，因为这个时代的产品不管是在产品外观、价格还是用户体验上都没有做到最好，直到后 PC 时代的来临。

图 2.13　苹果公司推出的 Newton

2010 年 1 月 27 日，苹果公司发布旗下平板电脑产品——iPad，如图 2.14 所示。优雅的工业设计、多点触控带来的良好操控体验和大量应用带来的使用乐趣使得 iPad 获得了巨大的成功。据乔布斯在 2011 年新品发布会上公布的资料显示，iPad 平板电脑 2010 年销量近 1500 万台。

图 2.14　苹果公司的平板电脑——iPad

2011 年 3 月，Google 推出了如图 2.15 所示的 Android 3.0 蜂巢（Honey Comb）操作系统。该版本专门为平板电脑设计，新增首页按钮，多功能操作。随后，三星、

联想、宏基、华硕、摩托罗拉等世界一线消费电子厂商纷纷加入 Google 公司的
Android 平板阵营，发布各自品牌搭载 Android 操作系统的平板产品。

图 2.15　Android 3.0 蜂巢（Honey Comb）操作系统

2012 年 6 月 19 日，微软发布了 Surface 系列平板电脑，如图 2.16 所示。该平板
具有 x86 架构和 ARM 架构两个版本，且都采用镁合金机身，10.6 英寸触控屏。其中，
x86 架构的版本机型可搭载第三代英特尔酷睿 i5 处理器，拥有 USB3.0 接口，硬盘存
储空间为 64 GB 或 128 GB，重量低于 907 g，厚度不足 14 mm；而 ARM 架构的版本
则只有 32 GB 和 64 GB 两个版本机型，但厚度、重量都略纤薄轻巧，约 9.3 mm，重
量 680 g，配备 USB2.0 接口，机身自带支架。至此，平板电脑市场苹果、谷歌、微
软三足鼎立的格局逐渐形成，平板电脑产品百花齐放、井喷式发展的时代终于到来。

图 2.16　微软 Surface 系列平板电脑

2013 年 10 月 23 日苹果公司正式公布了全新产品 iPad Air。iPad Air 的整体设计
更偏向于 iPad mini，得益于铝金属 Unibody 一体成型设计，机身厚度仅为 7.5 mm，
拥有令人难以置信的纤薄轻巧。体积比上一代 iPad 减少近 1/4，重量不足 500 g，坚
固程度也同样令人难以置信。它还配备了 Retina 显示屏，分辨率为 2048×1536 像素，
摄像头像素超过 310 万。它还具有苹果公司最新的 A7 处理器和 M7 运动协处理器，

其处理器速度和图形外理性能是之前 A6 处理器的 2 倍。GPU 为 A7 集成四核 PowerVR G6430，A7 是首款集成此核心的 CPU，支持 OPENGL 3.0。

2014 年三星公司发布了旗下的 PRO 的平板产品 Galaxy Note Pro P900。该机定位为中高端市场产品，强悍的配置再一次刷新了安卓平板的配置纪录。12.2 英寸屏幕达到 2560×1600 的超高清分辨率，双四核处理器的性能配置也很好地继承了 Galaxy Note 10.1 的传统，并且支持 LTE 4G 网络，网络速度和质量都非常好。电池容量为 9500 mAh，具有很好的待机性能。

2015 年艾诺公司发布了平板电脑 AX10 4G（见图 2.17），支持国内联通 4G 及移动 4G 网络，且兼容 2G/3G，是一款真正的 5 模 13 频平板电脑。在硬件配置方面，AX10 4G 采用 10.1 英寸 1280×800 IPS 屏幕，显示效果非常出色。MT8732 四核处理器，在平板中尚属首次使用，A53 构架、28 nm 工艺、1.5 GHz 主频，能耗比大幅提升。Mali-T760MP2 图形处理器，无论是三角形生成速率还是多边形渲染速度都大大超越前一代产品，做到了性能与功耗的相对平衡，并且采用原生 Android 4.4.4 系统，大大增加了平板电脑的可玩性，还支持中国自主的导航系统北斗导航，当然也支持 GPS 导航系统。内置 7000 mAh 高容量电池，最大续航时间超过 10 小时，续航更优秀。

图 2.17　艾诺公司平板电脑 AX10 4G

2016 年 3 月 21 日，苹果公司推出 9.7 英寸 iPad Pro，运行速度惊人，且功能强大，与用户交互界面友好，极大地改善了用户体验，还加入了独有的显示技术（True Tone），可以利用四通道环境光感应器，根据所处环境的光线色温，自动调整屏幕色彩及背光强度，让用户可以拥有像看真正纸质书一样的感觉，并且使用了与 iPhone 6S 和 iPhone 6S Plus 相同的 1200 万像素 iSight 摄像头，并加入了闪光灯设计，支持 4K 超高清视频。

2017 年，Google 发布了一款 Pixelbook，采用了四合一设计，支持常规笔记本模式、"帐篷式"及平板模式，在配置方面，采用 12.3 寸触控屏幕，QHD 分辨率高清屏幕，像素密度高达 235PPI，支持背光的软触键盘，搭载了酷睿 i5/i7 处理器，具有 16 GB 内存+512GB 存储空间，续航能力可达 10 小时，配备了 2 个 USB 接口。

2018 年 4 月 12 日，华为正式发布了新一代平板 M5，是首款搭载 2.5D 弧面玻璃显示屏的平板电脑，屏幕周边的弧面过渡消除了边缘生硬的棱角，提升了整体的视觉效果和持握手感，搭载基于 16 nm 工艺制造的麒麟 960 处理器，采用 4×Cortex A73+4×Cortex A53 核心组件，GPU 为 Mali-G71 MP8，性能非常强悍，屏幕特别采用 2K 级别的 2560×1600 分辨率，配以全贴合屏幕设计和华为锐屏（Clarivu）显示增强算法。同时，应用由国家眼科诊断与治疗工程技术研究中心提供技术指导开发的护眼模式，可有效预防视觉疲劳，非常人性化。

2.3　移动终端的发展趋势

移动智能终端是承载移动业务的综合平台，可以供用户自行安装移动应用软件，软件提供的服务涵盖了工作和生活的方方面面，为用户的工作和生活带来了革命性的改变。随着移动互联网的飞速发展和电子商务的急剧扩张，移动终端产业也相应得到了发展。具体呈现出以下 4 个发展趋势。

1. 硬件在充分竞争中继续快速升级

智能手机是移动终端的代表，可以为用户推送各种各样的信息。由于智能手机如今和计算机一样具有处理图片、处理信息等功能，芯片的力量促使终端能力有大幅度提升，智能终端的 CPU 都会采用 ARM 架构的芯片解决方案。近年来，智能终端的 CPU 正向高速多核的方向发展，很多厂商已经推出八核处理器，并将 WiFi、蓝牙等功能融入到芯片中，使其具有高集成化和融合化的优势。除此以外，移动终端市场的发展推动了各厂商加快芯片、摄像模块、显示屏、电池等的迭代和升级，竞争日趋激烈[16]。

2. 通信与交互能力进一步增强

随着终端多模多频能力的不断发展和相关技术的成熟，现阶段的 TD-LTE/LTE FDD/WCDMA/GSM 四模终端已经完全可以同时适配移动和联通的网络，单款终端适配三大运营商网络的日子也指日可待。值得一提的是，4G 终端已经成为市场主流，因此目前的智能终端可同时支持 TDD 和 FDD。同时，以移动终端为中心，与周围设备进行互联、共享并对其进行控制的应用模式进一步发展。例如，通过 DLNA 技术实现移动终端与电视、PC 等多种电子设备之间跨平台的多媒体文件共享。

3. 新型 Web 应用与系统快速发展

终端应用方面，以 iOS 和 Android 等为代表的智能终端操作系统具有强大的系统平台能力。现阶段移动互联网的主要运行模式是"智能终端+本地应用"，因此 Web 应用应运而生。当前 Web 系统的发展，可以通过以下 4 种实现路线进行。

① 操作系统 Web 化路线。

② 平台型浏览器路线。

③ Widget 引擎路线。

④ Web 操作系统路线。

而目前无论是用移动终端打电话还是玩游戏、上网等，都是用的 HTML5 技术，这项技术可以模糊浏览器和操作系统之间的界限，而且物美价廉，更注重交互性能，媒体各项功能也更加丰富。因此市场的竞争力也不断提升，成为了目前互联网应用的主导技术。市面上支持 HTML5 的终端数也大幅增加，从而为该项技术的发展奠定了设备基础。

4. 移动终端与新技术进一步融合，促进新应用发展

移动终端自身计算能力的提升使其能够更好地与一些新兴技术相结合。例如，与人工智能（AI）技术的结合，AI 技术[17]已被快速引入手机产业生态的芯片、操作系统、应用开发平台、终端产品等各个环节。Gartner 预测，支持 AI 的智能手机数量将从 2017 年手机总数的 10%增加到 2020 年的 80%，智能手机无疑将成为全球最普遍的人工智能平台。而这些新技术的融合，将进一步促进搜索技术、体感游戏、移动支付类应用的快速发展。

5.5G 将推动移动终端服务更加人性化

未来的移动终端发展一大趋势必然要越来越考虑人们的个性化需求。就目前来讲，智能手机、智能家电的应用也越来越人性化，并且在不断的更新换代中也加入了越来越多的人性化服务。因此，在未来的 5G 时代，移动终端的服务将会更人性化，更加注重用户的体验。例如，未来移动终端的信息传递速率将会更快，满足用户快捷获取信息的需求，而且，移动终端能够根据用户个人的实际情况来提供有针对性的服务，这种服务更加人性化的趋势必然能够促进移动终端的发展[18]。

第3章 移动操作系统

最早的计算机其实并没有操作系统，在那个时候人们只能通过各种不同的操作按钮来控制计算机。随着计算机技术的不断发展，出现了汇编语言，可以将它的编译器内置到计算机中。那个时代的计算机是一个专用名词，只有专业的计算机工程师才能使用和操作计算机。计算机对普通用户来说是一个非常神秘甚至是遥不可及的名词[19]。这些将语言内置的计算机只能由操作人员自己编写程序来运行，不利于设备、程序的公用。为了解决这种问题，就出现了操作系统。从一开始的 DOS 到图形化的 Windows 以及后来出现的源代码开放的 Linux，操作系统的发展很好地实现了程序的公用以及对计算机硬件资源的管理，使人们可以从更高层次对计算机进行操作，而不用关心其底层的运作。通用的操作系统逐渐发展起来，使得基于操作系统上层的应用与底层的硬件系统无关，从而大大降低了应用开发的难度，降低了应用开发的门槛，使得一大批应用开发商开发出丰富多彩的应用，同时图形化的操作界面也大大降低了普通用户使用的难度，从而使计算机得到了空前的发展，使其真正走进了千家万户。同样作为用户终端，PC（Personal Computer，个人计算机）与移动终端的系统发展历程具有相似之处，PC 的发展过程对于移动终端的发展具有非常重要的借鉴意义。

移动通信在刚出现时只是扮演单一的固定电话移动化的角色，所支持的功能也只是单一的通话功能。移动操作系统出现之前，移动设备一般使用嵌入式系统运行。伴随着通信产业的不断发展，单一的通话功能已经远远不能满足用户的需求。今天的移动终端已经向语音、数据、图像、视频等综合的方向演变。像可拍照手机、摄像手机、彩屏手机、音乐手机、游戏手机等都是迎合用户的需要产生的。随着手机的日益普及，手机功能也越来越完善。而 3G、4G 的出现极大地推动了移动通信与互联网的融合，加入了移动性的互联网将会为移动用户带来全新的应用，这些新应用的出现必将对移动终端的技术含量和处理能力提出更高的要求[20]。移动通信终端除了具备普通移动终端的通话功能，还应具有无线上网能力甚至是 PC 功能。移动终端操作系统作为连接软硬件和承载应用的关键平台，在移动终端中扮演着举足轻重的角色[21]。随着移动通信技术的发展，功能越来越强、应用越来越丰富的移动终端不断问世，操作系统之间的竞争也将越来越白热化。

3.1 移动操作系统概述

移动互联网的迅猛发展彻底颠覆了传统通信产业的竞争格局，移动互联网时代已经到来，移动设备大行其道。我们把移动设备上运行的操作系统称为移动操作系统（Mobile Operating System，MOS）[22]。移动操作系统近似于台式机上运行的操作系统，通常较之简单，并且提供了无线通信功能。移动操作系统是国际上研发竞争激烈的基础软件，是移动设备中最基本的系统软件，它控制移动设备的所有资源并提供服务和应用程序开发的基础，可以说，MOS 是移动设备的核心。使用移动操作系统的设备主要有智能手机、PDA、平板电脑等，此外也包括移动通信设备、无线设备等。移动操作系统在移动互联网产业中占据了核心的位置，它连接着硬件开发者、软件开发者、运营商以及终端用户，其发展日新月异[23]。

手机如今已经像钱包和钥匙一样成为了人们的随身必备品。能像计算机一样浏览互联网、自由扩展功能的智能手机引起了越来越多消费者的青睐。据统计，在 2018 年全球智能手机出货量达 14.56 亿，与 2017 年相比略微下降，但销售额同比增长了 5%。预测 2021 年，全球智能手机的销量可能会达到 17.44 亿台。目前中国是世界上移动智能终端市场占有率最高的国家，同时也是最大的生产国。中国互联网络信息中心（CNNIC）2018 年 6 月发布的报告显示，我国网民中用手机接入互联网的用户占比高达 98.3%，手机网民规模达 7.88 亿，移动终端真正成为主流，以 iPhone 为代表的新一代智能手机已经彻底改变了人们的生活，就像苹果之父乔布斯说过的，已经很难想象没有 iPhone 的日子了。而智能手机之所以与传统功能型手机不同，最重要的就是它拥有一个开放性的操作系统。我们通常将智能手机的操作系统称为移动操作系统或者智能手机操作系统。移动操作系统的发展决定了智能手机的发展。所以，为了更好地了解智能手机这一人们日常生活不可或缺的工具，本节将就移动操作系统的发展历程、几大操作系统的现状，以及未来移动操作系统的发展趋势给出详细阐述。

移动操作系统呈现新的发展态势：一方面，Android 优势持续扩大，2018 年占据全球 85.9%的市场，Google 在最新版本中推出带有革命性的技术方案——"新一代运行环境（ART）"，更进一步强化了其对 Android 演进方向的主导权；另一方面，移动操作系统仍保持快速创新态势，新一代 Web 技术、泛智能终端的发展有可能带来技术变革和产业格局重塑的新机遇。近年来，通过学习利用全球移动操作系统开源成果，我国移动互联网和智能终端产业竞争力显著提升，但也正形成新的路径依赖，当前亟须紧紧把握技术创新方向和产业新机遇，做好前瞻部署，通过分类施策和差异化布局，推动实现移动操作系统的新突破。

3.1.1 移动操作系统发展过程

1. 智能手机的诞生及 Symbian 系统的统治时代

谈到智能手机的兴起需要回溯到 20 世纪末。手机巨头摩托罗拉在 1999 年岁末推出了一款名为天拓 A6188 的手机，它正是现在如日中天的智能手机的鼻祖。A6188 采用了摩托罗拉公司自主研发的龙珠（Dragon Ball EZ）16 MHz CPU，支持 WAP1.1 无线上网，采用了 PPSM（Personal Portable Systems Manager）操作系统。A6188 一经推出，便成为了高端商务人士的首选。时隔一年之后，来自北欧的爱立信推出了 R380sc 手机。R380sc 采用基于 Symbian 平台的 EPOC 操作系统，同样支持 WAP 上网，支持手写识别输入。R380sc 作为世界上第一款采用 Symbian OS 的手机名垂青史。2002 年 10 月，世界上首部基于 Symbian OS 的 2.5G、智能手机在芬兰诞生了，它就是诺基亚 7650。7650 采用了 4096 色 TFT 屏幕，内置当时极为罕见的蓝牙传输功能，同时它也是第一部内置数码相机功能的手机。它的出现一度让整个手机业界瞠目结舌。直到今天，人们仍对这款开创多个第一的智能手机津津乐道。Symbian OS（中译音"塞班操作系统"），在起初是由诺基亚、索尼爱立信、摩托罗拉、西门子等几家大型移动通信设备商共同出资组建的一个合资公司，是专门研发手机操作系统的。2004 年诺基亚开始收购持有 Symbian 股份的公司，当年收购了 Psion 公司持有的价值大约 1.357 亿英镑的 Symbian 公司 31.1%的股权，使诺基亚在 Symbian 公司的股权达到 63.3%。这一年，Symbian 锋芒毕露，7610、6670 两款热门街机奠定了诺基亚智能手机霸主的地位。而 Symbian 平台也在诺基亚的栽培下成为最受欢迎的智能手机平台。2005 年的 Symbian OS 经历了一次巨大的飞跃，Symbian OS v9.0 版的发布及 Symbian S60 3rd Edition 的出现将 Symbian 的用户体验带到了一个全新的高度，这在当时以键盘输入为主的时代是无人能及的。另外，在这一年，全球 Symbian OS 手机累积出货量达到 1920 万部，而在 2004 年，累积前 9 个月的出货量仅为 869 万部。在强势的 S60 v3 的带领下，Symbian 的手机得到了飞速发展。2006 年，外形与性能在当时都几乎无可挑剔的诺基亚 N73 上市，并且毫无意外地成为年度街机。售价在 4000 元以上的诺基亚 N73 就像如今的 iPhone 一样得到多数人的追捧。2006 年一年的时间，Symbian 智能手机的出货量就达到了 1 亿部，2007 年，Symbian 历史上最为成功的产品诺基亚 N95 正式发布，标志着 Symbian 巅峰时代的到来。2008 年，Symbian 智能手机累计出货量已超过 2 亿部。"我们用了 8 年时间达到 1 亿部手机的累计出货量，而仅仅过去 18 个月就完成了另一个 1 亿部。"诺基亚的负责人如是说。

2. 苹果 iPhone 发布，iOS 的兴起与 Symbian 的日益衰落

2007 年 1 月 10 日，苹果公司发布了 iPhone。乔布斯称苹果重新定义了手机。iPhone 的主要特点有：全触摸屏幕，独特的外观设计；融合产物，可看作 iPod+手机+Internet 浏览器的结合；独特的界面、重力感应和多点触摸。iPhone 发布之后，各大品牌对 iPhone 不屑一顾，分析师也表示暂不看好，甚至有人认为，苹果公司将会因为 iPhone 而开始走下坡路。然而，正如我们所看到的那样，iPhone 的出现不仅彻底地打破了智能手机行业的格局，也让我们的生活发生了巨大的变化。乔布斯所说的“重新定义手机”一点也没错。而从市场反映情况来看，iPhone 也是当之无愧的苹果公司有史以来最伟大的产品，尽管苹果公司在之前已经推出了多种革命性的产品，如 Mac、iPod 等。而 iPhone 所获得的成功，在很大程度上取决于它所内置的独具特色的操作系统——iOS。iOS 最开始名叫 iPhone Runs OS X，意思为可以在 iPhone 上运行的 Mac OS X 系统（苹果 Mac 电脑内置的系统名叫 Mac OS X），2008 年 3 月改名为 iPhone OS，2010 年 6 月改名为 iOS 并一直沿用至今。iOS 的开发语言是 Objective-C，系统结构分为 4 个层次：核心操作系统层（Core OS Layer）、核心服务层（Core Services Layer）、媒体层（Media Layer）、Cocoa 触摸框架层（Cocoa Touch Layer）。iOS 用户界面概念的基础是能够使用多点触控直接操作，控制方法包括滑动、轻触开关及按键；与系统交互包括滑动（Wiping）、轻按（Tapping）、挤压（Pinching）及旋转（Reverse Pinching）。此外，通过其内置的加速器，可以令其旋转设备改变其 y 轴以令屏幕改变方向，这样的设计令 iPhone 更便于使用。屏幕的下方有一个主屏幕按键 Home 键，底部则是 Dock，有 4 个用户最经常使用的程序的图标被固定在 Dock 上。屏幕上方有一个状态栏能显示一些有关数据，如时间、电池电量和信号强度等。其余的屏幕用于显示当前的应用程序。启动 iPhone 应用程序的唯一方法就是在当前屏幕上点击该程序的图标，退出程序则是按下屏幕下方的 Home（iPad 可使用五指捏合手势回到主屏幕）键。在第三方软件退出后，它直接就被关闭了，但在 iOS 及后续版本中，当第三方软件收到了新的信息时，Apple 的服务器将把这些通知推送至 iPhone、iPad 或 iPod touch 上（不管它是否正在运行中），在 iOS5 中，通知中心将这些通知汇总在一起。iOS 开创了一种全新的人机交互方式，在 iPhone 之前，智能手机多是偏向商务化，全键盘基本都是标配，而在 iPhone 之后，触屏已经大行其道，智能手机从一个效率设备转换为一个体验设备，而用户体验已经成为当前最热的名词，几乎所有的公司都在强调自己是如何重视用户体验并且不断改进产品的。2011 年，iPhone 的累计销量突破 1 亿台，iOS 已经占据了全球智能手机系统市场份额的 30%，在美国的市场占有率为 43%。iPhone 几乎成为时髦的代名词，虽然价格不菲，但其巨大的吸引力还是使之成为了大街小巷随处可见的街机。在 iOS 如日中天之时，昔日统治智能手机市场的霸主 Symbian 却逐渐走向

衰落。2008 年推出的 Symbian S60 v5 显然没能让诺基亚抵御触屏手机在全球的蔓延,虽然诺基亚也推出了不少基于 S60 v5 系统的产品,但这些产品在用户体验方面显然不是 Android 及 iOS 的对手,因此 Symbian 的市场份额开始逐渐下滑,Symbian 系统的影响力大不如前。另外,诺基亚在同年还推出了 Maemo 平台,表明诺基亚也在做 Symbian 之外的打算了。2010 年,诺基亚发布了 Symbian3 系统,一个全新的专为触摸屏幕打造的 Symbian 系统就此诞生。比起之前的版本,Symbian3 拥有众多的改变。Symbian3 对内核进行了优化,并原生集成了 QT 平台,可以获得更华丽的桌面插件效果和切换页面效果。由于硬件性能的提升,以及对内存管理机制的改进,Symbian3 可以允许更多程序同时运行。而硬件支持 3D 的特性,使游戏效果更加绚丽。Symbian3 的上市,让更多软件开发人员看到了 Symbian 强劲的生命力。然而,由于其先天性的设计缺陷(为键盘手机而设计),导致其在触屏手机上的运行始终显得笨重而臃肿,完全不能和 Android 及 iOS 抗衡,Symbian3 也丝毫不能扭转 Symbian 系统的颓势。2010 年,三星电子宣布退出 Symbian 转向 Android,至此,Symbian 仅剩诺基亚一家支持。2010 年至 2011 年,Symbian 系统的全球市场份额在短短的一年中从 51%降到了 41.2%。2011 年 11 月,Symbian 的全球市场份额降至 22.1%,霸主地位已彻底被 Android 取代,中国市场占有率则降为 23%。2012 年 5 月,有媒体报道称诺基亚将会在 2014 年以后彻底放弃 Symbian 平台。不过很快诺基亚官方微博就站出来辟谣,表示将会继续支持 Symbian 到 2016 年。尽管如此,Symbian 平台的退出早已成为必然。

3. App Store 模式

iOS 的成功,除了其本身有着出色的操作体验,还有一个更为重要的创新,那就是 App Store。App Store 即 Application Store,通常理解为应用商店,于 2008 年 7 月 11 日在 iPhone 上正式上线。App Store 是一个由苹果公司为 iPhone 和 iPod touch、iPad 及 Mac 创建的服务,允许用户从 iTunes Store 或 Mac App Store 浏览和下载一些为 iPhone 或 Mac 开发的应用程序。用户可以购买或免费试用,让该应用程序直接下载到 iPhone 或 iPod touch、iPad、Mac 中。但"应用商店"仅仅是对 App Store 狭义上的定义,并没有真正体现出 App Store 本身作为软件、服务及电子商务交易平台的核心内在价值。App Store 模式的商业价值在于为第三方软件的开发者提供了方便而又高效的产品销售平台,不仅大大提高了这些开发商的参与积极性,同时也适应了手机用户对个性化应用的需求,从而使手机软件业开始进入了一个高速、良性发展的轨道。苹果公司把 App Store 这样一个商业行为升华到了一个吸引人参与的经营模式,开创了手机应用的新篇章,App Store 无疑将会成为手机业务发展史上的一个重要里程碑,其意义已远远超越了"iPhone 的软件应用商店"本身。在 App Store 模式出现之前,让一款手机软件流行的最佳途径只能是通过说服运营商在手机中预装该软件这个单一的方式进行，苹果应用程序商店，不仅是为苹果公司带来了业绩优良的销售收入，更重要的是带来了一种新的模式——App Store 模式，它彻底改变了人们使用手机的方式，使手机变成可定制的并拥有各种工具的随身设备；而对于整个手机行业的经营者来说，改变了整个经营的概念和方向——实现了手机行业从封闭向开放的根本转变。App Store 上线 3 天后，其可供下载的应用程序已达800 个，下载量达到 1000 万次。2009 年 1 月 16 日，数字刷新为逾 1.5 万个应用，超过 5 亿次下载。2011 年 1 月 6 日，App Store 扩展至 Mac 平台。两年半的时间全球用户通过 App Store 的下载量已突破 100 亿大关。2012 年 6 月，App Store 的应用数量已达 65 万，下载量突破 300 亿次。截至 2013 年 1 月 7 日，苹果官方应用商店 App Store 的应用下载量已经突破 400 亿次，总活跃账户数达 5 亿个。2013年 3 月，根据移动广告网络 InMobi 调查显示，中国 3/4 的 iOS 和 Android 用户该月使用手机 App 个数达 6 个以上，其中 27%的用户使用 App 数量多于 21 个。2014年将是车载 App 高速发展的一年，各大汽车厂商展开了激烈的竞争。智能手机中的 App 应用技术加载到车载 App 中，绝对是一场革命性的技术革新。世界知名汽车制造商们，诸如本田、奥迪、宝马、奔驰都将新兴的车载 App 开发作为 2014年的工作重点之一，集体发力车载 App 的研发制造。而并非车企的苹果公司同样不甘示弱，在充满技术挑战的领域里，苹果总是一马当先，开始进军车载 App 技术并开发了 CarPlay 应用程序，该信息系统仿制了智能手机中的应用技术，但在汽车功能方面更加深化。

App Store 模式彻底改变了移动信息产业的格局，智能操作系统之争的本质变成了各自生态系统之争，这种竞争已经远远超越技术本身的优劣，而是更高层次的生态链层面的竞争。

4. Android 的崛起

2007 年秋，苹果 iPhone 问世后，在全球掀起一股"苹果风潮"，以诺基亚为主的 Symbian 阵营逐渐感受到了威胁，正苦苦思索着对抗 iPhone 的方案。微软发布了全新的 Windows Mobile 6，却并没有取得预期的效果。此时，智能手机产业迫切需要一个新兴的操作系统来与苹果 iOS 对抗。于是，Android 应运而生。2003 年 10月，Andy Rubin 等人创建 Android 公司，并组建 Android 团队。两年后，公司被 Google公司收购。Andy Rubin 为 Google 公司工程部副总裁，继续负责 Android 项目。2007年 11 月 5 日，Google 公司正式向外界展示了这款名为 Android 的操作系统，并联合 65 家企业建立了开放手持设备联盟（Open Handset Alliance）来共同研发改良Android，这一联盟将支持 Google 发布的手机操作系统及应用软件，Google 以 Apache免费开源许可证的授权方式发布了 Android 的源代码。2008 年 9 月，Google 正式发布了 Android 1.0 系统。Google 发布的 Android 1.0 系统并没有被外界看好，甚至言论称最多再有一年 Google 就会放弃 Android。不久后，第一款搭载 Android 1.0 的手机现身，这款手机就是 T-Mobile G1，由运营商 T-Mobile 定制，（中国）台湾 HTC（宏达电）代工制造，手机的全名为 HTC Dream。这款手机采用了 3.17 英寸 480×320 分辨率的屏幕，手机内置 528 MHz 处理器，拥有 192 MB RAM 以及 256 MB ROM。Android（中文名：安卓）是一种基于 Linux 的开放源代码的操作系统，其架构和其操作系统一样，采用了分层的架构，分为 4 层，从高层到低层分别是应用程序层、应用程序框架层、系统运行库层和 Linux 核心层。其所有的应用程序都是使用 Java 语言编写的。Android 并不像 iPhone 那样一经发布就备受瞩目，相反，Android 的发展之路可以说是相当艰难曲折的。Android 刚推出时，大部分人并不认可它。"就算我只有一口气，我将会花费苹果在银行中的全部 400 亿美元，来纠正这一错误。我将摧毁 Android，因为这是一个偷来的产品。"这是苹果教父乔布斯生前的话。的确，Android 在许多方面的设计思路上都与 iOS 相似甚至雷同，这也让它长期饱受争议。但是，不断地创新及其前所未有的开放性，也让 Android 逐渐得到消费者的认可，受到了广泛的好评。开放性是 Android 最大的优势。Android 是一个开源的系统，这点与全封闭的 iOS 系统截然不同。Android 操作系统的开源意味着开放的平台允许任何移动终端厂商加入到 Android 联盟中来。因为 Android 的开源，专业人士可以利用开放的源代码来进行二次开发，打造出个性化的 Android。例如，中国小米科技的 MIUI 就是基于 Android 原生系统深度开发的 Android，其与原生系统相比有了较大的改动。而且开放性可以缩短开发周期，降低开发成本，如此一来更有利于 Android 的发展。联盟战略是 Android 能够攻城拔寨的另一大法宝。Symbian 也曾经使用过联盟战略，但由于 Symbian 的开源程度不够，导致系统臃肿、难以为继，合作伙伴先后离开阵营，且从联盟成员来看，Symbian 联盟主要以手机厂商为主。而 Google 为 Android 成立的开放手机联盟（OHA）不但有摩托罗拉、三星、HTC、索尼爱立信等众多大牌手机厂商拥护，还受到了手机芯片厂商和移动运营商的支持，仅创始成员就达到 34 家。开源、联盟，Android 凝聚了几乎遍布全球的力量，这是 Android 形象及声音能够被传到全球移动互联网市场每一个角落的根本原因。2011 年 1 月，Google 称每日的 Android 设备新用户数量达到了 30 万部，到 2011 年 7 月，这个数字增长到 55 万部，而 Android 设备的用户总数达到了 1.35 亿，占全球智能手机操作系统市场 76%的份额，中国市场占有率为 90%。

在 CES 2011 会展上，使用 Android 3.0 平板电脑专用优化版系统的摩托罗拉 XOOM 正式诞生，同时也将 Android 版本推至 3.0 版，是 Android 发展史上极具历史意义的一次重大更新。从 Android 3.0 开始，Android 的发展将更注重良好的互动性，交互界面效果与 Android 2.X 及其以前版本完全不同。Android 4.0 命名为 Ice Cream Sandwich（以下简称 ICS，冰淇淋三明治），并于 2013 年 9 月 4 日发布 Android

4.4 KitKat。据市场研究公司 Strategy Analytics 发表的研究报告称，2013 年第三季度全球 Android 智能手机的出货量为 2.044 亿部，2012 年同期 Android 智能手机的出货量为 1.296 亿部，同比增长 57.7%。市场份额从前一年同期的 75% 提高到了 81%。这表明 Android 的市场份额依然在持续增长。2014 年 6 月 Google KitKat（Android 4.4）成功突破两位数，市场份额达到了 13.6%。2018 年 Android 系统在手机系统中占有率高达 85.9%。

5. 成长中的 Windows Phone

2010 年 2 月，微软正式向外界展示了 Windows Phone 操作系统。2010 年 10 月，微软公司正式发布 Windows Phone 智能手机操作系统的第一个版本 Windows Phone 7.0，简称 WP7。Windows Phone 的诞生，宣告了 Windows Mobile 系列彻底退出了手机操作系统市场。全新的 WP7 完全放弃了 Windows Mobile 5、6X 的操作界面，而且程序互不兼容，并且微软完全重塑了整套系统的代码和视觉。Windows Phone 系统给人焕然一新的感觉，其界面的最大特色在于使用了 Metro UI。Metro 是基于瑞士平面设计原则的长方图形的功能界面组合方块。Metro UI 是一种界面展示技术，和苹果的 iOS、Google 的 Android 界面最大的区别在于，后两种都是以应用为主要呈现对象的，而 Metro 界面强调的是信息本身，而不是冗余的界面元素。显示下一个界面部分元素在功能上的作用主要是提示用户"这儿有更多信息"。同时在视觉效果方面有助于形成一种身临其境的感觉。2011 年 2 月 11 日，诺基亚在英国伦敦宣布与微软达成战略合作关系。诺基亚手机将采用 Windows Phone 系统，并且将参与该系统的研发。诺基亚将 Windows Phone 作为智能手机的主要操作系统，全面转型后的诺基亚，在与微软达成深度合作协议后，接连发布了几款表现出色的 Windows Phone 手机，包括工业设计备受好评的 Lumia 900 以及第一款支持无线充电的 Lumia 920 等。2012 年 6 月 21 日，微软在美国旧金山正式发布了全新 Windows Phone 8。Windows Phone 8 放弃了 WinCE 内核，改用与 Windows 8 相同的 NT 内核。Windows Phone 8 系统也是第一个支持双核 CPU 的 Windows Phone 版本，宣布 Windows Phone 进入双核时代，同时宣告着 Windows Phone 7 退出历史舞台。Windows Phone 8 新增了包括 IE10、全新界面、MicroSD 卡扩充、支持多核处理器和高分辨率屏幕在内的多项重大更新，使 Windows Phone 进入了一个新的时代。但因其内核改变，微软宣布不再继续支持 Windows Phone 7，Windows Phone 7 的手机无法升级到 Windows Phone 8，也无法使用 Windows Phone 8 的应用程序，使得广大 Windows Phone 7 用户对微软的做法感到不满。根据市场研究机构 IDC 和 Gartner 的统计，截至 2012 年底，微软 Windows Phone 的全球市场份额为 2.8%。彼时，它尚落后于黑莓，在全球排名第四。但是，当时 Windows Phone 的市场份额较上一年同期已增长了 150%，这样的增幅远远领先业内其他平台。2013 年，微软的全球市场份额为 3.6%，相较 2012 年底，增长超过 150%，它已超越黑莓，并在不断缩减和 iOS（iPhone）之间的差距，成为名副其实的全球第三大平台。2014 年 4 月 2 日在美国旧金山举行的 Build 2014 开发者大会上，微软宣布了若干 Windows 平台的重要更新，包括发布 Windows Phone 8.1、新的授权政策、全新融合的开发平台等，正式推出 Windows 8.1 Update。2014 年将会是 WP 系统强劲发展的一年。首先，在系统版本更新至 WP8.1 之后（之前所有的 WP8 设备均可以升级），会带来更加完善的功能，无论是个人级还是企业级功能；其次，当时 WP 应用商店中的应用数量已达 24 万以上，未来将有更多的开发者进行 WP 应用的开发，应用质量也将不断提高，新应用的开发也将注重三平台（手机、平板电脑、传统 PC 平台）版本的同步；最后，随着微软大幅降低系统的授权费用，同时在 MWC2014 上有更多的 OEM 厂商加入 WP 系统硬件的制造。

3.1.2　移动操作系统的发展趋势

随着智能操作系统大行其道，智能终端设备的软件架构也随之发生了明显的变化。移动操作系统出现之前，移动设备如手机一般使用嵌入式系统运作。首台智能手机推出后，1996 年，Palm 及微软先后推出了 Palm OS 和 Windows CE，开启了移动操作系统争霸的局面。诺基亚、黑莓公司着手研制手机上的移动操作系统，以争夺市场。2007 年，苹果推出 iPhone，搭载 iOS 操作系统，着重于应用触控式面板，改进了用户界面与用户体验。其后，谷歌发表开放手持设备联盟，并推出 Android 操作系统。Android 的发布造成苹果和谷歌之间的裂痕，最终导致谷歌公司首席运营官埃里克·施密特辞去苹果董事会职务。截至 2011 年 1 月，谷歌占有全球智能手机市场份额高达 33.3%，成为全球第一大智能手机操作系统。2012 年第三季度移动操作系统用户使用比率最高的仍为 MTK 与 Symbian，用户占比分别为 29.39% 与 24.98%，Android 用户占比 22.44%，名列第三位，iOS 用户占比增长至 5.77%，居于第四位。2013 年 1 月诺基亚宣布停止研发 Symbian 系统。与此同时，以谷歌的 Android、苹果的 iOS、微软的 Windows Phone 为主流的三大系统发展稳健。尽管 iOS 与 Android 仍是手机操作系统领域的霸主，但是两者之间逐渐发生了微妙的变化，Android 手机操作系统垄断现象进一步加深。2013 年第一季度两大手机操作系统的市场份额分别是 Android 68.8%、iOS 18.8%；而到了第三季度这两个数据分别变成了 81.3% 和 13.4%。在 2015 年第四个季度，iOS 的占有率为 17.7%，Android 则继续是占有率最高的系统，高达 80.7%，两个主流系统加起来，就占去所有智能手机的 98.4%，因此 iOS 和 Android 已经接近完全瓜分智能手机市场。2017 年，Android 的市场份额占到 85% 左右。Android 和 iOS 的市场占有率高达 99.9%，已经垄断了整个手机市场。尽管 Android 的市场占有率越来越高，但主要是靠中低端机型的优势，在高端机型上，iPhone 仍然具备绝对的优势。而且，在未来的几年中，二者的竞争还会继续。

Android 是世界上手机系统中占有率最高的终端操作系统，2018 年 Android 在手机系统中占有率高达 85.9%。iOS 占有率从 2012 年的 56%，到 2018 年下降至 29%，而且依然在持续下降。Android 和 iOS 所占市场份额高达 99.9%，其他移动操作系统所占市场份额少之又少。

智能终端上的软件架构也可大致分为 3 个阶段，简单讲就是全封闭、半封闭和开放平台。开放平台的核心是其必须提供标准化、公开化的应用程序接口，使得整个平台面向第三方应用开放。开放平台的兴起使得软件生态系统的重要性大大提升。相对于封闭平台在"有限"的生态系统中开发，开放平台无疑将自己放在了一个"无限大"的软件生态系统之上，由此也产生了我们已经看到和将要看到的许多极具创新力的产品。

那么，所谓的开放平台是什么样子呢？未来的开放平台又应该满足用户的哪些需求呢？

1. 支持跨平台应用

开放平台支持跨平台应用是未来智能开放平台的基础要求。在"一云多屏"的背景下，一次开发多屏运行是应用开发者的诉求，这将把应用开发者从烦琐的平台化差异中解放出来，把精力、资源更多地投入到应用开发本身。而支持跨平台应用的一个前提条件就是应用接口的标准化，很难想象一个没有形成标准化应用接口的平台，即使它是开放的，也无法做到跨平台。

2. 支持本地资源与互联网资源共享

基于 DLNA 或 IGRS 的家庭网络互联以及基于各种流媒体协议的互联网多媒体分享必然成为未来智能终端的一个"基础应用"，而对于智能开放平台来说，关键挑战在于如何将新的技术发展成果融入这些"基础应用"。

3. 支持更多附加值的应用

开放平台不仅可以最大限度地利用已存在的应用生态系统，更可以促进应用生态系统的繁荣。更多附加值的应用必然绝大多数来自于第三方开发公司或开发者。

4. 云服务

在不缺少概念的后 PC 时代，云已经不再是一个新鲜的概念，然而如何将云服务转成用户的实际需求，如何让云服务能更加轻易地被用户使用和接受，如何让云服务与已经存在的大量服务无缝对接，这对于开发平台来说也是一个巨大的挑战。

目前移动终端采用的几大开放式操作系统在移动性、性能、扩展能力、模块化程度、耗电量等方面各有千秋，在市场上也都想扩充自己的势力范围，达到一统天下的目的，至于孰胜孰负，还有一个博弈的过程。但是发展到现在，这几种操作系统都在向相同方向发展，即通用性、开放性和易用性。

Windows Mobile 系列操作系统是从微软的 Windows 操作系统上变化而来的，因此，它们的操作界面非常相似。Windows Mobile 系列操作系统功能强大，多数具备了音频 / 视频文件播放、上网冲浪、MSN 聊天、电子邮件收发等功能。支持该操作系统的智能手机多数都采用了英特尔嵌入式处理器，主频较高。另外，采用该操作系统的智能手机在其他硬件配置（如内存、存储卡容量等）上也较采用其他操作系统的智能手机要高出许多，因此性能比较好，操作速度会比较快。但是，此系列手机也有一些缺点，如因配置高、功能多而带来的耗电量大、电池续航时间短、硬件成本高等缺点。Windows Mobile 系列操作系统包括 SmartPhone 以及 Pocket PC Phone 两种平台。Pocket PC Phone 主要用于掌上电脑型的智能手机，而 SmartPhone 则主要为手机型的智能手机提供操作系统。

与 Windows Mobile 系列操作系统一样，Linux 手机操作系统是由计算机 Linux 操作系统变化而来的。简单地说，Linux 是一套免费使用和自由传播的操作系统，具有稳定、可靠、安全等优点，有强大的网络功能。在相关软件的支持下，可实现 WWW、FTP、DNS、DHCP、E-mail 等服务。Linux 具有的源代码开放这一特点非常重要，因为丰富的应用是智能手机的优越性体现和关键卖点所在。从应用开发的角度看，由于 Linux 的源代码是开放的，有利于独立软件开发商（ISV）开发出硬件利用效率高、功能更强大的应用软件，也方便行业用户开发自己的安全、可控认证系统。

Symbian 操作系统对移动终端产品进行了最优化设计。Symbian 操作系统在智能移动终端上拥有的强大的应用程序以及通信能力，都要归功于它有一个非常健全的核心——强大的对象导向系统、企业用标准通信传输协议以及完美的 Sunjava 语言。Symbian 认为无线通信装置除了要提供语音沟通的功能，同时也应具有其他多种沟通方式，如触笔、键盘等。在硬件设计上，它可以提供许多不同风格的外形，就像使用真实或虚拟的键盘；在软件功能上，它可以容纳许多功能，包括和他人互相分享信息、浏览网页、收发电子邮件、传真以及个人生活行程管理等。此外，Symbian 操作系统在扩展性方面为制造商预留了多种接口。

从一开始的 Symbian 独霸到计算机操作系统霸主微软的进入，再到后来 Linux 的崛起，目前没有哪一种操作系统在短时间内能够一统天下，在相当长的一段时间内这几种操作系统还会共存。但我们可以发现，由于操作系统的不同造成了上层应用软件的不兼容，实现同一功能的软件需要适配不同的操作系统开发不同的版本，对应用开发商的资质要求较高，这大大限制了应用的开发与发展，同时挫伤了应用开发商的积极性。从 PC 操作系统的发展历程来看，目前移动终端操作系统的发展可以预见的是：未来的移动终端的操作系统将逐渐统一，具有统一的平台与接口，操作系统的通用性也会更好；操作系统会逐渐发展，屏蔽底层硬件系统的细节，为上层的应用开发开放更简单和更统一的接口，这就大大降低了对移动终端应用开发商的要求，降低了门槛，很多有创意但是技术实力并不雄厚的应用开发商也能借此机会进入，使得应用越来越丰富，共同推动操作系统的进一步发展。

那么，究竟怎样的开放平台才能符合上述的未来趋势，而又是怎样的软件架构才能支撑起这样的开放平台呢？

在移动领域，由于近三年来移动互联网的迅速发展和智能手机的逐步普及，Android 和 iOS 一统天下近乎到了全民皆知的地步。这时候，科技媒体人往往要做一些新的内容来抗衡通篇 Android、满目苹果引发的移动领域文章造成的感官雷同。2012 年，Windows Phone 在诺基亚和微软的大力鼓吹下正式发力，为这种视角提供了新鲜材料。而进入 2013 年，这个市场的故事变得更丰富起来：依旧脱胎于 Linux 的 Ubuntu 移动版、基于 html5 的 Firefox OS、姗姗来迟的 BB10、后台硬气的 Tizen。巴塞罗那 2013 世界移动通信大会（MWC），表明手机本身已经不再是最吸引人的"明星"，尽管诺基亚、三星、LG、华为、HTC 和华硕都发布了新款智能手机，但人们并没有看到这些厂商带来的真正的创新。据此，有些分析师认为，令智能手机成为移动通信和消费者电子行业中心的科技革命可能已经结束。

2012 年年底 Windows Phone 8 发布，彻底采用与微软最新桌面操作系统 Windows 8 相同的 NT 内核后，Windows Phone 的发展趋势越发迅速。2013 年微软曾透露，Windows Phone Store 当时应用超过 13 万，其中 1.5 万个是为 2012 年 10 月底发布的 Windows Phone 8 系统特别开发的。应用数量的增加，实际上也反映了该系统应用下载量的增加和用户的增多，据悉，Windows Phone 应用下载量整体增长 75%，付费应用收入更是增长了 91%。客观讲，在大举进军移动领域的三年来，微软走得并不顺畅，Windows Phone 没能实现真正的飞跃——手机销量平平、开发者仍在犹豫、外部竞争激烈。

Firefox OS 在 2013 MWC 展会上正式推出，并公布了 4 家手机厂商、17 家运营商合作、9 个国家首发的计划。这个移动操作系统的思路和 Firefox 的一样，目标只是解决人们对于当前操作系统的一些担忧和问题：包括垄断的格局和开放性的问题。在 MWC 的演讲上，Mozilla 的 CEO Gary Kovacs 表示人们还有很多需求未被满足，这个市场应该有很多的应用商店，很多的商业模式，很多的支付机制，很多的供应商，以及很多的服务，而不是仅由一个或者两个供应商提供内容。他关注的是如何打破移动世界的封闭，就如同在过去的 10 多年中，Firefox 在 Web 浏览器领域做的事情那样。

此外，移动操作系统还有 Ubuntu Touch 和 Tizen 作为挑战者出现。前者依托的是底层更开放的 Linux 架构，力图在限制颇多的 Android 背后插上一脚，后者则有三星和英特尔撑腰。2013 年 Ubuntu Touch 为 Galaxy Nexus、Nexus 4、Nexus 7 和 Nexus 10 推出了开发者预览版，让用户和开发人员可以对该系统先睹为快，并很快扩展到其他的 20 余款设备。不过 Ubuntu Touch 的进程较慢，2013 年很难看到其大动作，人们担心 PC 上的问题将在其手机版上再一次重演。Ubuntu 号称是"为人类使用设计的"操作系统。但就算它有"多手势操作不需要按钮""低要求同时支持 X86 和 ARM 架构"以及"PC、TV 和手机多设备同步保持体验一致"，然而它没有联盟就没有上下游的支持、没有开发者就没有应用，从而就无法吸引用户，没有独有的模式就没有与 Android 竞争的资本，因此也不能撼动安卓的地位。在过去五年间，除了 Android 和 iOS，其他移动操作系统逐步被淘汰，微软在其官网宣布，从 2018 年 12 月 10 日起不再为 Windows 10 Mobile 手机用户提供新的安全更新和安全补丁，相关的辅助支撑选项和在线技术内容更新也一并停止。这意味着，微软对移动设备操作系统市场的争夺彻底宣告失败。

Tizen 则一直被三星当作一个战略制衡作用大于实际用途的撒手锏，毕竟三星帝国已经形成，没有一个自家的操作系统总觉得还差了些什么。至于 Sailfish 这款脱胎于诺基亚 MegGo 的操作系统，基本上我们只能在国外新闻中、极客视频以及老 N9 玩家的念想中看到了。

HTML5 作为一套标准规范，它追求的是提供新的更强大的 Web 标准，而不关心底层的实现，因此它能真正做到跨软硬件平台，破除操作系统分化造成的应用生态系统碎片化。这正是真正意义上的开放平台。

如果一个软件架构最核心的部分在于应用层完全基于 HTML5，而应用程序框架、中间层、底层则可以有多种选择。换句话说，无论你的软件架构是基于 Android、QT、iOS、Tizen 或者直接就是 Linux，都可以成为开放平台 HTML5 的基础架构。

对 HTML5 的支持主要依赖于浏览器和浏览器引擎，而非操作系统本身。目前，几乎所有浏览器已经开始支持 HTML5，这也就决定了 HTML5 具备了天生的跨平台性。因此，理想情况下，应用开发者只要遵循 HTML5 的规范，就可以开发自己的基于 HTML5 的 Web 应用，无论终端用户使用哪一款设备，运行哪一款操作系统，只要其有一个支持 HTML5 的浏览器就可以运行这样的 HTML5 Web 应用。

目前，HTML5 面临的两个最大的挑战是：第一，各个浏览器对 HTML5 支持程度不一造成了兼容性问题；第二，HTML5 在智能终端上的性能仍需提高。

尽管存在这两大挑战，HTML5 本身的先进性依然决定了它代表的是未来的方向，特别是目前 HTML5 社区出现的新现象：一些面向移动互联网或者更广泛地说是面向后 PC 时代应用场景的大量 API 提案出现在 HTML5 的规范中，HTML5 得到

Multi-Track（multi-video track，multi-audio track，multi-text track）、DLNA 互联、DTCP-IP 等的支持，这将更加推动 HTML5 成为未来智能终端的开放平台。在可以预见的未来，我们完全可以想象仅仅通过一个支持最新 HTML5 的浏览器，就可以在智能终端上完成所有你想要完成的操作和应用。

近年来，移动互联网市场的发展逐渐走向封闭，导致开发者、手机制造商、用户在移动设备的开发和使用上受到诸多限制，移动互联网市场的垄断现象日趋严重。对一个厂商而言，iOS 和 Android 仍显得过于保守，你能使用 Android，但你只能跟随它，不能领导它。Mozilla 一向是开放平台的先锋，并聚集起了一大批开发爱好者。更加开源的 Ubuntu 也忍耐不住，期待在移动市场上翻身。

不得不提的是，虽然 Windows Phone、BlackBerry 10 这些与 iOS 和 Android 外观、设计理念、内核都各不相同，但实际架构却都属于传统的 C/S 架构，在 MWC 上推出的 Firefox OS，以及 Ubuntu Touch 兼容 HTML5 WebApps。

完全 HTML5 化的 Firefox OS 应用主要基于 HTML5+JavaScript 实现，是一款真正的 Web OS。而由于 B2G 将 HTML 层盖在硬件之上，没有中间层，直接用 HTML 调用硬件，只需要比 Android 更低的配置就能达到同样的体验。这样不仅能减少开发成本、快速迭代，而且无须更新，支持平板电脑、手机、计算机、电视多平台，甚至其手机硬件成本都将大大降低（100 美元以下）。此外，目前 App Store 上超过 50%的应用已经是用 HTML5 来开发的，将来可能 90%的应用会是用 HTML5 开发的，而其余 10%可能永远也不适合 HTML5。

相比之下，Ubuntu 则目标更直接一点，它属于较为温和的颠覆。Ubuntu Touch 可以与 Android 同时并存，一部手机既可以执行 Android 应用程序，也可以执行 Ubuntu Linux 应用程序，这是因为 Android 的底层也是 Linux。此外，Ubuntu 还在倡导超级手机——最高端的智能手机也能够运行 Ubuntu，届时它不但可以作为一个普通的电话，还可以连接屏幕与键盘，可以像一个台式计算机那样工作，并提供统一无缝体验。手机实际上变成了一个独立大脑，可以指挥多个设备。

运营商同样支持这类手机系统，首先是成本较低，像 Android 这样的操作系统是免费的，但 Firefox OS 的设计主要针对的是低端设备，而 Android 在这些设备上运行情况不好，有时甚至无法运行。其次，Firefox OS 和 Ubuntu Touch 是开源的，运营商能够通过运行其自己的应用以及服务在该操作系统上完成任何他们想完成的事。

事实上，三四年前没人能预料到移动产业竟发展到如此地步——这个世界的玩法似乎与传统通信和 IT 不一样，那么这场移动操作系统的第三极之争如何发展就没人能真正预料了。技术、设计、产品、市场、人为因素，一切都存在变数，而 HTML5 依然是最大的变量。

回顾过去，虽然属于键盘机的时代已一去不复返，但以 Symbian 为主的第一代智能手机操作系统在多任务处理、第三方应用程序的扩展方面都可以说是现在智能手机的先驱，而 Symbian 操作系统以其简单实用和超低功耗等特点也成为操作系统中永恒的经典。立足今日，我们看到自 iPhone 出现后，移动操作系统焕然一新，而智能手机产业的竞争也进入了白热化状态，各大企业不断创新，精彩迭出，智能手机的数量首次超过了 PC，一个属于移动终端的后 PC 时代已来临。展望未来，移动操作系统需要一个真正的开放平台、多种新技术和服务的融合以及云技术与智能终端设备的无缝对接。HTML5 的出现，让我们看到了未来的方向。移动操作系统还会以怎样的方式继续改变我们的生活？让我们拭目以待。

3.2　移动操作系统架构

3.2.1　iOS 架构

iOS 架构和 Mac OS 的基础架构相似。站在高层次来看，iOS 扮演底层硬件和应用程序（显示在屏幕上的应用程序）的中介，应用程序不能直接访问硬件，而需要和系统接口进行交互，从而可以防止应用程序改变底层硬件。iOS 框架分为四层——Cocoa Touch 层、Media 层、Core Service 层、Core OS 层，每层提供不同的服务，底层为所有应用程序提供基础服务，如文件系统、内存管理、I/O 操作等。高层则包含一些复杂巧妙的服务和技术，如 UI 控件、文件访问等。

1. Cocoa Touch 层

Cocoa Touch 层包含创建 iOS 应用程序所需的关键框架。上至实现应用程序可视界面，下至与高级系统服务交互，都需要该层技术提供底层基础。在开发应用程序的时候，请尽可能不要使用更底层的框架，而是尽可能使用该层的框架。Address Book UI 框架（AddressBookUI.framework）是一套 Objective-C 的编程接口，可以显示创建或者编辑联系人的标准系统界面。该框架简化了应用程序显示联系人信息所需的工作。iOS 4.0 引入了 Event Kit UI 框架（EventKitUI.framework），它提供一个视图控制键可以展现查看并编辑事件的标准系统界面。Event Kit 框架的事件数据是该框架的构建基础。iOS 3.0 引入了 Game Kit框架（GameKit.framework），该框架支持点对点连接及游戏内语音功能，可以通过该框架为应用程序增加点对点网络功能。点对点连接以及游戏内语音功能在多玩家的游戏中非常普遍，不过也可以将其加入到非游戏应用程序。此框架通过一组构建于 Bonjour 之上的简单而强大的类提供网络功能，这些类将许多网络细节抽象出来，从而让没有网络编程经验的开发者可以更加容易地将网络功能整合到应用程序。iOS 4.0 引入了 iAd框架（iAd.framework），用户可以通过该框架在应用程序中发布横幅广告，广告会被放入标准视图中，用户可以将这些视图加入到用户界面，并在合适的时机向用户展现。这些视图和苹果的公告服务相互协作，自动处理广告内容的加载和展现，同时也可以响应用户对广告的点击。iOS 3.0 导入了 Map Kit 框架（MapKit.framework），该框架提供一个可被嵌入到应用程序的地图界面，该界面包含一个可以滚动的地图视图，用户可以在视图中添加定制信息，并可将其嵌入到应用程序视图，通过编程的方式设置地图的各种属性（包括当前地图显示的区域以及用户的方位）。用户也可以使用定制标注或标准标注（例如使用测针标记）突出显示地图中的某些区域或额外的信息。在 iOS 4.0 中，该框架开始支持可拖动标注以及定制覆盖层。可拖动标注允许用户通过编程方式或通过用户交互方式重定位某个标注的位置，覆盖层可用于创建多个点组成的复杂地图标注，地图表面诸如公交路线、选举地图、公园边界或者气象信息（例如雷达数据）等可以使用覆盖层进行显示。iOS 3.0 引入了 Message UI 框架（MessageUI.framework），可以利用该框架撰写电子邮件，并将其放入用户的发件箱排队等候发送。该框架提供一个视图控制器界面，可以在应用程序中展现该界面，通过该界面撰写邮件。界面的字段可以根据待发送信息的内容生成。例如，可以设置接收人、主题、邮件内容并可以在邮件中包含附件。这个界面允许用户先对邮件进行编辑，然后再选择接收人。在用户接收邮件内容后，相应的邮件就会放入用户的发件箱排队等候发送。在 iOS 4.0 及其后续的系统中，该框架提供一个 SMS 撰写面板控制器，可以通过它在应用程序中直接创建并编辑 SMS 信息（无须离开应用程序）。和电子邮件撰写界面一样，该界面也允许用户先编辑 SMS 信息再发送。UIKit 框架（UIKit.framework）的 Objective-C 编程接口为实现 iOS 应用程序的图形及事件驱动提供关键基础。iOS 所有程序都需要通过该框架实现下述核心功能：应用程序管理、用户界面管理、图形和窗口支持、多任务支持、处理触摸及移动事件等。iOS 5.0 引进 iCloud 存储 API 使程序可以将用户文档和关键数据存储到 iCloud 中，同时自动将改动推送到用户所有的计算机和设备上。iOS 6.0 集成了 Facebook 和 Sina Weibo，开放了读写 Reminder 的 API（Event Kit）和标准用户界面。iOS 7 在上一代 iOS 操作系统的基础上有了很大改进，不仅采用了全新的应用图标，还重新设计内置应用、锁屏界面及通知中心等。在 IAP 方面采用了新的订单系统，减少内购破解，实现对订单的本机验证。iOS 7 还采用 AirDrop 作为分享方式之一并改进了多任务能力。iOS 7 改进了 Spotlight 搜索，加入了对 Google 搜索和维基百科的支持，Spotlight 是 Mac OS X v10.4 的一项快速、随打即找、系统支援的桌面搜寻特色。使用 Metadata 搜寻引擎，Spotlight 被设计为可以找到任何位于计算机中的项目，包含文件、图片、音乐、应用程序、系统喜好、设定控制台，也可以是文件或是 PDF 中指定的字。iOS 8 延续了 iOS 7 的风格，并在原有风格的基础上做了一些局部和细节上的优化、改进和完善，统一了开发界面，引入 Size Classes 并新增了 UIAlertController，它可以同时实现 Alert

和 Action Sheets，并且接口采用 block 方式，它将在应用的同一个 Window 中展示，而不是之前的在新 Window 中展示，它还具有和之前的 Popover Controller 相同的实现方式，通过 presentViewController 来展示。iOS 9.0 的 Xcode 给出了自带的 UITest 的一系列工具，和大多数 UI 测试工具类似，UI 使用 Accessbility 标记来确定 View。为了配合 iOS 10 锁屏下面 Widget 的体验，苹果提供了 widgetPrimaryVibrancyEffect 和 widgetSecondaryVibrancyEffect 用于定制化 Widget 的界面，还有 CallKit 框架，VoIP 应用程序集成与 iPhone 的通话界面，给用户一个很棒的体验，锁屏后 VoIP 网络电话可以直接用 iPhone 系统 UI 接听。iOS 11 新集成的主要 SDK 框架有两个，分别是负责简化和集成机器学习的 Core ML 和用来创建增强现实（AR）应用的 ARKit。iOS 12 将手机锁屏的通知和应用进行了分类整理，以软件为组，叠加显示，这样在用户管理时就会更加方便快捷。

2. Media 层

Media 层包含图形技术、音频技术和视频技术，这些技术相互结合可为移动设备带来最好的多媒体体验，更重要的是，它们使创建外观音效俱佳的应用程序变得更加容易。您可以使用 iOS 的高级框架更快速地创建高级的图形和动画，也可以通过底层框架访问必要的工具，从而以某种特定的方式完成某种任务。高质量的图形是 iOS 应用程序的重要组成部分。创建应用程序最简单、最有效的方法是使用事先渲染过的图片，搭配上标准视图以及 UIKit 框架的控件，然后把绘制任务交给系统来执行。但是在某些情况下，可能需要一些 UIKit 所不具有的功能，而且需要定制某些行为。iOS 音频技术可为用户提供丰富多彩的音响体验，可以使用音频技术来播放或录制高质量的音频，也可以用于触发设备的震动功能（具有震动功能的设备）。iOS 提供数种播放或录制音频的方式供用户选用。iOS 有数种技术可用于播放应用程序包的电影文件以及来自网络的数据流内容。如果设备具有合适的视频硬件，这些技术也可用于捕捉视频，并可将捕获到的视频集成到应用程序。系统还提供多种方法用于播放或录制视频内容，用户可以根据需要选择。视频技术的高级框架可以简化为提供对某种功能的支持所需的工作。iOS 2.2 引入了 AV Foundation 框架（AV Foundation.framework），该框架包含的 Objective-C 类可用于播放音频内容。通过使用该框架，可以播放声音文件或播放内存中的音频数据，也可以同时播放多个声音，并对各个声音的播放进行特定控制。在 iOS 4.0 及后续版本中，该框架提供的服务得到了很大的扩展，包含了媒体资产管理、媒体编辑、电影捕捉、电影播放等服务。iOS 5.0 引进了 Siri 语音助手和 AirPlay，AirPlay 可以将 iPad 2 上的任何内容通过 Apple TV 无线镜像映射到 HDTV 上，并使用了 AV Foundation 框架的应用程序实现通过 AirPlay 将视频和音频内容转成媒体流，并且 AirPlay 现在支持通过 HTTP Live 媒体流发布加密的媒体流内容。iOS 6.0 地图抛弃了 Google Map，使用了自家地图。iOS 8 首先对通知中心进行了全新设计，取消了"未读通知"视图，接入了更多更丰富的数据来源，并可在通知中心直接回复短信息，在锁屏界面也可以直接回复或删除信息和 iMessage 音频内容，双击 Home 键弹出的多任务列表可以看到最近联系人，在卡片的上方，通过点击可以直接回复短信和打电话。iOS 9 的 Siri 更加智能，地图功能也更加强大，可以显示实时的交通状况。在 iOS 10 中，SiriKit 开发者可以使用 Siri SDK，而 Siri SDK 或许是 iOS 10 最重要的新 SDK 之一。从此开发者可以使用原生 API 提供语音搜索，实现语音转文字消息甚至更多常见语音功能，此外，Speech Recognition 功能见闻知意，语音识别 API 可以把音频流实时的转换为文本。iOS 11 引入 ARKit，ARKit 利用单镜头和陀螺仪，在对平面的识别和虚拟物体的稳定上做得相当出色，并且 ARKit 极大降低了普通开发者玩 AR 的门槛，也是 Apple 现阶段用来抗衡 VR 的选项。iOS 12 的 iCloud 增加了备份短信功能，这样我们就可以把自己认为比较重要的短信，同步到云端，并且新增查看手机电池状态信息。

3. Core Services 层

Core Services 层为所有的应用程序提供基础系统服务。可能应用程序并不直接使用这些服务，但它们是系统很多部分赖以建构的基础。Address Book 框架（AddressBook.framework）支持编程访问存储于用户设备中的联系人信息。如果应用程序使用到联系人信息，则可通过该框架访问并修改用户联系人数据库的记录。CFNetwork 框架（CFNetwork.framework）是一组高性能的基于 C 语言的接口集，为使用网络协议提供面向对象的抽象。用户可以使用 CFNetwork 框架操作协议栈，而且可以使用诸如 BSD Socket 这类底层结构。用户也可以通过该框架简化诸如与 FTP 或 HTTP 服务器通信以及 DNS 主机解析这类任务。iOS 3.0 引入 Core Data 框架（CoreData.framework）。Core Data 框架是一种管理模型–视图–控制器应用程序数据模型技术，它适用于数据模型已经高度结构化的应用程序。通过此框架，用户再也不需要通过编程定义数据结构，而是通过 Xcode 提供的图形工具构造一份代表数据模型的图表。在程序运行的时候，Core Data 框架就会创建并管理数据模型的实例，同时还对外提供数据模型访问接口。通过 Core Data 管理应用程序的数据模型，可以极大限度地减少需编写的代码数量。Core Foundation 框架（CoreFoundation.framework）是一组 C 语言接口，它们为 iOS 应用程序提供基本数据管理和服务功能。Core Location 框架（CoreLocation.framework）可用于定位某个设备的当前经纬度。它可以利用设备具备的硬件，通过附近的 GPS、蜂窝基站或者 WiFi 信号等信息计算用户方位。Maps 应用程序就是利用此功能在地图上显示用户当前位置的，可以将此技术与应用程序结合，以此向用户提供方位信息。iOS 4.0 引入了 Core Media 框架

（CoreMedia.framework），此框架提供 AV Foundation 框架使用的底层媒体类型。只有少数需要对音频或视频创建及展示进行精确控制的应用程序才会涉及该框架，其他大部分应用程序应该都用不上。iOS 4.0 引入了 Core Telephony 框架（CoreTelephony.framework），此框架为访问提供蜂窝无线服务的设备上的电话信息提供接口，应用程序可通过它获取用户蜂窝无线服务的提供商信息。如果应用程序对于电话呼叫感兴趣，也可以在相应事件发生时得到通知。iOS 4.0 引入了 Event Kit 框架（EventKit.framework），此框架为访问用户设备的日历事件提供接口，可以通过该框架访问用户日历中的现有事件，可以增加新事件。日历事件可包含闹铃，而且可以配置闹铃激活规则。iOS 4.0 引入 Quick Look 框架（QuickLook.framework），应用程序可以用该框架预览无法直接支持查看的文件内容。如果应用程序从网络下载文件或者需处理来源未知的文件，则非常适合使用此框架。因为应用程序只要在获得文件后调用框架提供的视图控制器就可以直接在界面中显示文件的内容。iOS 3.0 引入了 Store Kit 框架（StoreKit.framework），此框架为 iOS 应用程序内购买内容或服务提供支持。例如，开发者可以利用此框架允许用户解锁应用程序的额外功能，或者游戏开发人员可使用此特性向玩家出售附加游戏级别。在上述两种情况中，Store Kit 框架会处理交易过程中与财务相关的事件，包括处理用户通过 iTunes Store 账号发出的支付请求并向应用程序提供交易相关信息。Store Kit 框架主要关注交易过程中和财务相关的事务，目的是确保交易安全准确。应用程序需要处理交易事物的其他因素，包括购买界面和下载（或者解锁）恰当的内容。通过这种任务划分方式，就可拥有购买内容的控制权，可以决定希望展示给用户的购买界面以及何时向用户展示这些界面，同时也可以决定和应用程序最匹配的交付机制。System Configuration 框架（SystemConfiguration.framework）可用于确定设备的网络配置，可以使用该框架判断 WiFi 或者蜂窝连接是否正在使用中，也可以用于判断某个主机服务是否可以使用。iOS 5.0 使用 Core Image 在镜头和编辑图片的应用程序中创建令人惊叹的效果，Core Image 提供了一些内置的滤镜，例如颜色效果、变形和变换等，同时它还包括一些高级功能，如自动增强、消除红眼、脸部识别等。iOS 7 的游戏支持增加了自己的精灵系统 SpriteKit 2D 游戏引擎，Xcode 还提供创建粒子系统和贴图工具，引进 MKMapCamara 可以将一个 MKMapCamara 对象加到地图上，在指明位置、角度和方向后将呈现 3D 效果，改变了 Overlay 对象的渲染方式。除此以外，iOS 7 改变了后台任务的运行方式，除网络外的后台任务被分布到不同的应用在唤醒系统时执行。网络传输的应用使用 NSURLSession 创建后台的 Session 并进行网络传输，增加了后台获取 Background Fetch，应用打开前有机会执行代码来获取数据，刷新 UI，省去了网络加载过程，增加了推送唤醒（静默推送，Slient Remove Notifications）。iOS 9 系统发送的网络请求统一使用 HTTPS，不再默认使用 HTTP 等不安全的网络协议，而默认采用 TLS 1.2 服务器，因此需要更新，以解析相关数据。如不更新，可通过在 info.plist 文件中声明，倒退回不安全的网络请求。iOS 10 最重要的开发特点就是允许第三方应用对自带基础 App 的拓展关联，全新 7 种 App Extension：Call Directory（VolP 回调）、Intents（Siri、Apple Map 等服务）、Intents UI（Siri、Apple Map 等服务的自定义界面）、Messages（iMessage 扩展）、Notification Content（内容通知）、Notification Service（服务通知）、Sticker Pack（iMessage 表情包）。在 iOS 11 中，在增加新特性时，也进行了其他的优化，针对 UIToolbar 和 UINavigationBar 做了新的自动布局扩展支持，自定义的 Bar Button Items、自定义的 Title 都可以通过 Layout 来表示尺寸。

4. Core OS 层

Core OS 层的底层功能是很多其他技术的构建基础。通常情况下，这些功能不会直接应用于应用程序，而是应用于其他框架。但是，在直接处理安全事务或和某个外设通信的时候，则必须要应用该层的框架。Core OS 层包含的主要框架有：Accelerate Framework、External Accessory Framework、Security Framework、System 层。Accelerate Framework 包含数学计算、大号码以及数字信号处理等一系列接口，使用这个库的好处在于开发者可以对其进行重写，从而优化基于 iOS 的不同设备的硬件特征，并且只需要写一次就可以确保它在全部设备上有效运行，而 External Accessory Framework 负责 iOS 设备与各种附属设备的沟通。iOS 设备可以通过自带的数据线、WiFi 和蓝牙与附属设备进行沟通。iOS 不但提供内建的安全功能，还提供 Security 框架（Security.framework）用于保证应用程序所管理数据的安全。该框架提供的接口可用于管理证书、公钥、私钥以及信任策略，它支持生成加密的安全伪随机数。同时，它也支持对证书和 Keychain 密钥进行保存，是用户敏感数据的安全仓库。另外 CommonCrypto 接口还支持对称加密、HMAC 及 Digests。实际上，Digests 的功能和 OpenSSL 库常用的功能兼容，但是 iOS 无法使用 OpenSSL 库。系统层包括内核环境、驱动及操作系统底层 UNIX 接口。内核以 Mach 为基础，它负责操作系统的各个方面，包括管理系统的虚拟内存、线程、文件系统、网络以及进程间通信。这一层包含的驱动是系统硬件和系统框架的接口。出于安全方面的考虑，内核和驱动只允许少数系统框架和应用程序访问，应用程序可以使用 iOS 提供的 LibSystem 库访问多种操作系统的底层功能。

3.2.2　Android 架构

Android 是一个开放的软件系统，为用户提供了丰富的移动设备开发功能，从上至下包括应用程序（Application）、应用程序框架（Application Framework）、类库

（Libraries）和 Android 运行时（Adnorid Runtime）、操作系统（OS）。

1. 应用程序（Application）

应用层是和用户交互的一个层次，是用户能够看得见和可操作的一些应用，这类应用基本都是通过 Java 语言编写的独立的能够完成某些功能的应用程序。Android 本身提供了桌面（Home）、联系人（Contacts）、电话（Phone）、浏览器（Browers）等很多基本的应用程序。开发人员可以使用应用框架提供的 API 编写自己的应用程序，普通开发人员要做的事情就是开发应用层的程序并提供给广大消费者使用。

2. 应用程序框架（Application Framework）

开发人员具有和核心应用相同的框架 API 访问权限。应用程序的构建模式被设计成简单的可重用的组件。所有应用能够分享该框架的能力，所有应用都是如此（这是被框架强迫的安全约束），从而允许用户在相同的机器上替换组件。

3. 类库（Libraries）

Android 包含一整套 C/C++ 库，用于构建 Android 的大量不同的组件，这些能力通过 Android 应用程序框架暴露给开发人员。部分核心库如下所述。

- 系统 C 库：一个由 BSD 发起的标准 C 库，专门为基于 Linux 的嵌入式设备做了调整；
- 媒体库：基于 PacketVideo's OpenCore，该库支持回放和录制大量流行的音 / 视频格式文件和静态图片，包括 MPEG4、H.264、MP3、AAC、AMR、JPG、PNG；
- Surface 管理：用于管理显示子系统和无缝合成不同应用的 2D 和 3D 图形层；
- LibWebCore：先进的 Web 浏览器引擎，用来构建 Android 浏览器和内嵌的 Web 视图；
- SGL：底层的 2D 图形引擎；
- 3D 库：一套 OpenGL ES 1.0 APIs；该库使用硬件加速（当硬件可用时）或者高度优化的 3D 软件光栅；
- FreeType：用于点阵和矢量字体渲染；
- SQLite：能够被所有应用使用的强大的轻量级关系数据库引擎；
- SSL（Secure Sockets Layer）协议：安全套接层协议，它是网景（Netscape）公司提出的基于 Web 应用的安全协议，当前版本为 3.0。SSL 协议指定了一种在应用程序协议（如 HTTP、Telenet、NMTP 和 FTP 等）和 TCP/IP 协议之间提供数据安全性分层的机制，它为 TCP/IP 连接提供数据加密、服务器认证、消息完整性以及可选的客户机认证，它已被广泛地用于 Web 浏览器与服务器之间的身份认证和加密数据传输。SSL 协议位于 TCP/IP 协议与各种应用层协议之间，为数据通信提供安全支持。SSL 协议分为两层：SSL 记录协议（SSL Record Protocol），它建立在可靠的传输协议（如 TCP）之上，为高层协议提供数据封装、压缩、加密等基本功能的支持。SSL 握手协议（SSL HandshakeProtocol），它建立在 SSL 记录协议之上，用于在实际的数据传输开始前通信双方进行身份认证、协商加密算法、交换加密密钥等。SSL 协议提供的服务主要有：认证用户和服务器，确保数据发送到正确的客户机和服务器；加密数据以防止数据中途被窃取；维护数据的完整性，确保数据在传输过程中不被改变。

4. Android 运行时（Adnorid Runtime）

Android 包含了一整套核心库，它为 Java 语言提供了很多有用的功能。

所有的 Android 应用都运行在它自己的进程里，该进程是一个 Dalvik 虚拟机的实例，且 Dalvik 被设计成能在一台设备上高效地运行多个虚拟机实例。Dalvik 虚拟机的可执行文件被封装成 Dalvik 可执行格式（.dex）。这是被优化过的最小内存依赖的格式，Java 编译器（dx 工具）将注册了的和运行时用到的类编译成.dex 格式。Dalvik 虚拟机依赖于底层 Linux 内核提供的功能，如线程机制和内存管理机制。

- android.util：涉及系统底层的辅助类库；
- android.os：提供系统服务、消息传输、IPC 管道；
- android.graphics GPhone：图形库，包含文本显示、输入／输出、文字样式；
- android.database：包含底层的 API 操作数据库（SQLite）；
- android.content：提供各种数据传输、服务、资源管理；
- android.view：提供基础用户界面接口框架；
- android.Widget：显示各种控件，如按钮、列表框、进度条等；
- android.app：提供高层的程序模型，提供基本的运行环境；
- android.provider：提供各种定义变量标准；
- android.telephony：提供与拨打电话相关的 API 交互；
- android.Webkit GPhone：默认浏览器操作接口。

5. 操作系统（OS）

Android 的核心系统服务依赖于 Linux 2.6 内核，操作系统为 Android 提供的服务包括：安全性（Security）、内存管理（Memory Management）、进程管理（Process Management）、网络堆栈（Network Stack）和驱动程序模型（Driver Model）。该内

核的另一个作用是提供一个屏蔽层用于屏蔽硬件和上层软件。

- Linux kernel：Android 的核心，是典型的开源系统，其版本是 2.6.19。
- OpenGL ES：一个免费开放的 3D 标准，标准组织没有提供实现方式，但很多芯片公司都可以提供。JSR239 是该标准的 Java 接口，在 Android 的 SDK 中使用的就是该接口。
- SQLite：免费的开源自由数据库，整体代码量很小。
- WebKit：一个通用浏览器的核。早期是 KDE 平台的 Konqueror 浏览器的核。
- dailvik：Android 的核心，是一个私有的 Java 虚拟机。（Google 没有对此核心开源。）
- adt：Android 在 Eclipse 上的开发插件。Eclipse 是著名的开源的 Java IDE 环境，以插件的架构著称。
- qeum：一个开源虚拟机，用其搭建各开发平台上的 Android 模拟器。
- sdl：一个开源的多媒体处理库。

驱动程序模型包含以下这些常规的驱动程序：Display Driver、Keypad Driver、Camera Driver、WiFi Driver、Flash Memory Driver、Audio Driver、Binder（IPC）Driver、Power Management。

普通开发者可以使用 Android 基本应用程序使用的系统 API，Android 应用框架中的各个模块都可以被复用，各种服务也可以被复用。理解了这个机制，开发人员就可以更好、更轻松地开发出优秀的 Android 应用。

对 Android 的整体框架有了一定的了解后对于理解 Android 的一些机制和应用开发有很大的帮助，只有了解了 Android 框架才能更好地使用 Android 提供的功能和服务，从而使学习 Android 应用开发少走弯路。

3.2.3　Windows Phone 架构

Windows Phone 力图打破人们与信息和应用之间的隔阂，提供适用于包括工作和娱乐在内完整生活的方方面面，提供最好的端到端体验。微软公司于 2010 年 2 月正式发布 Windows Phone 7.0 智能手机操作系统，简称 WP7，并于 2010 年底发布了基于此平台的硬件设备。WP 系统的最大特点仍然是内置微软的明星产品，包括 Windows Live、Outlook、Office 套件和重新为手机设计的 IE 浏览器，在 2011 年世界移动通信大会（MWC2011）上，HTC 发布了最新的 WP7 手机 HD7。2012 年 6 月 21 日，微软正式发布最新手机操作系统 Windows Phone 8。Windows Phone 8 采用和 Windows 8 相同的内核。由于内核变更，WP8 将不支持所有的 WP7.5 系统手机升级，WP7.5 手机只能升级到 WP7.8 系统。

2014 年 4 月 2 日，微软在 Build 2014 上发布了 Windows Phone 8.1，其相比

Windows Phone 8 增加了更多新功能，升级了部分组件，并且宣布所有的 Windows Phone 8 设备可全部升级为 Windows Phone 8.1。2014 年 7 月，微软发布了 Windows Phone 8.1 更新 1，在 Windows Phone 8.1 的基础上添加了一些功能，并且做了一些优化。2015 年 2 月，微软在推送 Windows 10 移动版第二个预览版时，第一阶段推送了 Windows Phone 8.1 更新 2，在 Windows Phone 8.1 更新 1 的基础上改进了一些功能的操作方式。2015 年 1 月 22 日凌晨 1 点，微软召开主题为"Windows 10，下一篇章"的 Windows 10 发布会，发布会上提出 Windows 10 将是一个跨平台的系统，无论是手机、平板电脑、笔记本电脑、二合一设备还是 PC，Windows 10 将通吃。2015 年 5 月，Windows Phone 再次迎来重要更新，推出 Windows 10 的移动版，正式名称 Windows 10 Mobile，这就意味着，2010 年发布的 Windows Phone 品牌将正式终结，被统一命名的 Windows 10 所取代。而 Windows Phone 系统也将在经历 Windows Phone 7，Windows Phone 7.1/7.5/7.8，Windows Phone 8 和 Windows Phone 8.1 后正式谢幕。

Windows Phone 的系统特色体现为，增强的 Windows Live 体验，包括最新源订阅，以及横跨各大社交网站的 Windows Live 照片分享等；更好的电子邮件体验，在手机上通过 Outlook Mobile 直接管理多个账号，并使用 Exchange Server 进行同步；Office Mobile 办公套装包括 Word、Excel、PowerPoint 等组件；可在手机上使用 Windows Live Media Manager 同步文件，使用 Windows Media Player 播放媒体文件；重新设计的 Internet Explorer 手机浏览器，支持 Android Flash Lite；应用程序商店服务 Windows Marketplace for Mobile 和在线备份服务 Microsoft My Phone 也已同时开启，前者提供多种个性化定制服务，比如主题。

Windows 10 Mobile 相比 Windows Phone 8.1 增添了许多新功能，并改善了用户体验，同时支持跨平台运行的 UWP（Universal Windows Platform）应用。主要包括：体验免费、轻松的软件升级；实现跨设备无缝衔接的微软服务；全新的 Office 和 Outlook 办公软件；数字助理 Cortana；更强大的通知中心和快速操作；统一的 Windows 10 应用商店，轻盈的 UWP 应用；兼容性更强、更快的 Microsoft Edge 浏览器；完整、完善的系统级设置管理；键盘输入法；更频繁的系统级更新；更繁荣的 Win10 UWP 应用生态。

2018 年 12 月 22 日，微软在其官方网站上宣布：将于 2019 年 12 月 10 日停止发布"Windows 10 Mobile"操作系统的安全和软件更新，同时停止对相关设备的技术支持。受支持的最后一个版本是 Windows 10 Mobile 1709（内部版本 15254）。微软建议，在 Windows 10 Mobile 停止更新后，用户可转向运行 Android 或 iOS 操作系统的移动设备，并在其他平台上继续支持微软的移动应用程序。

微软在官网介绍，只有能够运行"Windows 10 Mobile"1709 版本的手机才会支持到 12 月 10 日，该版本手机于 2017 年 10 月发布。之前 1703 版本的操作系统仅支持到 2019 年 6 月 11 日。在支持结束后，设备备份功能将延长 3 个月，延长至 2020 年 3 月 10 日。照片上传和现有设备恢复备份等功能则可能延长 1 年时间。

业界人士认为，微软移动操作系统失败的主要原因是在软件和硬件方面都没有得到其他厂商的足够支持，没能提供给用户足够多的应用程序。

3.3 主流移动操作系统

操作系统可以说是手机最重要的组成部分，手机所有的功能要依靠操作系统来实现，而用户的感知也基本都是来自于与操作系统之间的互动。本节针对当前主流操作系统进行简单介绍。

3.3.1 iOS

iOS 可以视作 i Operating System（i 操作系统）的缩写，是由美国苹果公司开发的操作系统，主要供 iPhone、iPod touch（类似于 iPhone 的娱乐终端，不具备通信模块）及 iPad（苹果公司的平板电脑）使用，最早于 2007 年 6 月 29 日发布。原本这个系统名为 iPhone OS，直到 2010 年 6 月 7 日在苹果电脑全球研发者大会上宣布改名为 iOS。

因为 iOS 中极具创新的 Multi-Touch 界面专为手指而设计，因此，即使是第一次上手，也能轻松玩转 iPhone、iPad 和 iPod touch。其界面优雅、简洁、直观。从内置 App 到 App Store 提供的 700 000 多款 App 和游戏，从进行 FaceTime 视频通话到用 iMovie 剪辑视频，所能触及的一切，无不简单、直观、充满乐趣。

iOS 最大的特点是"封闭"，苹果公司要求所有对系统做出更改的行为（包括下载音乐、安装软件等）都要经由苹果自有的软件来操作，此举虽然提高了系统的安全性，但也限制了用户的个性化需求，正因为如此，能够突破苹果限制的软件应运而生，通过这些软件，用户可以不经苹果的自有软件而任意将下载的音乐、破解的软件等装入 iPhone，这一过程称为"越狱"。每次苹果推出新版本的系统更新，全球的 IT 高手就会针对新系统寻找漏洞，开发出可以"越狱"的工具，自第一代 iPhone 起至今，这种较量就从未停止过。

iOS 打破了原有操作系统的概念，开创性地内置了 2 个关键的应用程序：iTunes 和 App Store（应用程序商店）。用户可以通过手机中的 iTunes 购买歌曲和视频，可以通过 App Store 购买软件，这两个应用可以说是中国移动无线音乐俱乐部与 MobileMarket 的灵感来源。

3.3.2　Android

Android 中文音译为安卓、安致，是由美国 Google（谷歌）公司于 2007 年 11 月 5 日发布的基于 Linux 平台的开源手机操作系统，主要供手机、上网本等终端使用。

与 iOS 正好相反，Android 最大的特点是"开放"，它采用了软件堆层（Software Stack，又名软件叠层）的架构，主要分为三部分，底层 Linux 内核只提供基本功能，其他的应用软件则由各公司自行开发，这就给了内置该系统的设备厂商很大的自由空间，同时也使得为该系统开发软件的门槛变得极低，促进了软件数量的增长。开发性对于 Android 的发展而言，有利于积累人气，这里的人气包括消费者和厂商，而对于消费者来讲，最大的受益正是丰富的软件资源。开放的平台也会带来更大竞争，如此一来，消费者将可以用更低的价位购得心仪的手机。

在过去很长的一段时间，特别是在欧美地区，手机应用往往受到运营商的制约，使用什么功能、接入什么网络，几乎都受到运营商的控制。自 iPhone 上市以来，用户可以更加方便地连接网络，运营商的制约随之减少。随着 EDGE、HSDPA 这些 2G 至 3G 移动网络的逐步过渡和提升，手机已经可以随意接入网络。互联网巨头 Google 推动的 Android 终端天生就有网络特色，使用户离互联网更近。

Android 的另一大特色是实现了与 Google 各类应用的无缝连接，使得用户可以十分便捷地使用如搜索、地图、邮箱等 Google 的优秀服务。中国移动的 OMS 系统正是基于 Android，进行了包括 UI（User Interface，用户界面）在内的部分个性化的修改而诞生的。

3.3.3　Windows Phone

Windows Phone（简称 WP）是微软于 2010 年 10 月 21 日正式发布的一款手机操作系统，初始版本名为 Windows Phone 7.0。该操作系统基于 Windows CE 内核，采用了一种名为 Metro 的用户界面（UI），并将微软旗下的 Xbox Live（游戏）、Xbox Music（音乐）与独特的视频体验集成至手机中。

早在 1997 年，微软就发布了第一代移动设备操作系统 Windows CE 1.0，并在次年将其升级为 Windows CE 2.0，这是微软研发的专门针对小型设备的通用操作系统。2000 年微软将其更名为 Pocket PC 2000。2002 年微软推出支持手机的 Pocket PC Phone 2002 系统，同时期还推出 Smartphone 2002 系统。而后，为了统一系统，微软将 Pocket PC Phone 2003 和 Smartphone 2003 统一更名为 Windows Mobile 2003 系统，Windows Mobile 系统也就是 Windows Phone 系统的前身，不过早期的 Windows Mobile 还有许多地方不够完善，微软后续升级都是以操作系统的内核版本命名的，先后经历了 Windows Mobile 5.0、Windows Mobile 6.0、Windows Mobile 6.1、Windows Mobile 6.5 版本。

到了 2008 年 Windows Mobile 6.1 时，微软在公司内部将 Windows Mobile 系统更名为 Windows Phone，并着手研究新系统，由于研发周期的问题，中间将 Windows Mobile 6.5 系统作为过渡系统版本。直到 2010 年，微软正式将 Windows Mobile 系统更名为 Windows Phone，并发布了 Windows Phone 7 系统。至此，微软移动端操作系统才算真正问世。

2011 年 2 月，诺基亚与微软达成全球战略同盟并深度合作共同研发该系统，当时微软最新的 Windows Phone 7 系统也成为诺基亚的主要手机操作系统，诺基亚手机的后续机型也将继续使用 Windows Phone 系统。2011 年 9 月 27 日，微软发布升级版 Windows Phone 7.5 系统，这是首个支持简体中文字体的系统版本。2012 年 6 月 21 日，微软正式发布 Windows Phone 8 系统，全新的 Windows Phone 8 系统舍弃了老旧的 Windows CE 内核，采用了与 Windows 系统相同的 Windows NT 内核，支持很多新的特性，然而由于内核不同，导致所有搭载 Windows Phone 7.5 的机型不可升级至 Windows Phone 8.0。2015 年 4 月微软提出了 Universal Windows Platform（简称 UWP）的概念，让开发者能更容易地将开发好的应用移植到 Windows Phone 上，带着这样的美好愿景，微软正式推出了 Windows10 和 Windows10 Mobile。

3.3.4　BlackBerry

BlackBerry 由 BlackBerry（黑莓）手机制造商——加拿大 RIM 公司（Research in Motion Ltd.，）开发，仅用于黑莓手机的操作系统，是唯一一个从未预装到黑莓以外手机上的系统，而且黑莓手机也是唯一一个从未预装 BlackBerry OS 以外系统的手机。

该系统的一个重要特点是主打 PushEmail（推送电子邮件）功能，也称为无线电子邮件。为了配合该功能，RIM 公司自 1999 年开始提供黑莓企业服务器（BES），所有邮件经过黑莓企业服务器加密后直接推送到客户的手机，大大提高了效率和安全性，特别是"9·11"事件之后，由于 BlackBerry 及时传递了灾难现场的信息而在美国掀起了人人拥有一部 BlackBerry 终端的热潮。除了曾为适应潮流而推出的几款触摸屏手机，黑莓手机几乎都是全键盘手机，快捷的英文输入法也使得黑莓手机在英语国家的商务人士中非常普及，甚至连奥巴马在进入白宫之前都一直对黑莓爱不释手。

正是由于在 Push Email 上的成功，使得 RIM 公司将该功能作为一款软件直接销售给其他的手机厂商，例如诺基亚、三星等厂商均在部分机型中内置了 BlackBerry 服务，BlackBerry 已经成为 Push Email 的代名词。但由于使用习惯、文化差异等原因，黑莓在中国的发展并不是很理想，因此，该系统的影响也十分有限，中国移动的 139 邮箱也早已经推出了 PushEmail 服务。

3.3.5　主流操作系统的比较

作为移动终端的软件平台，移动操作系统管理移动终端的软硬件资源，为应用软件提供各种必要的服务，移动操作系统的采用可以使应用软件开发人员避开烦琐的硬件管理与操作编程，把主要精力放在目标应用的算法研究以及应用程序自身的构架上；同时应用移动操作系统提供的各种服务，可以更容易地构建出复杂的应用系统。可以说，每一种操作系统都有其自身的优点，它们的体系结构以及所能够提供的服务也不尽相同。下面将从几个方面来对目前主流移动操作系统进行分析和比较。

1. 设计风格

设计风格是手机操作系统最重要的元素之一，相当于系统的脸面，要经得起时间考验。

Android 从设计角度来讲，给用户操作的选择余地最大，虽然有一些 Android 手机硬件设备仍然有所保留，比如说 HTC，但总体而言，Android 手机用户享受的自由最多，该系统界面活泼的背景让人赏心悦目，不过有时候看起来有点杂乱无章。

苹果手机界面在图标排列上领先了一步，以文件夹形式对应用进行归类，这也是该公司一贯坚持的风格路线。苹果低调不张扬的字体和设计时尚的原创应用图标已经风靡世界，现在用户如果不喜欢单调无趣的黑色背景，还可以自己替换界面图案。

BlackBerry OS 6.0 的界面图标略带浮华的感觉，半透明的图标背景使整个操作系统看起来有几分虚幻缥缈之感。

Windows Phone 8 的界面采用了大屏幕和高分辨率的设计，整体设计依旧遵循了 Modern 的设计风格，此外还优化了不少细节，如全新的锁屏界面、动态可滑动的磁贴、新的滑动手势，等等，其活泼的大号图标排列和应用枢纽的全景式布局令人爱不释手。

2. 联系功能

Android 用户在手机上输入 Gmail 账号信息时，系统会自动根据这一操作将其填入通信录，这个自动保存联系人信息的功能确实能让用户省心省力。它的功能初级而实用，虽然并不那么美观，但它会将最亲密的联系人信息保存到主界面，使用户查找时更快捷。

同样，苹果通信录的表现虽不美观但却实用。iOS 并不支持连接所有的电子邮件账号，但如果用户在自己的苹果电脑或 iPhone 上建立了一个联系人通信录，那么只要登录 iTunes，该手机系统就能自动同步更新所有的联系人信息。虽然这个操作很简便，功能也非常初级简陋，但要导入其他的账号有点麻烦。

BlackBerry 系统导入 Facebook 联系人的方法很简便，通过手机通信录就能实现这一操作。该系统的 6.0 版本和 Android、Windows Phone 8 一样，支持用户将通信录保存到主界面，虽然它也是一个单调的联系人列表，不过拨号方式倒很灵便，通过传统键盘输入也能快捷而直接地查找到所需号码。

Windows Phone 8 的通信录看起来新颖抢眼，联系人列表搭配了用户头像。头像还能与朋友们最近在 Facebook 和 Windows Live 的更新动态相关联，并且可以在用户墙上留言。

Windows 10 Mobile 能够为社交网络展现高保真的内容（大幅照片），而且它能够直接连接到第三方社交网络应用，用户可以在安装第三方应用之后轻松连接至所有功能。邮件现已支持 S/MIME Secure Email，且已扩大了可支持的账户类型，包括 iCloud。

3. 网上冲浪

且不论应用软件的配置如何，仅网络体验一项就足以决定一款智能手机的成败。Android 自 Froyo 2.2 升级以后，其原装浏览器功力倍增（不过并非所有的 Android 用户都已经用上了 Froyo 2.2）。这是一款达标的浏览器，其升级版本的运行速度更快，使用起来也更令用户满意。再加上 Adobe Flash 10.1 助阵，更为用户获取 Flash 手机内容创造了绝佳条件。

苹果手机的专属浏览器 Safari 虽没有多少出众之处，但运行效果还不错，而且还有分页浏览功能，因此也得到了一定的肯定，遗憾的是它不支持 Adobe Flash 10.1，这种保守姿态确实成为一个弊端。

BlackBerry OS 6.0 上运行的是 WebKit 内核浏览器，经过升级换代后，其功能远胜于之前运行的 Opera Mini。该浏览器更新版本可以轻松打开图像超载的页面，具有分页浏览功能。

Windows Phone 8 的浏览器是 IEM（Internet Explorer for Mobile），这款浏览器进步很大，渲染引擎强大，页面加载轻松快速，渲染文本美观，不会有像素分散现象。推出时还不支持 Flash 功能，而且每次最多只能同时打开 6 个页面。

在 Windows 10 移动版中，微软加入了全新的 Microsoft Edge 浏览器，兼容 Webkit 网页显示标准，不论是浏览性能还是网页呈现排版等，体验均有大幅度提升。

4. 多媒体功能

播放音乐、视频，拍摄照片，这些都是手机最基本的功能。

Android 在这方面的组织能力无与伦比，可通过相关图片应用整理图像，并将图片下载到一个独立文件夹中（这样用户就很容易设置手机壁纸）。这种图像管理方式有点混乱，但至少比一串冗长的缩略图强些。它的音乐播放器非常达标，足以与苹果相媲美。

苹果手机系统的相册功能非常初级，采用的是缩略图管理方式，滚动浏览时方便有趣。它可以把所有的图片保存在同一个位置，方便用户搜索图片。它删除和分享多重图像的方式也很好，在 iPod 上的表现尤其出色。用户所需要的随机播放和列表建立等功能，在这一系统上都能准确实现。

BlackBerry 系统的媒体播放工具在 6.0 版本中进行了一番修整，但功能还是非常初级。图片全部存储在同一个大文件夹里，不利于用户翻找。虽然增加了关于黑眼豆豆乐队（Black-Eyed Peas）的元素，但音乐和视频播放器功能并没有完善，而且也没有同步、购买音乐的专门软件。总之，BlackBerry 系统非常不利于用户寻找相关文件。

Windows Phone 7.0 的媒体中心很受用户喜欢，在全景式的背景中，收集的音乐都会有对应的艺术家照片，艺术相簿的功能表现也很出色。缺点就是功能不全，用户无法在手机上创建播放列表，除了个人计算机上的 Zune 软件，用户不能从其他平台移植播放列表。

Windows Phone 8.1 使用照片程序时会直接跳转至用户最新的照片，并且查看方式会自动按照时间和位置进行分组视图。App-extensibility 支持在线相册，所以用户可以接入第三方应用服务。在相机中，Windows Phone 8.1 更新了用户界面并添加了"破裂模式"（Burst Mode）摄影模块，让用户能够捕捉到更加完美的图像。

Windows Phone 8.1 已支持将手机屏幕投射到 PC、电视或投影上，用户可以通过一根 USB 缆线将 WP 连接到一台兼容的 PC 上，并通过一款应用在 PC 上呈现用户的手机屏幕。一些即将现世的新款手机还将支持无线 Miracast 显示，以支持兼容电视及其他设备。

5. 用户个性化体验

Android 在这方面的成就无人能敌，从 OEM 制造的皮肤（如 HTCSense）到大量主界面采用的部件、卡通式背景、珍藏通信录、手机应用等简约的用户个性化设置，没有哪两款 Android 手机会呈现完全相同的面貌。苹果 iOS 的个性化设置就不那么灵活多变了，虽然用户很容易就能重新整理应用程序，但不能自由改变应用图标、文件夹的排列模式。用户可以改变主界面背景图案，但只能选择静态图，不能是动态图片。

对于 BlackBerry 的设置，用户最大的自由在于可以重新安排手机应用程序，甚至可以来个全盘调整，给系统换个新主题。用户可以购买现成的系统主题。

Windows Phone 7.0 的表现就有点不如意了,尽管微软一直自称该平台可以极其"个性化",可事实上用户能自主决定的东西并不多。这个系统所有的信息都已经自动安排妥当,你日历上的约会安排、开始屏幕(Start Screen)要显示相簿中的哪张图片、媒体播放工具背景应该选择哪个艺术家的资料等,这一切都由手机自动安排。所以就算用户已经把自己所需的信息和图片全部导入系统中,但只能改变开始屏幕的那些分类格子(Tiles)以及锁屏(Lock Screen)的背景颜色。

在 Windows 10 Mobile 系统中,开始屏幕和锁屏界面形式更加丰富,个性化大大增强,通过调节动态磁贴或透明动态磁贴,布置更加美观的 Windows 10 移动版用户界面。开始屏幕可以设置磁贴图片,也可以设置全屏显示图片,并且支持动态磁贴的透明度选择。针对屏幕大小不同还可以显示更多磁贴。开始屏幕动态磁贴的主题色也进一步增加。

6. 电子邮件和键盘

可以帮用户纠正拼写错误,并且能同时处理多个电子邮件账号的手机操作系统是开发商和用户的共同追求。

Android 的屏幕键盘有风景模式(Landscape)和描述模式(Portrait)。Android 文本输入方式是默认的。Android 的电子邮件功能非常好,具有多个电子邮件账号管理、Gmail 功能整合、邮件发送等各项服务功能。

苹果在文本输入的自动修正功能方面非常强大,它的电子邮件功能也非常好,支持多个账号管理,能够简便快捷地设置。

BlackBerry 手机采用的是物理标准键盘。强大的电子邮件装备也是 BlackBerry 的长处,它的电子邮件功能运行很快,很稳定,而且易于设置,查看和发送附件非常简便。

Windows Phone 8.1 中的键盘非常智能,它能够获知用户的书写风格,甚至知道用户的联系人姓名以加快输入速度。新的联想输入键盘让用户能够通过手指滑过按键的方式便可快速输入。电子邮件设置也超级简单,但不能通过同一个收件箱甚至是一款手机应用,接收所有账号发送来的邮件。这样造成的结果就是,手机开始屏幕上会充斥多个邮件的格子,每一个格子对应一个邮件账号。

在 Windows 10 Mobile 系统中,微软也全面革新了内置的键盘输入法,新增众多特性,包括四维光标控制器、语音输入、左右手键盘习惯切换、智能纠错、中英混输、云词汇联想、中文滑行输入等。

7. 应用软件

应用软件是操作系统最重要的指标,直接关系到一款智能手机的成败。

Android 的应用一直很棒，而且还在不断进步。Android 应用商店的前十名应用榜单几乎每周都不变化，有着大量免费应用，付费应用价格非常高。

苹果在这一方面独占鳌头，还没有其他哪个手机系统能出其右。App Store 存货充足，设立了极高的应用准入门槛，坚决抵制低劣产品，却仍有许多刚出炉的应用正排队等待它苛刻的检验。用户不需要花太多钱就能获得丰富的应用功能，再加上它的产品用户数量庞大，所有最强大的应用都可以在苹果应用商店中找到，这里的东西最齐全。

Windows Phone 同样也是一个封闭的操作系统，但该平台存在一些问题：首先，软件资源相对于以上两大系统，数量上并不占优势，其部分优秀软件还需要收费；其次，缺乏更新，许多应用在发布了第一版本后就再未更新，如今仍能发现几年前发布但从未更新的软件。Windows 10 Mobile 的推出目的最终还是要解决应用生态问题，无论从系统开发环境还是统一联动的 Windows 10 UWP 生态，相比 Windows Phone 8.1 时代都要好很多，有些甚至是质变效果。Windows 10 Mobile 系统还兼容 Windows 8.1 应用，在升级之后依然可以继续使用原有的 Windows Phone 应用。同时还能安装专为 Windows 10 Mobile 系统打造的 UWP 应用。然而由于软件生态原因，Windows Phone 平台市场占有量一直处于疲软状态。

BlackBerry 的应用产品在不断进步和提高。它的许多应用虽然很贵，但质量很好。其主要缺陷是应用范围太窄，种类太稀少，因为开发商并没有将 BlackBerry 视为首选平台。

研发一个新的操作系统最主要的任务就是体系结构的设计，主流 MOS 体系结构的设计思想给我国研发自主 MOS 提供了多种案例。基于 Linux、层次化平台式架构、优化使用开源软件、继承中创新的思想、开源的免费策略等，是目前发展国产自主 MOS 的一种务实选择。目前的 MOS 领域，Android、iOS、Windows Phone 三足鼎立，一个大国若没有自主的操作系统，不仅信息安全无法得到保障，产业安全也无法得到保障。研发我国自主的 MOS 对促进我国移动互联网产业的发展意义重大，有利于未来占据移动互联网技术与产业的制高点，有助于我国摆脱 Android、iOS、Windows Phone 等原生应用的垄断与限制。

8. 智能助手

人工智能正在成为新经济领域的核心技术，三大操作系统也将强大的语音助理系统融入自己的生态。

Android——Google Assistant。Android 是三大系统中最晚加入智能语音助理的系统，2014 年 3 月，Google Now 随着 Android 4.1 的发布一同出现，但由于仅支持英文，加上第三方 Android 对其支持力度不大，Google Now 一直不温不火，即使在 2016 年升级成为 Google Assistant 人工智能助理，也没有造成更大的影响。当然，

Google 退出中国也是其不成功的原因之一。但庞大的 Google 搜索带来的巨大数据，使其识别能力比 Siri 强大许多。

Apple——Siri。Siri 的使用者可以通过声控、文字输入的方式来搜寻餐厅、电影院等生活信息，同时也可以直接收看各项相关评论，甚至是直接订位、订票；另外其适地性（Location Based）服务的能力也相当强悍，能够依据用户默认的居家地址或是所在位置来判断、过滤搜寻的结果。不过其最大的特色则是在人机互动方面，不仅有十分生动的对话接口，其针对用户询问所给予的回答也不至于答非所问，有时候更是让人有种心有灵犀的惊喜。例如，使用者如果说出或输入的内容包括"喝了点""家"这些字（甚至不需要符合语法，相当人性化），Siri 则会判断为喝醉酒、要回家，并自动建议是否要帮忙叫出租车。

Windows Phone——Cortana。Cortana（中文名：微软小娜）是微软发布的全球第一款个人智能助理。它能够了解用户的喜好和习惯，帮助用户进行日程安排、问题回答等。Cortana 可以说是微软在机器学习和人工智能领域方面的尝试。微软想实现的事情是，手机用户与小娜的智能交互，不是简单地基于存储式的问答，而是对话。它会记录用户的行为和使用习惯，利用云计算、搜索引擎和非结构化数据分析，读取和学习包括手机中的文本文件、电子邮件、图片、视频等数据来理解用户的语义和语境，从而实现人机交互。

第4章 移动互联网应用技术

随着通信网络技术的成熟及移动网络宽带化的发展，移动通信和互联网技术的融合趋势日趋明朗，移动互联网已成为全球关注的热点。未来移动互联网将成为新的媒体传播平台、信息服务平台、电子商务平台、公共服务平台和生活娱乐平台，使我们的工作和生活更加便利和丰富多彩。

面对移动互联网巨大的市场潜力，不仅移动运营商将其作为战略重点予以积极推进，更多的终端厂商、IT 厂商也纷纷加大对该领域的投资和布局。苹果公司推出 iPhone，以终端+内容+设计为主要竞争力，颠覆了通信行业原有的发展模式；Google 推出了基于 Linux 的自由、开放源代码的 Android 操作系统，以此为基础向移动互联网领域渗透；诺基亚正在全力向移动互联网公司转型，推出了其移动互联网服务品牌 OVI，提供定位在线音乐商店和游戏业务，这些都使得移动互联网成为目前可以预期的未来最令人期待的发展领域。

移动互联网目前并没有统一的定义，广义上讲是指移动终端（包括手机、上网本和数据卡方式笔记本电脑等）通过移动通信网络访问互联网并使用互联网业务。狭义上讲，移动互联网专指通过手机接入互联网及服务[24]。由于上网本和数据卡方式笔记本电脑上网，除了网络接入方式，和传统互联网并没有本质的区别，因此本章仅重点介绍通过手机方式的移动互联网业务。

移动互联网是移动通信终端技术与互联网技术的聚合，互联网热点技术 Widget Mashup、Ajax 等的引入及正在兴起的云计算技术将极大促进移动互联网业务的发展。

4.1 移动 Widget 技术

移动通信的商业环境正面临快速的变化，大量的 Web2.0 网站和网络平台的涌现，使人们的工作和生活越来越多地依赖 Internet。另外，人们对 Internet 的需求也越来越多样化。所以无论是移动终端设备制作商还是 Internet 服务提供商，或者是运营商，都将移动通信事业与 Internet 业务相结合作为目前商业服务研究的重点工作。移动终端 Web 浏览器技术经过十几年的发展，已由原来的简单 WAP 浏览器，发展突变为现在全功能的 Web2.0 浏览器。移动终端 Web 浏览器和 PC 上的浏览网页不同的是，在移动终端设备上输入网址和点击等操作均不方便，终端屏幕较小，所获得的信息量相对较少，原来在 PC 上一页可以完成的操作，在移动终端上通常需要几个页面才能完成，这样用户体验和可操作性明显大幅度降低。因此，移动终端 Web 模式只适合逻辑简单的信息服务。

目前嵌入式 Java 应用主要承载的是即时通信、股票信息、交通信息、导航系统、网络游戏和电子书业务，其优势主要在于用户体验良好，可扩展性强。相对 Web 浏览器而言，Java 是一种编程语言，因此可以实现比较复杂的用户操作界面。Java 也可以调用终端设备的一些功能模块，比如网络和摄像头等功能，可扩展性较强。但缺点也十分明显，就是终端兼容性较差。通常一个 Java 应用必须为多个移动终端开发，从而导致开发、部署和维护成本的提高及产品生产周期的大幅度延长。

随着移动智能终端的出现，硬件水平和移动终端的网络带宽不断提高，特别是 WiFi 技术的出现，还有屏幕的不断扩大，触摸屏技术的广泛应用，尤其是苹果的 iPhone 和 Google Android 手机的出现，使得本地应用几乎接近甚至超过计算机应用的用户体验。但移动互联网业务却还是依赖于用户体验落后的 Web 页面和兼容性较差的嵌入式 Java 技术，这个反差激发了移动终端市场对新互联网业务承载技术的需求。因此必须有一种技术来解决这个问题，它必须拥有统一的标准、良好的用户体验和快速开发部署的能力。而移动 Widget 技术就是在这种需求的驱动下出现并发展起来的，它推动了通信、计算和移动互联网的融合。

4.1.1　移动 Widget 概述

Widget 可以看作运行于浏览器界面之外的定制 Web 页面，每一个 Widge 都是面向一项具体的轻量级任务。一个 Widget 可以简单地用 HTML 和级联样式表（CSS）编写，但是如果要达到真正的可用性往往用到逻辑运算，所以大多数 Widget 还会用到 JavaScript 和 XML。基于 Web 技术的特征使得 Widget 具有小巧轻便、易于开发、与操作系统耦合度低和功能完整等特点。Widget 应用于 B/S 和 C/S 架构之间，结合了二者的优点。它并不完全依赖网络，软件框架可以保存在本地，而内容资源从网络获取。程序代码和 UI 设计同样可以从专门的服务器更新，并保留了 B/S 架构的灵活性。

Widget 作为一种特殊的"网页"，正在改变互联网的访问方式。用户访问网络不再需要浏览器，而是靠这些小工具就可以实现 Web 功能。Widge 还为用户提供了全新的用户体验，用户通过 Widge 可以定制实现自己想要的各种功能并个性化自己的桌面，体验它又小又酷的风格。目前主流的 Widget 包括 Yahoo Widget、Google Widget、Apple dashboard Widget 和 Facebook Widget 等。值得一提的是，随着互联网用户需求的改变及 Widget 技术的发展，Widget 已经不再局限于计算机桌面，而是渗透到其他各个领域，如网页 Widget、Mobile Widget、人机交互 Widget，甚至 Widget 专用终端等。Widget 势不可当的魅力，使其成为未来 Web 应用的重要发展趋势之一。

随着移动网络日益宽带化及移动互联网的迅猛发展，移动增值业务呈现出以下趋势。

① 业务融合方面。

电信业务已远远不再局限于语音业务，技术发展推动电信网络向全 IP 方向发展。移动通信与互联网技术的融合趋势日益明朗，大量传统互联网业务开始向移动通信领域转移。

② 业务体验方面。

移动增值业务的开发成本极大地降低，推动了业务的海量化，同时业务体验的质量对于用户的选择至关重要。

③ 业务运营方面。

移动增值业务的开发越来越要求不依赖于网络和终端，以降低网络环境和终端的改变对业务的影响。

④ 价值链方面。

由于用户对于个性化和差异化业务的需求，移动增值业务长尾曲线尾部的个性化业务应用的市场份额不断增加。要求业务的提供融合更多的第三方，产业链由单一模式日益变得复杂。

⑤ 运营商驱动力方面。

目前，运营商产品库中的中高端机型支持的业务比较全面，但各业务客户端缺少与终端底层功能的互动，用户的业务体验不佳；同时端到端的整合能力较弱，用户使用业务的一致性不强。运营商希望探索与终端厂商在产品和市场层面一体化的深度合作方式，推进终端与业务的整合规划和深度合作。

在这种形势下，移动 Widget 作为移动增值业务的一种重要形式出现并非是对现有增值业务客户端应用形式的革命或替换，而是有益的补充。增值 Widget 业务由于其开发简单快速、用户体验出色、应用部署方便和应用发布包小等诸多特点使其特别适合逻辑简单、功能相对具体且单一的小应用，满足行业、企业或者个人的个性化需求，即长尾理论中提到的长尾部分的需求。

移动 Widget 可以独立于 Web 浏览器运行，实现的功能与网页没有区别，Widget 应用功能类似于嵌入式 Java 应用，基于 Widget 引擎而生存，移植性很强，即插即用，运行时能很方便地从移动互联网上获得相关的信息或者数据，减少了使用浏览器带来的很多无用信息，减少了无关信息的获取，也最大限度地利用了屏幕资源，从而大大改善了 Widget 应用的用户体验。

1. 移动 Widget 的特点[25]

移动 Widget 的主要特点如下。

（1）开发难度小

移动 Widget 依然继承了 Web 开发技术，主要使用 HTML、CSS、JavaScript 和 XML 相结合的方式来满足用户需求。因此，所具有的潜在开发群体还是很多的，而且开发成本很低，成千上万的 Widget 应用在短时间内出现已经不是难题。

（2）架构合理

Widget 开发模式为 W/S 框架，既继承了 B/S 架构的优点，又继承了 C/S 架构的优点。

（3）可扩展性强

不同的 Widget 引擎提供统一的 API 编程接口，便于整合到其他应用之中，同时还扩展了移动终端的本地能力。

（4）可移植性强

Widget 引擎基本已经屏蔽终端设备的差异性，基本能算是"一次开发，处处运行"的应用软件。

（5）充分占用屏幕资源

弥补了 Web 浏览器中的应用不能占用整个终端屏幕的不足，Widget 应用可以充分利用屏幕资源，充分继承了 PC Widget 的这一优点[26]，其可以脱离浏览器单独运行。

可见，Widget 技术可以全面提高应用软件的开发和运行效率，利用 Ajax 技术，能有效减少冗余流量，因为 Widget 与服务器交换会不断重复进行数据传送，也会不断地消耗流量。

2. 移动 Widget 技术规范

一个典型的移动 Widget 可分为 5 个基本的技术层面。如图 4.1 所示为 W3C 规定的 Widget 技术规范，包括封装部署、元数据和配置、脚本和网络链接、用户界面和权限、表现和行为逻辑。

Widget 文件是一个封装了所有 Widget 相关资源，包括元数据描述文件、配置文件、HTML/XML 页面、图片和其他文件的压缩包。封装格式为 ZIP 格式，文件扩展名为".wgt"，采用的压缩算法为 deflate 格式。每个 Widget 中包含一个元数据描述文件 config.xml，格式为 XML，给出了移动 Widget 名称、描述、图标、权限、作者等内容。同时指定了起始执行渲染的 HTML/XML 文件名。数字签名作为一个可选项，也放置在 config.xml 中。Widget 的脚本语言一般采用 JavaScript，网络部分采用 Web2.0 普遍使用的 XMLHttpRequest 技术。

　　移动 Widget 应用就是利用标准化后的移动 Widget 规范开发出来的应用程序。移动 Widget 最大的特点是框架在移动终端的引擎上运行，信息从网络端获取，并且即插即用[27]。

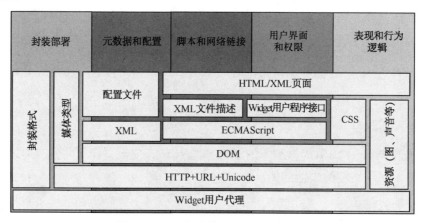

图 4.1　W3C 规定的 Widget 技术规范

3. 移动 Widget 标准

　　目前，移动 Widget 主要有 3 种标准，分别是 W3C Widget 规范、BONDI Widget 规范和 JIL Widget 规范。接下来将对这 3 个标准做简要介绍。

（1）W3C Widget 标准

　　W3C Widget 标准是由万维网联盟（W3C）制定的，其中包含了 6 个子规范，分别定义了 Widget 的运行环境、运行需求、数字签名、自动更新、打包配置及 API 接口和事件。目前支持 W3C Widget 标准的厂商较多，但由于其提供的 API 功能有限，不适合开发功能复杂的应用。

（2）BONDI Widget 标准

　　BONDI Widget 标准是 OMTP 组织于 2008 年提出的，其目标是创建移动设备上的网络操作系统，BONDI 定义了很多新的接口和安全框架用于访问手机的功能，包括启动应用程序、摄像头应用、手机定位、通信功能、存储数据等，相对于 W3C Widget 标准，BONDI Widget 标准提供安全体系架构和丰富的 API，更加贴近开发者的需求，在 2010 年 2 月举行的世界移动通信大会上，三星宣布其最新的 Bada 平台将支持 BONDI Widget 标准[28]。

（3）JIL Widget 标准

JIL Widget 标准是由中国移动、沃达丰、软银以及 Verizon 共同提出和定义的。JIL Widget 标准提出了更加开放的 API 接口，并且兼容最新的 W3C 规范需求。相对于前两个标准，JIL Widget 定义了一套更加完整的移动设备 API 接口。目前，中国移动的移动 Widget 引擎 BAE 就是遵循 JIL Widget 标准开发的。

4.1.2　移动 Widget 工作原理

Widget 体系架构[29]介绍如下。

Widget 是在互联网／移动互联网环境下运行于终端设备上的一种基于 Web 浏览器／Widget 引擎的应用程序，它可以从本地或互联网更新并显示数据，目的是协助用户享用各种应用程序和网络服务，其架构规范体系如图 4.2 所示。从广义上讲，Widge 作为一种用户桌面展现形式，可提供各类应用的入口。Widget 技术从某种程度上说是无所不能的，任何客户端应用都可以以插件的形式嵌入 Widget 应用；Widget 内嵌小型 Web 服务器可支持信息发布、离线浏览功能；Widget 可以应用于多种终端类型。

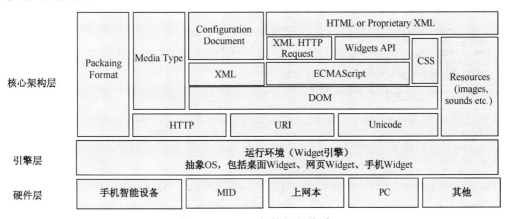

图 4.2　Widget 架构规范体系

在 Widget 架构规范体系中，最底层是硬件层，包括目前主流的互联网接入设备，如手机智能设备、MID、上网本等。该层的范围主要取决于上层引擎层的跨平台能力。

引擎层主要是 Widget 的运行环境，它负责 Widget 展现以及同操作系统的沟通。Widget 引擎抽象了操作系统，而操作系统抽象了不同的硬件平台，使 Widgct 有了跨平台的能力。Widget 能够使用的 API 与操作系统的接口的多少都取决于引擎。

核心架构层是 Widget 的架构组成及标准讨论的重点，具体介绍如下。

① HTTP：超文本传输协议（HyPertext Transfer Protocol），从 WWW 服务器传

输超文本到本地浏览器的传送协议。它减少网络传输，使浏览器更加高效，既保证正确、快速地传输超文本文档，还能确定文档具体部分和先显示的部分内容。

② Unicode：也叫统一码，它为每种语言中的每个字符设定了统一并且唯一的二进制编码，以满足跨语言、跨平台进行文本转换处理的要求。Widget 使用统一码作为文本的编码。

③ URI：统一资源标识符（Universal Resource Identifier）用于对资源（HTML 文档、图像、视频片段、程序等）进行定位。Widget 使用自身的资源进行定位。

④ Resources：资源，Widget 用到的资源统称，包括图片、声音等。

⑤ DOM：文档对象模型（Document Object Model），是一种与浏览器、平台、语言无关的接口，使得用户可以访问页面其他的标准组。简单来说就是把网页文档抽象为一个基于树或基于对象的模型，并提供对其操作的方法。Widget 中可以使用 DOM。

⑥ XML：可扩展标记语言（Extensible Markup Language），是一种简单的数据存储语言，使用一系列简单的描述数据，而这些标记可以用方便的方式建立。XML 是互联网环境中跨平台的、依赖于内容的技术，是当前处理结构化文档的有力工具。Widget 中的文本文件绝大多数使用 XML。

⑦ ECMAScript：ECMAScript 是一种由欧洲计算机制造商协会（ECMA）通过 ECMA-262 标准化的脚本程序设计语言。这种语言在万维网上应用广泛，它往往被称为 JavaScript，但实际上后者是 ECMA-262 标准的扩展。Widget 中可以使用 JavaScript 处理交互文件。

⑧ CSS：级联样式表（Cascading Style Sheets）是一种样式表语言，用于为 HTML 文档定义和布局。Widget 中可以使用 CSS。

⑨ XML HTTP Request：它是 Ajax 技术体系中最为核心的技术，是与服务器通信的方式，有同步方式和异步方式两种。Widget 使用 Web 服务器取回数据。

⑩ Widgets API：Widget 引擎提供的 API，比如该 Widget 的宽度和高度等。

⑪ HTML or Proprietary XML：超文本标记语言（Hypertext Mark-up Language），是目前网络上应用最为广泛的语言，也是构成网页的主要语言。文档呈现语言有 HTML、XHTML 等。

⑫ Configuration Document：配置文件，记录该 Widget 的信息，包括名称、作者、图标、属性等。标准就是规范其在不同厂商引擎对它的解析，提高移植性。

⑬ Media Type：媒体类型，表示 Widget 可以支持的媒体类型。比如，文字支持 UTF-8 等，图片支持 JPEG、GIF、PNG 等，音频／视频支持 MIDI、MPEG 等，动画支持 SVG、SWF 等。

⑭ Packaging Format：打包格式，Widget 打包分发的格式，规定使用 ZIP 格式。

在 Widget 体系架构中我们重点研究一下 Widget 引擎，Widget 引擎自下而上分为 4 层结构，其参考模型如图 4.3 所示。

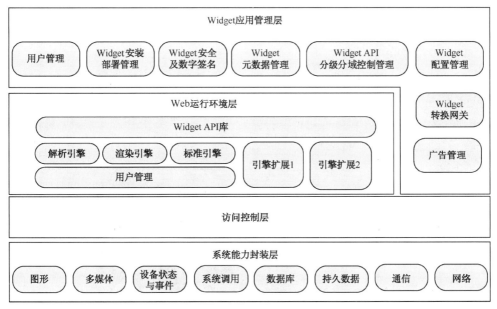

图 4.3　Widget 引擎参考模型

从图中可以看到，Widget 引擎分为系统能力封装层、访问控制层、Web 运行环境层和 Widget 应用管理层，具体描述如下。

① 系统能力封装层：主要用于封装终端或运行机系统能力和运行库，包括图形、多媒体、设备状态与事件、系统调用、数据库、持久数据、通信、网络等能力。

② 访问控制层：主要对 Widget 引擎访问终端系统资源提供访问控制功能。

③ Web 运行环境层：提供 HTML、XML、CSS 的解析渲染功能及执行脚本的解释功能。

④ Widget 应用管理层：提供 Widget 在终端上的管理功能，包括用户管理、Widget 安装部署管理、Widget 安全及数字签名、Widget 元数据管理、Widget API 分级分域控制管理、Widget 转换网关和广告管理等功能。

4.1.3　移动 Widget 应用

1. 移动 Widget 应用模式

在国内，中国规模最大的移动通信运营商中国移动是全球业界最早一批参与移动 Widget 研究的公司之一，它与其他国外运营商组成联合创新实验室（Joint Innovation Lab，JIL），设计并开发出跨平台的移动互联网应用引擎 BAE（Browser based Application Engine），它支持 JIL Widget 格式并部分兼容互联网流行的 Widget，如苹果公司的 Dashboard Widget 等。

在移动互联网时代，移动 Widget 作为面向终端的杀手级应用被广大电信运营商看好，并从运营商的角度设计了一种移动 Widget 应用模式。移动 Widget 当前的应用部署流程、产业链等都可以为将 Widget 应用引入会商系统为其提供服务。下面就对这种应用模式进行介绍。

移动 Widget 业务一般分成两类，即本地应用和网络应用。其中本地应用依托 Widget 引擎对终端侧硬件访问控制功能的拓展，实现 Widget 应用对终端能力的获取和使用。而网络侧的 Web 应用可以根据业务提供者的不同分为互联网应用业务和运营商移动增值业务，网络侧的应用模式如图 4.4 所示。

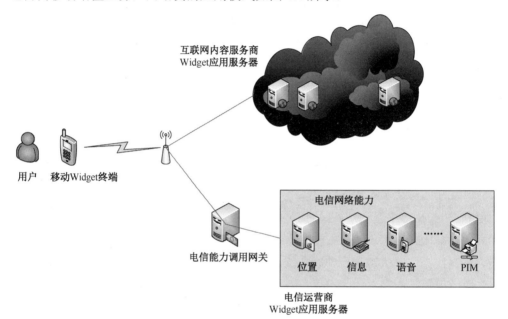

图 4.4　网络侧的应用模式

互联网 Widget 应用业务的内容服务提供商主要是国外较早的互联网服务商（如 Yahoo、Google、Facebook、Twitter、YouTube 等）和国内的互联网公司（Sina、Tencent、人人网、Sohu 等）。它们在本公司自身 Web 应用服务器上向广大开发者和第三方合作伙伴开放自身服务的 Open API 接口以及开发 Widget 的一套 SDK 工具，利用这些工具并调用所提供的开放接口，就可以在自己设计的 Widget 中利用这些公司的服务。

而运营商移动增值业务的 Widget 应用，由于已存在由多家电信运营商的联盟制定的有关 Widget 引擎的规范，有相对统一的标准，所以下面以运营商部署的移动 Widget 业务架构为例，详细介绍运营商移动增值业务中 Widget 当前应用的模式。

Widget 形式的移动增值业务体系分为网络侧、终端侧和 Widget 应用运营平台 3 部分[30]。

（1）网络侧

电信能力的开放体现在网络侧，运营商通过移动 Widget 业务平台的建立和管理来封装其移动运营网络的业务功能，然后对外以 Open API 的形式发布给业务开发者，而封装的业务功能主要是运营商强大的网络能力。这些能力包含基础的消息、通话、位置服务接口以及高级的多媒体音 / 视频、会议功能等接口，这一举措完成了电信对底层网络复杂性的屏蔽任务，使得个人开发电信业务的门槛大幅降低。

（2）终端侧

Widget 引擎的引入终端侧由运行在手机操作系统上的移动 Widget 引擎和各种具体 Widget 应用构成，可将其视为一类 Ajax 应用。Widget 引擎可以如同浏览器一般完成对 CSS 和标准 HTML 文件的渲染，JavaScript 逻辑代码的转义，以及和网络侧 Widget 业务平台之间交互处理任务。Widget 引擎对终端底层操作系统间的差异性进行了屏蔽，这样可将体验一致的 Widget 应用呈现给用户，并且引擎还可完成对图形、缓存、版面的处理任务，具备实现终端接口、安全管理、系统更新等能力。

（3）Widget 应用运营平台

移动运营商 Widget 这种新的业务形式是通过把 Widget 本身作为 Widget 运营平台的内容进行销售，希望整合 2G 时代 CP、SP 增值业务模式来掌握移动互联网的核心业务，从而转型为综合信息服务提供商。

以 Widget 应用运营平台的建立为中心，运营商一方面投入资金研发具有终端跨平台功能的移动 Widget 手机引擎、建立开发者社区、发放 SDK 开发工具、打通整个支付渠道，以收入分成的方式聚集各类开发者（包括个人、SP 和 CP）合力建设移动 Widget 产业链，另一方面，凭借规模巨大的用户群与多样的支付渠道与各大终端厂商进行应用商店的共建合作，一起做大整个 Widget 市场规模。以中国移动目前投入商用的模式为例，移动 Widget 应用运营模式示意图如图 4.5 所示。

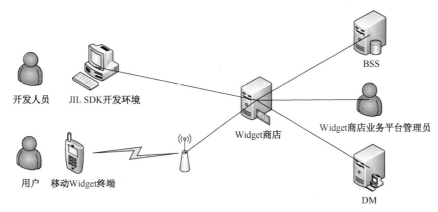

图 4.5　移动 Widget 应用运营模式示意图

综上所述，运营商移动 Widget 业务实现的关键点总结如下。

① 用户方面。

跨平台的移动 Widget 手机客户端能够为移动 Widget 创建一个具有通用性的运行环境，最重要的是引入具有跨越不同手机平台特性的 Widget 引擎，并在其上实现 Widget 客户端。这点可通过以运营商为主体组成的联盟 WAC 组织，制定共同的 Widget 客户端引擎规范来实现。

② 开发者方面。

完善的 SDK 及帮助文档提供可视化开发环境、功能齐全的封装服务。运营商开放的 SDK 可以集成到最常用的 Java 开发工具 Eclipse 中，并且有详细的参考手册，方便开发人员进行开发。

③ 电信网络方面。

向互联网开放技术转型，提供开放的电信能力，把复杂而强大的电信能力通过封装成 Open API 的形式对外开放，使得电信能力和丰富的 Web 应用相结合，在网络技术层面上解决 Widget 网络应用的问题。

2. 移动 Widget 应用分类

移动 Widget 根据呈现的形式可分为 3 种：手机桌面、锁屏上的浮动 Widget；手机菜单动态图标、动态背景、动态交互界面；全屏方式。根据应用，可分为以下几种。

（1）本地应用

无须扩展 JS API（脚本语言、应用程序编程接口），无须联网，如本地小游戏、计算器、时钟等。

（2）联网应用

无须扩展 JS API，需要联网，如股票信息、天气预报、新闻等。

（3）移动终端特色应用

一种是需扩展 JS API 而无须联网，例如短信发送、语音呼叫等；另一种是通过 BAE（基于浏览器技术的应用引擎）实现，例如离线浏览、个人相册、通信录访问等。

（4）运营商特色应用

一种是运营商现网业务，例如飞信、音乐随身听等；另一种是融合应用，例如基于位置的天气预报等。

从形式上来说，Widget 对现有移动增值业务客户端应用形式是一种有益的补充，而不是革命性的替换。由于 Widget 的交互和业务逻辑主要通过 JavaScript 实现，因此若应用逻辑复杂，涉及第三方协议栈、业务状态迁移的应用就不太适合使用 Widget 实现，Widget 更适合一些逻辑简单、功能相对具体单一的小应用。

运营商发展移动 Widget 应用具有以下好处：用户可以方便地通过移动终端获取个性化的信息或使用个性化的网络服务，提升移动互联网的数据应用流量；运营商可以掌握用户行为、特征数据，以便为用户推送精准的广告，获取广告收入；运营商可以通过 Widget 商店销售正版音乐、视频、游戏，获取销售分成等。

3. 移动 Widget 应用中的关键技术

（1）基本框架

依托 Widget 引擎，移动 Widget 成为一种可以运行在差异化终端的应用程序，从 Widget 应用更新数据的途径来说，它既可以从本地终端获得如 GPS 位置变更的信息，也可以从互联网获得如实时股票数据变动的信息，而最终的目的是帮助终端用户更快捷地享用各类本地应用或网络服务。

在终端侧运行的 Widget 应用是由标准的 Web 技术开发而成的，主要包括由 HTML 设计 Web 页面来表示内容、由 CSS（级联样式表）来设计布局，以及由 JavaScript 脚本来实现逻辑等，其中涉及的 Web 技术主要包括 HTML、XML、JavaScript、CSS、Ajax 等，下面就对这些技术做概述性介绍。

客户端移动 Widget 应用架构如图 4.6 所示。

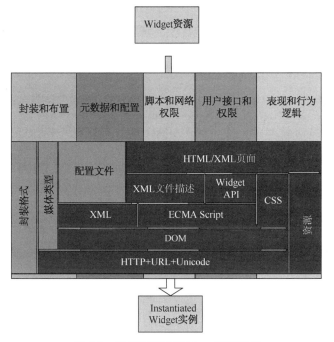

图 4.6 客户端移动 Widget 应用架构

（2）具体技术

1）HTTP

HTTP（超文本传输协议）是一个应用级端到端的网络通信协议，它的基本特征是具备通用性质和无状态属性。在支持该协议的客户端与服务器系统之间经由HTML 文档的形式来完成端到端的信息传输。

一个典型的 HTTP 会话就是指在客户端与服务器之间的网络上发起的一次请求和响应的过程，完整的端到端 HTTP 连接过程示意图如图 4.7 所示。它由网络中的客户端发起请求，建立一个 TCP（传输控制协议）连接到服务器指定的服务端口[31]。在服务器侧则不断监听此端口的用户请求并返回响应，通过这种方式就建立起一个端到端的连接。

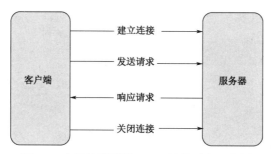

图 4.7　完整的端到端 HTTP 连接过程示意图

2）HTML

HTML（Hyper Text Markup Language，超文本标记语言）是为创建网页和其他可在网页浏览器中看到的信息而设计的一种标记语言。HTML 作为定义万维网技术的基本规则之一，最初由 Tim Berners-Lee 于 1989 年在欧洲核子研究理事会创建。

简单来说，HTML 是一类为常规文件中部分语句添上标记的语言，其作用是依靠标记（Tag）使文件在浏览器中达到预期的显示效果。HTML 作为在万维网上对文档进行浏览和发布的一种基本格式，其拥有众多特点，包括超文本链接、脱离平台约束的独立格式、设计上的结构化等，促成其成为标准文档格式在万维网中广泛使用。基于上述考虑，HTML 必须具备以下特点。

● 独立于平台，即独立于计算机硬件和操作系统；
● 超文本，允许文档中的任何文字或词组链接另一个文档，这个特性允许用户在不同计算机中的文档之间及文档内部进行切换浏览；
● 结构化文档的精确化，这就使得某些高级应用成为可能，其中包括对文本数据库的搜索以及解决 HTML 格式文档和其他形式文档间彼此转换的问题。

3）CSS

CSS（Cascading Style Sheets，级联样式表）在 W3C 标准中被定义为"一种对Web 页面进行外观控制的机制"，同 HTML、JavaScript 一样，是三种用于 Web 开发的前端技术之一。

CSS 可以为 Web 设计带来全新的构思空间，提供平面 HTML 所不具备的功能和灵活性。用户能够运用它声明 Web 浏览器如何显示文档。这种语言广泛应用于 Web，并且能够应用到 HTML 及基于 XML 的更新语言中。对 CSS 进行应用后，使用者可以通过对布局、颜色、字体、链接和图形等众多元素的改变来控制 Web 页面的呈现。级联样式表最主要的功能是完成对 HTML 中图形、文本、标记以及多媒体等内容部分与具体呈现形式之间的分离。

级联样式表语言是在万维网联盟（W3C）的主办下，由网络开发者和浏览器程序员协作完成的。由级联样式表工作组发布的 W3C 建议是用于 CSS 语言的共同官方规范。迄今为止，已经发布了 3 套完整的 CSS 建议：级联样式表级别 1（CSS1）、级联样式表级别 2（CSS2）以及级联样式表级别 3（CSS3）。

① 当 CSS 用于 HTML 页面文本格式和颜色修改时，可以用来产生很多文本效果，例如：

    a. 选择特殊字体和字体大小；

    b. 设置粗体、斜体、下画线和文本阴影；

    c. 改变文本颜色和背景颜色；

    d. 改变链接的颜色，删除下画线；

    e. 缩进文本或使文本居中；

    f. 拉伸、调整文本大小和行间距离。

② 当 CSS 用于改变整个页面的外观时，从 CSS2 开始引入 CSS 的定位属性。运用该属性，用户不使用表格就能够格式化网页，例如：

    a. 设置背景图形，控制其位置、排列和滚动；

    b. 绘制页面各部分的边界和轮廓；

    c. 设置全部元素的垂直和水平边距，以及水平和垂直填充方式；

    d. 生成图像周围甚至是其他文本周围的流动文本；

    e. 在虚拟画布上把页面部分定位到精准位置；

    f. 重新定义 HTML 表、表单和列表的显示方式；

    g. 以指定的顺序在各元素顶部将它们分层放置。

③ 当 CSS 用于完成动态操作时，可以创建相应用户的交互式设计，例如：

    a. 鼠标放在链接上的效果；

    b. 在 HTML 标签之前或之后动态插入内容；

    c. 自动对页面元素编号；

    d. 在动态 HTML 和异步 JavaScript 与 XML 中完成交互设计。

4）JavaScript

以 ECMAScript 为核心并且配合 DOM（Document Object Model，文档对象模型）

和 BOM（Browser Object Model，浏览器对象模型），三者结合起来构成一个 JavaScript 实现整体。ECMAScript 可以为不同的宿主环境提供核心的脚本编程能力，因此核心的脚本语言是与任何特定的宿主环境分开进行规定的[32]，借助 Web 浏览器以及其他多类环境，ECMAScript 将自身实现容纳其中。

在 ECMAScript 中，分别对对象、关键字、语法、保留字、类型、运算符、语句等做了描述，完成了对脚本语言中用到的所有对象、属性和方法的定义。其他语言可以通过实现 ECMAScript 来作为功能的基准，JavaSript 就是如此。并且各类浏览器都有其本身对 ECMAScript 的接口实现，继而对该实现进行了不同程度的扩展，其中就包括 DOM 和 BOM 两者。

DOM（文档对象模型）是 HTML 和 XML 的应用程序接口（API）。页面作为一个整体被 DOM 以文档形式划分为不同的节点层次。而 XML 或 HTML 页面中各个组成都将作为某个节点的衍生体。使用构造树的方法来完成文档的表示，即可令开发人员获得强大的控制文档结构与内容的能力。用文档对象模型 API 可以轻松地删除、添加和替换节点。

DOM Level 1 是 W3C 于 1998 年 10 月提出的，它由两个模块构成，即 DOM Core 和 DOM HTML。前者提供了基于 XML 文档的结构图，以方便访问和操作文档的任意部分；后者添加了一些 HTML 专用的对象和方法，从而扩展了 DOM Core。

DOM Level 1 只有一个目标，即规划文档的结构。而 Level 2 的 DOM 在用户遍历、范围、界面事件以及鼠标等方面扩大了有效支持，另外引入对象接口补充了支持 CSS 文档的能力。由 Level 1 引入的原始 DOM Core 也加入了对 XML 命名空间的支持。

DOM Level 3 在加载、验证以及保存文档等方面加入了一致性方式实现的方法，进而更易对 DOM 进行扩展。在 Level 3 中，DOM Core 被扩展为支持所有的 XML1.0 特性，包括 XML Infoset、XPat 和 XML Base。

BOM（浏览器对象模型）可以对浏览器窗口进行访问和操作。使用 BOM，开发者可以移动窗口、改变状态中的文本以及执行其他与页面内容不直接相关的动作[33]。DOM 可以对浏览器窗口进行访问和操作，并且浏览器常用的特殊功能 JavaScript 扩展都属于 BOM 的组成部分，其中包括：弹出新的浏览器窗口、移动关闭浏览器窗口及调整窗口大小、提供 Web 浏览器详细信息的导航对象、提供装载到浏览器中页面的详细信息的定位对象、提供用户屏幕分辨率详细信息的屏幕对象等[34]。

4.2　移动 Mashup 技术

Mashup 一词起源于音乐，即把来自两种或两种以上歌曲的音乐片段组合成一首新歌。它是指当今网络上新出现的一种网络现象，利用它，即使是没有任何编程技能的普通网民也可以编写程序。Mashup 作为一种交互式 Web 应用程序，利用从外部数据源检索到的内容来创建全新的 Web 服务。它具有 Web2.0 的特点，同时体现了 SOA（Service Oriented Architecture，面向服务的体系结构）的"把服务送到用户手中"的理念。与传统的应用相比，它是一种基于网络的、可复用的、轻量级的内容集成。Mashup 的出现使得开发更加方便，随着越来越多的信息提供者公开自己的 API，用户变成开发者加入到开发 Mashup 的队列中，各种新型的 Mashup 应用因而在网络上出现。

4.2.1　移动 Mashup 概述

1. 移动 Mashup 的概念

在网络数字技术领域中，Mashup 意指将不同来源的数据和不同的功能无缝地组合到一起所衍生发展出新的、集成的网络服务应用，从而提供独特的用户体验。迄今为止，它没有准确的定义。

在 Web2.0 时代，Mashup 就是一些程序开发者以 Google Map、Amazon 和 Flickr 等各式网站开放的若干程序代码，结合自己的创意和一些现成的元素（API），就像堆积木一般，以最小的时间成本，打造出整合性的新服务。著名的新兴相簿网站 Zooomr（http://beta.zooomr.com/）便是一位 17 岁的高中生泰得（Kristopher Tate），整合了 Google Map 和 Tag 技术所打造的。根据著名的 Mashup 观察网站 Programmable Web 统计，世界上存在 1600 多个 Mashup 网站，其中 50% 与 Google Map 有关，10% 左右跟 Flickr 有关，10% 与 YouTube 有关。

维基百科认为，在 Web 开发中，Mashup 是网页或应用程序，结合两个或多个外部资源的数据或功能，以创建一个新的服务。Mashup 一词意味着简单、快速集成，通常利用开放 API 和数据源产生结果，这个结果不是生产源数据的最初原因[35]。

Mashup 作为当前热门的 Web2.0 技术，是一种令人兴奋的交互式 Web 应用程序，利用了从外部数据源检索到的内容来创建一个全新的服务。它把 Web 服务和像 Ajax 这样的工具进行融合，提供一种新的应用软件开发模式[36]。这种简化开发难度的模式，在一定程度上会减少企业和客户的应用难度，加大双方的交互性。

Mashup 是一种新的应用程序类型，这种类型的应用程序将两种或更多资源（资源可以是数据，也可以是其他应用程序或者站点）组合到一个集成的站点中。通过数据提取、数据输入、数据可视化、调度与监视等活动，Mashup 可以实现前人所想而无法实现的功能。也有研究者认为，Mashup 是一种精神，混合搭配不同来源间的内容或信息，创造出来一种全新整合的服务[37]。

Housingmaps.com 被认为是 Web 的第一个提供 Mashup 服务的网站，由独立程序员 Paul Rademacher 创建，利用来自 Google Maps 的制图数据，将地理位置信息添加到 Craigslist.com 网站的房地产数据中，从而创造一个新的独特网络服务，而最初任何来源都不提供这一服务。Housingmaps.com 为 Craigslist 增添了新的功能，能够在地图上显示出具体房屋的所在位置，而不是某个地区房屋租售的所有信息。以公寓搜索为例，图 4.8 所示的 Housingmaps.com Mashup 运作示意图直观地说明了一个 Mashup 应用程序的内部运作方式。

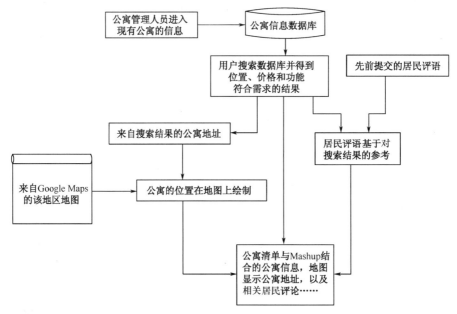

图 4.8　Housingmaps.com Mashup 运作示意图

其实在 HTML 先前的版本中早有 Mashup 的概念——将图片提供视为一种服务，一个网页中的文字与图片可以来自不同的网站，一个图文并茂的网页就是一种原始的 Mashup[38]。Mashup 未必需要很高的编程技能，只需要熟悉 API 和网络服务工作方式都能进行 Mashup 开发。很多公司例如 Microsoft、Google、eBay、Amazon、Flickr 和 Yahoo 都为此提供了开放接口。

iGoogle 自定义网站也是一种 Mashup。该服务让使用者按照个人的喜好方便地定制和整合不同来源的信息，使之成为个性化的门户。而目前 Web2.0 领域的人气明星 Twitter 也激发了各种 Mashup 应用：通过 Virtual Earth 的 Mashup 可以实时显示在这个星球上刚刚更新的 Twitter 消息；通过 30Boxes 的 Mashup 在进行网上日历管理的同时分享信息到 Twitter Timeline 上；还有时刻追踪好友动向的 Mashup TwitterSpy。

总体上看，目前在 Web 开发领域对 Mashup 有一个统一的认识，即 Mashup 是一个整合不同来源的内容以提供统一集成化体验的 Web 站点或应用程序。具体在技术上来说，Mashup 可以是一个网站或是一个网络应用程序，通过混合搭配不同来源的内容或信息而创造出来的一种全新服务。而所谓的内容可能是通过公共接口或由第三方所提供，也有可能是由 RSS/Atom 所提供，视内容不同选择适当的混合搭配方式。时至今日，正如 Blog 对在线发表文章掀起革命性的改变一般，Mashup 也同样大大改变了网络服务的发展，它允许用户能自由组合现有信息，以更新更富创造力的方式提供新的网络服务。

　　笔者比较同意这样一种 Mashup 定义，即 Mashup 并不专指某一独立的技术，而是 Web2.0 的一种新的应用形式——通过调用不同数据源来封装独具特色的服务，给网络环境下的用户提供在多种数字资源之间无缝漫游的全新体验[39]。Mashup 体现了信息的交互与共享，具有鲜明的 Web2.0 特征。这个定义给出了 Mashup 的主要特征和应用现状，有利于人们从总体上把握 Mashup 迄今为止的发展面貌，也有利于对 Mashup 的进一步探讨。

2. 移动 Mashup 特征

　　信息数据整合功能强大的 Mashup 技术具有易用、灵活的特点，在工业界和互联网中被广泛应用。来自不同站点的内容和服务集成在一起，实现了 1+1>2 的效果，增值的原因就是在 Mashup 的过程中产生了新的应用，或者说是在 Mashup 的过程中引入了"混搭者"的智力价值。在信息集成领域，Mashup 技术与传统的信息数据集成方案之间具有以下特点。

　　（1）对系统平台的需求方面

　　基于传统的信息集成策略需要平台或底层系统的接口层的支持，集成成本相当高昂。Mashup 技术可以轻易地聚合已有的服务和信息数据，集成过程相当简便，从而有利于进行业务敏捷开发，快速满足人们多变的业务需求。

　　（2）对新功能增加、新特性的扩展方面

　　传统的信息数据集成策略由于模块间耦合紧密，一个微小的业务变动，可能引起多个模块甚至整个系统的编程修改，可扩展性差。Mashup 技术采用松散耦合的方式来集成信息，极大地提高了 Mashup 服务应用的兼容性和伸缩性。

　　（3）底层集成技术支撑方面

　　在传统的信息数据集成策略中，不同的数据源拥有不同的系统平台支撑，集成技术通常采用不同的中间件，从而增加了二次集成的困难。Mashup 技术以面向服务的体系架构（SOA）为基础设施来集成原有系统，以服务方式封装遗留系统实现松散耦合。

　　（4）展现层支持方面

　　传统的信息集成策略往往注重数据上的集成，数据显示会采用第三方图形用户界面程序（GUI）处理，每一次更新数据，整个图形用户界面需要做相应处理。基于 Mashup 技术可以实现在展示层面上的集成，使用 Ajax、CSS 技术，当数据更新时不用重新加载整个页面，动态性强。

3. 移动 Mashup 分类

根据 Web 程序中 Mashup 技术的应用层次，可以将 Mashup 分为以下 5 种[40]。

（1）表现层 Mashup（Presentation Mashup）

这是最浅层的混聚形式，仅仅是将不同来源的数据和信息（甚至是简单的 HTML 内容）放置在一起。当前的很多 Ajax 应用和组织门户站点都采用了这一模式。

（2）客户端数据 Mashup（Client-side Data Mashup）

将来自远程 Web 服务和数据源等混聚在一起，并对其进行客户端程序编写，使之按特定需求以特定的形式呈现，比如将信息发布者的地址信息转换为地理信息并在地图上显示。

（3）客户端软件 Mashup（Client-side Software Mashup）

采用这种混聚方式可在浏览器中通过客户端程序设计，使不同的 Web 应用程序组接到一起，构建成全新的基于浏览器的应用软件。

（4）服务器端软件 Mashup（Server-side Software Mashup）

该方式指在构建 Web 应用程序时使用外部站点的 Web 服务的混聚方式。使用当前开放的大量公共 API，开发者可以使用一些 API 来构建一些外围应用，而将主要精力集中到核心业务设计上。

（5）服务器端数据 Mashup（Server-side Data Mashup）

这一层次的混聚主要解决来自不同厂商的数据库产品及不同站点间提供数据的混聚。在当前使用语义 Web 技术（如 RDF、Rss、Atom）用某一个元数据增强另一个元数据，从而使数据变得有意义，最终使数据变得适合进行自动化、集成、推理和重用，是一种很好的解决方式[41]。

4.2.2　移动 Mashup 工作原理

1. 体系结构

传统的 Mashup 系统由 3 个部分构成：Mashup 内容提供者、Mashup 服务器和用户浏览器，移动 Mashup 体系结构如图 4.9 所示。

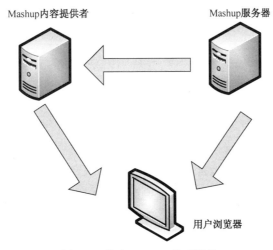

Mashup内容提供者　　　　　　　Mashup服务器

用户浏览器

图 4.9　移动 Mashup 体系结构

（1）Mashup 内容提供者

Mashup 内容提供者可以是开放 API 的网站或者任何提供用户所需数据的网站，它的作用是提供用户所需的数据。作为 Mashup 内容提供者，为了使用户可以方便地获取数据，Mashup 内容提供者通常会使用 Web 协议（例如 REST、RSS）对外提供自己的数据内容。在某些情况下，很多网站并没有开发自己的 API，若要获得这些网站的内容，可以通过一种叫作屏幕抓取（Screen Scraping）的技术完成。

所有的政府网站和公共领域的 Web 站点都要采用这种方式来获取用户所需数据。所谓的屏幕抓取并不是通过截图来获取网站的内容，而是通过分析网页的 HTML 结构进行节点数据的分析，从而获取用户索取内容。随着 Web2.0 的发展，越来越多的公司或网站加入到开放自己 AW 的队伍中来，以求发现新的盈利模式。目前，用户的选择余地越来越多，如 Yahoo、eBay、Amazon、Google 都提供了自己的 Web 服务 API，另外一些刚刚起步的小网站也会公布自己的 API[42]。

（2）Mashup 服务器

Mashup 服务器负责聚合各个 Mashup 内容提供者提供的数据。Mashup 服务器把各个 Mashup 内容提供者提供的数据封装成标准组件，并响应用户浏览器对这些组件的调用[43]。

目前，Web 应用程序的实现有两种方式：传统的 Web 应用程序和富互联网应用程序（Rich Internet Application，RIA）。传统的 Web 应用程序依靠诸如 JSP、ASP 等服务器端的动态内容生成技术，网页的执行逻辑由服务器负责。RIA 恰好与之相反，网页的执行逻辑主要在浏览器端执行。RIA 通过运行 JavaScript 或 Applet 脚本完成 Mashup 内容提供者 API 的调用和资源的聚合，以这种方式运行的 Web 应用交互性更强、界面更加人性化。在 Web2.0 时代，互联网更加侧重于用户体验和人机交互，因此 RIA 这种可以为用户提供更加人性化的交互方式的 Web 应用开发方式越来越受到人们的重视。Google 引以为豪的 Ajax 技术就是一种应用非常广泛的 R1A 开发技术。

相对于在服务器端进行数据集成，在客户端进行数据集成可以减轻 Mashup 服务器的压力，因为此时 Mashup 的聚合逻辑在客户端执行，服务器只负责注册组件、发布组件就可以了。而且，客户端采用 RIA 设计，可以提供给用户更好的用户体验，网页可以动态刷新，用户无须刷新整个页面就可以更新内容。目前主流浏览器都支持 RIA 技术，Google Maps 就是在客户端进行数据聚合的一个很好例子。

Mashup 服务器通过调用 Mashup 内容提供者开放的 API 获取所需内容，并根据用户需求将其封装成标准组件。同时，Mashup 服务器负责注册、发布这些组件，这样用户就可以根据自己的需求来选择相应的组件，完成数据聚合。

（3）用户浏览器

在传统 Mashup 中，最终聚合完成的数据是通过浏览器展示给用户的，同时浏览器也承担了用户的交互性工作[44]。目前 Mashup 客户端大都采用 RIA 来实现，这样可以极大地提升用户体验，其动态刷新技术使用户在使用 Mashup 时，就好像在使用一个桌面应用程序。当 Mashup 内容提供者的数据更新时，Mashup 客户端也可以动态地更新网页内容。用户浏览器既可以通过 Mashup 服务器来获取数据，也可以直接调用 Mashup 内容提供者的 API 来获取数据。这是两种不同的数据获取方式，目前许多 Mashup 客户端采用的是这两种方式结合的方式。

2. 数据融合模式

通过上文 Mashup 体系结构的介绍可知，Mashup 数据聚合的逻辑可以发生在两个地方，一个是 Mashup 服务器，另一个是 Mashup 客户端，即用户浏览器。在服务器端聚合的情况下，数据的聚合逻辑发生在服务器端，客户端直接到服务器获取数据即可。而在客户端聚合的情况下，客户端需要和 Mashup 内容提供者通信，以获取数据完成资源聚合。根据数据聚合位置的不同，Mashup 数据融合模式可以分为两种：服务器端 Mashup 和客户端 Mashup[45]。

（1）服务器端 Mashup

服务器端 Mashup 是指数据聚合逻辑发生在服务器端，客户端通过访问 Mashup 服务器来获取所需数据。具体工作过程如下：首先 Mashup 客户端会向 Mashup 服务器请求所需资源；Mashup 服务器在收到 Mashup 客户端的请求后，调用相应 Mashup 内容提供者的 API 来获取所需数据，此时 Mashup 内容提供者可以为一个或多个；然后 Mashup 服务器根据一定的逻辑完成数据的聚合，并把数据返回给 Mashup

客户端。

　　Mashup 客户端（用户浏览器）通过 HTTP 协议向 Mashup 服务器发送数据请求。当 Mashup 服务器收到请求后，通过 Web 协议（例如 SOAP、REST 等）调用 Mashup 内容提供者的 API，Mashup 内容提供者会响应 Mashup 服务器，并返回所请求数据，数据格式可以是 SOAP 或 XML 等。Mashup 服务器得到数据后，进行数据解析聚合等操作，然后把聚合完成的数据通过 HTTP 协议返回 Mashup 客户端。

　　服务器 Mashup 机制如图 4.10 所示。在服务器端的 Mashup 中，Mashup 客户端只负责聚合数据的显示并完成与用户的交互，所有的数据聚合都是由 Mashup 服务器来完成的。这种聚合方式的优点为对客户端的数据处理能力要求不高，减轻了客户端的压力。缺点是当访问量增加时，Mashup 服务器的压力会急剧增大，而且因为资源聚合都由服务器来完成，客户端无法决定聚合何种资源，从而导致 Mashup 缺乏灵活性，用户不能定制自己的服务[46]。

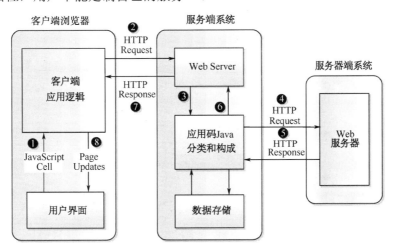

图 4.10　服务器 Mashup 机制

（2）客户端 Mashup

　　与服务器端 Mashup 相对，客户端 Mashup 是指客户端直接调用 Mashup 内容提供者的 API 获取所需数据，并在客户端完成资源的聚合，同时把最终的数据呈现给用户，客户端 Mashup 机制如图 4.11 所示，该图描述了其工作过程。

　　首先，Mashup 客户端通过 HTTP 协议请求 Mashup 内容提供者的内容，当 Mashup 内容提供者收到请求后，返回给客户端相应的数据。Mashup 客户端在接收到数据并完成数据聚合后，使用 JavaScript 等技术将数据呈现给用户。

　　与服务器端 Mashup 不同的是，客户端 Mashup 中数据聚合在客户端完成，这样就减轻了 Mashup 服务器的压力，Mashup 服务器此时只是充当代理的作用。通过采用 Aiax 技术，客户端可以动态更新数据，并且具有良好的交互性和用户体验，最为重要的是用户可以动态定制所需的数据，使灵活性大大提高。

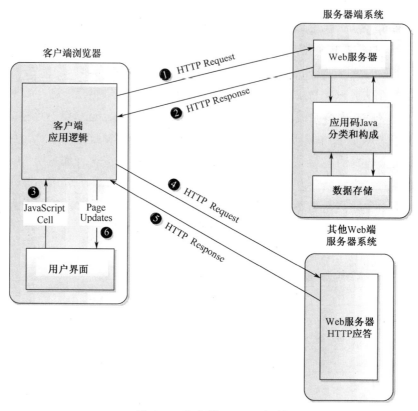

图 4.11　客户端 Mashup 机制

3. 资源获取方式

Mashup 资源获取方式是指 Mashup 内容提供者公开自己资源的方式。随着 Web2.0 的发展，越来越多的公司都公布了自己的 API，比如 Google、百度、Yahoo 等的地图 API，只要用户调用相应的 API 就可以获取相应的地图服务，淘宝、美团等购物网站也公布了自己的 API，用户可以方便地获取网站的数据，并添加到自己的应用程序中[47]。

当前主要的 Mashup 资源获取方式有如下几种。

（1）Web Feed 方式

Web Feed 是基于 XML 的，它可以用于用户个人或公司在不添加任何表现层内容的情况下在 Web 上发布内容。Web Feed 是一种非常高效的信息分发方式，并且变得非常流行，它使得用户能够很容易地从自己的收藏源中读到最新新闻或最近的博客。Feed 的典型代表包括 RSS 和 Atom，凡是通过访问 Feed 来获取数据的程序都可以称为聚合器或 Feed 阅读器。

RSS 是 Web Feed 的典型应用，通过 RSS 这种简单的内容联合，开发人员在不用开发自己的文件格式和传输协议的情况下，即可实现数据聚合。在 Mashup 中，RSS 得到了广泛的应用，许多基于事件的 Mashup 都采用了这项技术，例如目前比较流行的新闻和博客。Yahoo 公司推出的 Yahoo Pipes 是一个利用 Feed 的可视化编辑器，即便是非程序员也可以轻松地使用这个可视编辑器，完成数据聚合。

（2）公共接口 API 方式

API 是软件开发人员提供给用户使用的一组函数，用户只需知道函数名和函数所需要的参数，而无须了解函数的代码结构就可以实现相应的功能。

随着 Web2.0 时代的到来，越来越多的互联网产品走向开放，越来越多的 Web2.0 站点以其开放性、标准化和模块化的设计给用户带来价值，而开放 API 可以使站点拥有更大的访问量和客户群。

Mashup 公共接口 API 是指由 Mashup 内容提供者发布的供用户调用、使用户可以访问自己资源的公共接口。当 Mashup 客户端或者 Mashup 服务器需要某个 Mashup 内容提供者的数据时，就可以通过 Web 协议（SOAP 或者 XML）来请求 Mashup 内容提供者的数据或服务[48]。Mashup 内容提供者在收到 Mashup 客户端的数据请求后，就会把数据返回给相应的请求者。每个 API 都会有相应的调用格式和参数，用户只要遵循相应的规范，就可以获得相应的资源或服务。如今，eBay、Google、Yahoo、Microsoft 等公司都提供了自己的 AW。

（3）REST 协议方式

公共接口 API 是一种以函数形式公布的 API，其调用有一定的复杂性。针对这种情况，以 REST 协议提供资源的方式也占据了非常重要的位置。REST 协议提供了一种更加简单的资源获取方式，Mashup 客户端或 Mashup 服务器只需要了解 REST 的工作原理，就可以轻松获取相应的资源。

REST 的英文全称为 Representational State Transfer，中文译名为表征状态转移，它是由 Roy Fielding 提出来的一种软件架构风格。目前，REST、SOAP 和 XML-RPC 是三种比较流行的 Web 服务设计风格。与其他两种设计风格相比，REST 更加简洁。Amazon 提供的查找服务和 Yahoo 提供的 Web 服务都是采用 REST 风格的设计。

互联网中的资源是由 URI 来确定的，用户通过 URI 获取资源的表征，而 REST 正是从资源的角度来看待互联网的。当用户通过 URI 获得网络资源的表征时，应用程序就会改变其状态，随着资源表征的获取，用户的应用程序不断改变自身的状态，这就是所谓的 REST。与其他叠加在 HTTP 上的机制相比，REST 更加独立于软件，其本身的无状态性有利于提供服务器的扩展性，REST 还可以利用 Cache 来提高响应速度。

（4）屏幕抓取方式

除了以上几种 Mashup 内容提供者公开自己内容接口的情况，Mashup 在遇到没有提供接口的情况时，只能使用屏幕抓取技术。通过屏幕抓取技术，软件开发人员通过解析网页的 HTML 结构，提取出用户感兴趣的数据，然后完成数据聚合。特别是一些政府、公共事业单位的网站，它们不提供对外开放的接口，开发人员只能通过屏幕抓取来获取数据[49]。

然而使用屏幕抓取方式会对 Mashup 内容提供者的网站模型形成依赖，当 Mashup 内容提供者的网站模型改变时，开发者也必须改变自己的抓取方式。但 Web 站点不可能是一成不变的，它总会周期性地改变外观等，这会导致开发者需要不断改变自己的抓取方式。

4.2.3　移动 Mashup 应用

1. 移动 Mashup 应用领域

移动网络可以随时随地获取位置信息，结合其他相关信息可以开发出很好的应用，如把位置信息、电子地图、交通信息与其他信息结合起来，可以开发紧急救援的应用；把旅游景点信息结合起来，也可以开发出很多导游方面的应用。当然还有很多其他涉及广告、儿童监护方面的应用等。

目前移动网络中的 Mashup 应用主要有基于位置的 Mashup 应用和收费组件 Mashup 应用等，下面分别予以说明。

（1）基于位置的 Mashup 应用

基于位置信息的 Mashup 应用可以通过 AGPS 或者 GPS 随时随地等获得用户的位置信息，同时结合其他应用聚合可以开发出以下应用。

- 紧急救援：位置信息 + 电子地图 + 交通信息 + 其他通信能力。
- 移动导游业务：位置信息 + 本地电子地图 + 旅游景点信息。
- 地域广告：位置信息 + 产品信息。
- 老人儿童监护：位置信息 +电子地图 + 医院信息等。

（2）收费组件 Mashup 应用

收费组件 Mashup 应用主要通过移动网络的计费功能，对互联网上的业务进行代计费，可以开发出如移动网络 SP 网站计费、各种小额支付等应用。

除此之外，可以把 Mashup 生成的内容、互联网的内容以及现有移动网络的通信能力、业务应用（如短信、彩信、WAP PUSH、语音输入、视频通话、POC、流媒体、手机电视等）相结合，开发出更加丰富的 Mashup 应用。例如，定向广告递送、Web 点击通话、Web 电话会议等，充分满足用户个性的需求，这些都有非常广泛的应用前景。

2. 移动 Mashup 应用中存在的问题

互联网 Mashup 应用在移动网络中还存在许多问题，基于移动网络的 Mashup 应用需要关注的关键问题包括用户数据安全、网络安全、鉴权体系和计费策略等[50]。

（1）用户数据安全

用户数据安全涉及保护用户隐私的问题。Mashup 强调的是开放性，这与保护用户隐私有相互矛盾的地方。在移动网络上有很多相关的用户信息，有些是非常敏感的。在用户数据应用过程中，如何使用用户数据，而且还不侵犯用户的隐私成为最重要的问题。

对用户信息安全性的管理主要是区分用户数据是否为敏感信息。对于用户的位置信息、联系人电话号码簿、用户话单消费信息等敏感信息需要重点保护，不应该直接对外开放，但对于敏感信息可以重新评估加以利用（如通过微码技术来使用），这样运营商就可以使用这些特有信息构建 Mashup 应用。对于用户终端型号库、用户定制彩铃信息库等其他不敏感信息，则可对外开放直接应用，通过不同的考虑机制来进行引用，从而做到既能基于数据开发融合应用，又能够保护用户的隐私。

（2）网络安全

移动网络的核心网相对比较封闭，移动互联网应用将使通信核心网络更加开放，因为在物理链路上已经互联，因此将直接面对黑客、病毒的攻击，存在移动互联网的网络安全问题。同时大量互联网用户直接渗入移动网，也将给网络带来非常大的冲击。建议网络资源应该采取有步骤开放，确保核心网络的安全。同时对能力的调用进行严格管控，加强各个域（尤其是 PS 域）的通信质量的保证，尽量避免用户量激增带来的网络问题。

（3）鉴权体系

基于移动网络的 Mashup 应用需要有一个完备的鉴权体系，也是安全保证的关键。主要有两方面的鉴权：Mashup 应用鉴权，包括业务鉴权和用户身份鉴权；开放 API 使用鉴权，包括对调用者身份、用户身份鉴权。一个灵活的运营策略需要对 Mashup 用户、通信能力的调用者进行分析，适当地引入广告业务来减免或者降低 Mashup 的使用费用。

（4）计费策略

灵活的计费策略也是关键。开放的用户数据以及开放的网络通信能力都需要运营，用户及网络的各种行为数据也需要运营，如对用户数据开放 API 的调用者收费，对 Mashup 应用使用者收费，各种通信能力作为通道需收取相应的通信费用，对开放的通信能力 API 的调用者收费。通过对用户的行为数据进行分析，引入广告业务，实现营收。与广告业务结合，可适当降低 / 减免 Mashup 应用使用者的使用费。

3. 移动 Mashup 应用中的关键技术

（1）Web 协议：REST 和 SOAP

REST 是 Representational State Transfer 的缩写，它更像是一个结构样式，而不仅仅是一个规范，它仅使用 HTTP 和 XML 进行基于 Web 的通信。该协议简单，没有严格的配置文件，因此能够很好地和 SOAP 协议隔离开来，备受开发者关注。从根本上来说，REST 只支持几个操作，包括 GET（读操作）、POST（创建）、DELETE（删除）、PUT（更新服务），这些常用操作适用于所有的消息。另外，REST 协议除了上述的接口简单的特点，还具有一定的伸缩性和可信赖等优点，这使得越来越多的服务提供商提供对 REST 的支持，如 Yahoo、Amazon 和 Google 等。

SOAP 最初是 Simple Object Access Protocal 的缩写，现在则是 Services Oriented Access Protocal 的缩写。定义名称的变化反映了该协议的重点已经从过去基于对象系统转向了消息交换的交互操作。目前在用的 SOAP 协议中有两个关键组件使用得比较多：第一个组件是使用 XML 技术进行的编码，由于 XML 独立于任何平台，因此这种编码能够解决协议的跨平台应用问题；第二个组件则包括特定格式的消息结构，SOAP 中的消息结构包括消息头和消息体。其中，消息头用来交换消息体的相关信息，消息体则用于封装应用程序特有的负载。

（2）屏幕抓取（Screen Scraping）

当前，互联网上的绝大多数数据都是以 HTML 方式呈现的，HTML 页面在组织内容时，采用的是半结构的方式，即数据本身与数据呈现方式是混合在一起的，这样的数据组织形式无法供其他应用程序有效聚合信息，产生信息的增值应用。为了解决这一问题，越来越多的企业，如 Google、Amazon、eBay 等都对外提供结构化的数据供第三方调用，但这样的开发数据目前相对还比较少，依旧有很多数据隐藏于半结构化的 HTML 文档当中，屏幕抓取（Screen Scraping）的作用是将数据从这些半结构化的 HTML 文档中提取出来，并以结构化的方式（如 XML、JSON 等格式）对外发布，数据经过这样的处理后就可以被调用了。

屏幕抓取被认为是一个有争议的解决方案，它主要存在两个缺点：第一，在抓取网页内容时，信息源和信息的聚合方没有明确的联系，也就是说，在处理信息时，抓取者必须根据信息源的特点设计抽取方法与工具，一旦该信息源数据改变，之前设计的聚合方法就会出错；第二，屏幕抓取目前尚缺乏比较成熟的抓取工具和软件，这就给目前的 Mashup 开发人员带来了过多的开发工作，也在一定程度上加大了Mashup 开发的难度，影响了 Mashup 的推广与应用。

（3）RSS 和 Atom

Mashup 程序可以使用 RSS 和 Atom 来聚合数据。RSS 是 Really Simple Syndication 的缩写，它是一种基于 XML 的消息格式规范。目前，RSS 主要用于新闻资料更新型站点，如新闻、视频、音频及 Blog 等。在文件格式上，RSS 包含了待发布文章的全文及 RSS 发布者添加的其他信息，这样用户就可以根据需要订阅或者聚合不同的数据源。例如，用户可以在自己的博客系统中添加新闻新浪 RSS 源来获取新浪的分类新闻。RSS 这些结构化的特征深受 Web 开发人员的喜爱。

由于 RSS 的版本、规范的差异，使得 RSS 的发展遇到了一定的麻烦。在这种情况下，2003 年 6 月，一种新的用于博客和聚合的数据格式——Atom 出现了。Atom也是与 RSS 类似的聚合技术，由于出现的时间较晚，因此没有 RSS 的版本混乱问题，并且在可拓展性上有了改进，这使得 Atom 类似于 RSS 的优化版本，在很大程度上促进了聚合技术的发展。

4.3　移动 Ajax 技术

随着各种网络技术的迅速发展，互联网的发展经历了翻天覆地的重大变革，它已经成为商业贸易和信息的中心。从诞生之日起，我们看到过许多新方法和新技术陆续登场，从开始的图形化浏览器到如今的 Podcast（播客，也称自由播、随身播）、Blog、RSS，等等。今天，互联网已经成为大量应用的首选平台，人们对 Web 系统的依赖程度越来越高。毋庸置疑，如今 Web2.0[51]时代已经到来。Web 技术飞速发展至今，经历了无数的风雨。十几年来，Web 技术由最初的静态网页逐渐被动态网页所替代，从简单的文字图片组合进化到与多媒体信息的融合，经历了 HTML 版本的不断提升、XML 的出现、VBScript 和 JavaScript 等客户端脚本语言的演化，服务器端的脚本语言也从最初的 CGI 和 ASP 发展成由 ASP.ret、PHP、JSP 等技术组成的多元化 Web 技术体系。

Ajax[52]作为 Web2.0 领域的技术热点，在很大程度上提高了用户体验。Ajax 已经成为开发以用户为中心的 Web 应用程序的事实标准，是用户体验的一次革命性进步。用户体验逐渐成为吸引并留住用户的核心要素，也间接决定了网站的生产力和收益。因此，如何更好地发挥浏览器平台的潜能和优势、提供更加丰富的用户体验、提供更多个性化支持、加强交互性等问题在 Web 应用研究领域中引起人们的更多关注。

Ajax（Asynehronous JavaSeript and XML）是结合了 CSS、XML 以及 JavaScript 等编程技术，可以让开发人员构建富客户端的 Web 应用，并打破了使用页面重载的惯例。Ajax 是使用客户端脚本与 Web 服务器交换数据的 Web 应用开发方法，通过使用该方法，Web 页面不用打断交互流程进行重新加载，就可以动态地更新。使用 Ajax，用户可以创建接近本地桌面应用的直接、高可用、更丰富、更动态的 Web 用户界面。使用 Ajax 的异步模式，浏览器就不必等用户请求操作，也不必更新整个窗口就可以显示新获取的数据。只要来回传送采用 XML 格式的数据，在浏览器里面运行的 JavaScript 代码就可以与服务器进行联系了。

由于 Ajax 技术的诸多优点及其应用的适应性，越来越多的技术人员在 Web 中采用 Ajax 技术来提高交互性和用户体验，减轻服务器负担，提高服务器的有效吞吐量。但是，在 Web 开发领域中，Ajax 并非唯一可满足市场的技术，并且 Ajax 技术也带来了一系列安全问题，而且在某些情况下，它也不是一种合适的技术。Ajax 还处于发展初期，仍存在着争议和不足。这将引起我们对 Ajax 的重视，思考如何利用 Ajax 构建合理安全的 Web 应用。

4.3.1 移动 Ajax 概述

1. 移动 Ajax 定义

由于 Web 应用存在着先天不足，其交互能力比较弱，无法实现丰富多彩的用户界面，而其同步请求方式常常阻塞用户界面，因而 Web 应用主要为诸如提交表格这样的瞬态应用。

Ajax 技术是由 Jesse James Garrett 于 2005 年 2 月在一篇文章中提出来的，是 Asynchronous JavaScript and XML（异步 JavaScript 和 XML）的简称，是一种创建交互式应用的网页开发技术。它主要包括下列内容。

① 使用 XHTML+CSS 来表示信息。

② 使用 JavaScript 操作 DOM（文档对象模型）进行动态显示及交互。

③ 使用 XML 和 XSLT 进行数据交换及相关操作。

④ 使用 XMLHttpRequest 对象与 Web 服务器进行异步数据交换。

⑤ 使用 JavaScript 将 Web 的各种技术绑定在一起。

⑥ 以 XML 的格式来传送方法名和方法参数。

Ajax 与传统 Web 方式相比，相当于在用户和服务器之间加了一个中间层，使用户操作与服务器响应异步化。传统 Web 应用模型（左）和 Ajax Web 应用模型（右）工作流程比较如图 4.12 所示。

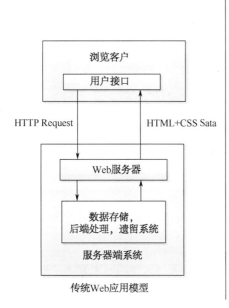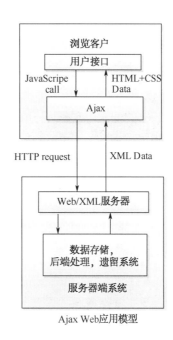

图 4.12　传统 Web 应用模型（左）和 Ajax Web 应用模型（右）工作流程比较

Ajax 技术的提出，就是能在不重新下载整个页面的前提下维护数据，这使得 Web 应用程序更为迅捷地回应用户动作，并避免了在网络上发送那些没有改变过的信息，而且也不需要任何浏览器插件，就可以使 Web 与用户的交互取得很好的效果。Ajax 对 Web 应用功能的大幅提升将直接导致应用模式的改变，尤其对于大型企业的应用来说，Web 模式带来的易用性和可维护性显然具有诱惑力，Ajax 支持的客户端功能提升使得替换传统的操作界面成为可能。Ajax 有数据与样式分离及易于与现有各种技术结合的特点，还具有松散的耦合性、优良的开放性，这些都非常有利于网络信息共享。它的技术特点类似 Web Service，在 Internet 信息共享及个性化交互方面可以得到充分发挥。Ajax 技术所涵盖的内容将包括各类信息管理、网络客服、在线设计、网上交流甚至是在线游戏。由于这些特点，它被认为是 Web2.0 的核心技术之一。

目前 Ajax 已经成为一股推动力，催生了一系列基于 Web2.0 的新服务，包括免费文字处理程序 Writely、电子数据表制作网站 Numsum，以及人们用于编制日程和工作时间表的网站 Voo2do。这些使用 Ajax 技术的网站的出现，已经促使人们开始重新思考互联网和个人计算机之间的关系。事实上，Ajax 也许会导致许多基于个人计算机应用的软件遭到淘汰，进而导致计算机行业中很多领域出现翻天覆地的变化。广受欢迎的图片共享网站 Flicker 已经采用了 Ajax 技术，让用户可以及时为他们的照片加入标题和说明，及时把照片放进自己的收藏影集，或者连续地观看照片。业界的分析师认为，Ajax 之所以重要是因为它让用户使用浏览器直接与 Web Service

进行交互，这是让用户获取 Web Service 的最佳方法。

而国内对 Ajax 的研究刚刚开始，可用的资料还比较少，但是有不少 Web 网站已经纷纷开始应用 Ajax，如国内门户网站网易、新浪的邮件系统等，都采用了 Ajax 技术进行设计，从而加强了交互性，减少了对用户操作的响应时间。为了方便程序员进行 Ajax 的开发，现在不少的组织或机构推出了自己的 Ajax 开发工具，如微软的 Ajax.NET 开发平台、Dojo Forum 的 Dojo 框架、DWR 框架、Prototype 框架等。到目前为止，Ajax 仍在不断发展，许多相关技术层出不穷，种类繁多的新开发框架和组件库的出现在给 Ajax 开发带来很多便利的同时，也使 Ajax 的应用处于一种混沌状态。

2. 移动 Ajax 技术的特点

Ajax 的核心理念在于使用 XMLHttpRequest 对象发送异步请求。最初为 XMLHttpRequest 对象提供浏览器支持的是微软公司。早在 1998 年，微软公司开发 Web 版的 Outlook 时，就已经以 ActiveX 控件的方式对 XMLHttpRequest 提供了支持，当时仅限于 Microsoft Internet Explore。

Ajax 解决方案不是单纯的一种技术，实际上，它由几种蓬勃发展的技术以新的强大方式组合而成。Ajax 包含：

① HTML/XHTML（可扩展超文本标记语言，EXtensible HyperText Markup Language）：主要的内容表示语言，编写结构化的 Web 页面。

② CSS（级联样式表，Cascading Style Sheet）：为 HTML/XHTML 提供文本格式定义。

③ DOM（文档对象模型，Document Object Model）：对已载入的页面动态更新，是进行动态显示和交互的基础。

④ XML（可扩展标记语言，EXtensible Markup Language）：进行数据交互的格式。

⑤ XSLT（可扩展样式表语言转换，Extensible Style Sheet Language Transformation）：用于将 XML 转换为 XHTML，并用 CSS 修饰其样式，从而实现数据和页面显示的完全分离。

⑥ XMLHttpRequest：主要通信代理，用于进行异步数据交互，是实现 Ajax 应用的核心技术。

⑦ JavaScript：是 Ajax 应用在客户端使用的脚本语言，将以上各种技术绑定在一起。

Ajax 需要一个稳定、响应及时的服务器向引擎发送内容，作为必要的服务端处理逻辑，确保向 Ajax 引擎发送的数据格式是正确的。现在流行的 ASP.NET、PHP、Java Servlet 等均可与 Ajax 技术无缝结合。

在 Ajax 解决方案中，除了服务器端处理逻辑作为必要支撑，以上提到的技术都是可用的,但并非全都必须用到。上述的几种技术,除 XMLHttpRequest 以外,所有的技术都是目前已经广泛使用、得到了广泛理解的基于 Web 的标准技术。而 XMLHttpRequest 虽然尚未被 W3C 正式采纳,其实也已经是个事实标准。几乎所有的主流浏览器,如 IE、Firefox、Netscape、Opera、Safari 全部都支持该技术,可以说 Ajax 就是目前做 Web 开发最符合标准的技术。基于上述的所有技术都已经可以在浏览器中使用,因此用户无须安装任何额外的软件,只要装有浏览器就可以运行任何符合标准的 Ajax 应用。这对于 Ajax 技术的普及、降低部署维护的成本是非常重要的。此外,随着浏览器的发展,更多的技术还会被添加进 Ajax 的技术体系之中。

3. 移动 Ajax 技术的优点与问题

（1）移动 Ajax 技术的优点

① 减轻服务器的负担。

Ajax 的原则是"按需取数据",可以最大限度地减少冗余请求和响应对服务器造成的负担。

② 无刷新更新页面,减少用户心理和实际的等待时间。

特别是,当要读取大量数据的时候,不用像 Reload 那样出现白屏的情况,Ajax 使用 XMLHTTP 对象发送请求并得到服务器响应,在不重新载入整个页面的情况下用 JavaScript 操作 DOM 最终更新页面。所以在读取数据的过程中,用户所面对的不是白屏,是原来的页面内容（也可以加一个 loading 的提示框让用户知道处于读取数据过程）,只有当数据接收完毕之后才更新相应部分的内容。这种更新是瞬间的,用户几乎感觉不到。

③ 带来更好的用户体验。

④ 将以前一些服务器负担的工作交由客户端完成,利用客户端闲置的能力来处理,减轻服务器和带宽的负担,节约空间和宽带租用成本。

⑤ 可以调用外部数据。

⑥ 基于标准化的并被广泛支持的技术,不需要下载插件或者小程序。

⑦ 进一步促进页面呈现和数据的分离。

（2）移动 Ajax 技术存在的问题

一些手持设备（如手机、PDA 等）现在还不能很好地支持 Ajax。

用 JavaScript 做的 Ajax 引擎,JavaScript 的兼容性和 debug 都是让人头痛的事。不过目前已经有很方便的 debug 工具可以使用,JavaScript 的兼容性可以使用 Ajax 的开发框架来避开这些兼容性问题。

Ajax 的无刷新重载由于页面的变化没有刷新重载那么明显,所以容易给用户带来困扰——用户不太清楚现在的数据是旧的还是已经更新过的;现有的解决方案有：在相关位置提示、数据更新的区域设计得比较明显、数据更新后给用户提示等。

　　Ajax 对流媒体的支持没有 Flash[53]、Java Applet[54]好。Ajax 技术的使用要适可而止，不可泛滥使用。使用得当则妙笔生辉，反之过度使用很容易让自己系统陷入麻烦之中，系统复杂性剧增，程序也只能用 IE 访问。测试的时候 Ajax 的 javaScript 的 bug 比较多，调试这种错误极不方便，没有好的 JS 的调试器，更看不到实际输出的 html 代码。维护就更不方便，增加新功能后，JSP 文件、标签、JS 后台类库全要维护一遍。

4.3.2　移动 Ajax 工作原理

1. 移动 Ajax 体系结构

（1）传统 Web 应用

　　传统的 Web 应用模型的工作原理是：用户在客户端触发一个连接到 Web 服务器的 HTTP 请求，服务器完成一些相应的处理，再访问其他数据库系统，最后返回一个 HTML 页面到客户端。在服务器返回结果之前浏览器一直处于等待状态，屏幕内容是一片空白，而且有时候会因为服务器繁忙给出错误页面，与桌面型应用程序的响应效果相差甚远。

　　传统 Web 应用模式如图 4.13 所示，该模型具有以下缺点。

- 同样的数据反复在网络上传输，浪费网络资源；
- 同样的数据查询要重复地在数据库中进行，浪费时间；
- Web 服务器要反复参与分页运算，服务器负担过重。

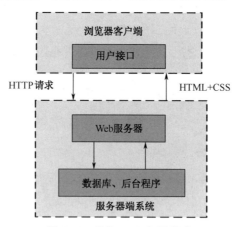

图 4.13　传统 Web 应用模式

　　传统 Web 应用采用同步交互过程，同步 Web 交互模式如图 4.14 所示。在这种情况下，用户首先向服务器触发一个行为或请求。反过来，服务器执行某些任务，再向发出请求的用户返回一个 HTML 页面。这是一种不连贯的用户体验，服务器在处理请求时，用户多数时间处于等待状态，屏幕内容也是一片空白[55]。

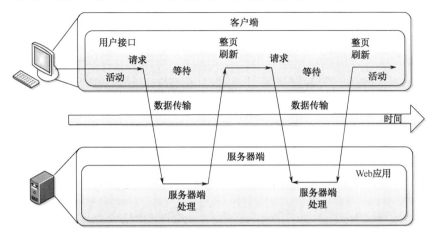

图 4.14　同步 Web 交互模式

（2）Ajax 应用

在基于 Ajax 的应用模型下，并不是所有的用户请求都提交给服务器，像一些数据验证和数据处理的任务交给 Ajax 引擎自己来完成，只有确定需要从服务器读取新数据时再由 Ajax 引擎根据需要向服务器发送异步请求，接到服务器响应后动态更新页面内容，实现无刷新更新页面的效果[56]。

Ajax 应用模式如图 4.15 所示。

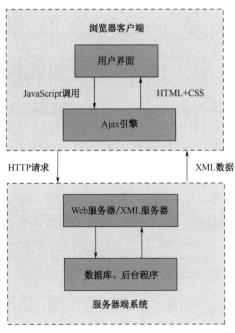

图 4.15　Ajax 应用模式

该模式具有以下优点。

● 减少了数据下载总量；

● 缩短了用户实际的和心理上的等待时间；

● 把资源的浪费降到最低；

● 减轻了服务器和带宽的负担，提高了服务器端的响应效率。

与传统 Web 应用不同，Ajax 采用异步交互过程，异步 Web 交互模式如图 4.16 所示。Ajax 在用户与服务器之间引入了一个 Ajax 引擎，Web 页面不用打断交互流程进行重新加载，就可以动态更新，从而消除了网络交互过程中的"处理–等待–处理–等待"的缺点。

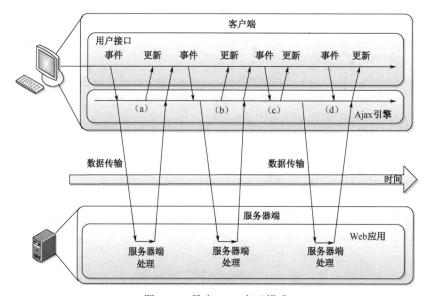

图 4.16　异步 Web 交互模式

在图 4.16 中，流程分为以下 4 个部分。

① 当用户触发一个事件时，Ajax 引擎直接发送请求到服务器端；当服务器响应用户的请求并返回一个新的数据时，更新动作完成。

② 当用户触发一个事件时，Ajax 引擎并不直接发送请求给服务器，之后，其过程和①的过程相同。

③ 当用户触发一个事件时，并不需要发送一个请求给服务器，通过 JavaScript、CSS 和 DOM 就可以完成更新，不需要 Ajax 引擎发送请求。

④ 在用户触发一个特殊的事件之前，Ajax 引擎发送一个请求给服务器，当事件被触发时，信息会被立即更新。

2. 移动 Ajax 开发模式

在基于 Ajax 的 Web 开发模式中，一个 Web 页面已经越来越趋向于一个单独的应用程序。一个 Web 页面可以从多个接口获取数据，并将它们更新在页面中，所有工作都是在后台完成的。设计良好的 Ajax 程序可以告诉用户浏览器正在做什么，让用户可以边等待边完成其他工作。

在 Ajax 中，每个客户端页面不一定对应一个服务器端页面，而可能是由多个服务器端页面共同协作完成该页面所需要的功能。大多数服务器端的页面已经不再是界面表现的工具，而是作为提供数据的接口，XMLHttpRequest 对象能够获取这些页面的信息，并将其提交给客户端页面的 Ajax 引擎，由 Ajax 引擎来处理这些数据并表现到页面上，基于 Ajax 的 Web 开发模式如图 4.17 所示[57]。

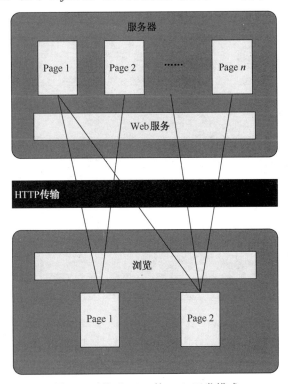

图 4.17 基于 Ajax 的 Web 开发模式

从图 4.17 中可以看到，在 Ajax 中，每个客户端表现的页面可以由多个服务器端页面共同完成，一个服务器端页面可以为多个客户端页面服务。在这样的模式下，每个服务器端页面可以将功能的粒度分得很细，至于这些功能怎么组合，则完全是客户端的事。通过 Ajax 引擎，客户端页面可以根据用户的需求来调用服务器端相应的页面，获取相关数据并显示在页面上。此时许多服务器端页面已经不能称为页面，而应该称为接口。

3. Ajax 工作流程

在基于 Ajax 的 Web 程序中，最为重要的特征就是将同步请求转变为异步请求。

这意味着客户端和服务器端不必再互相等待，而是可以进行一些并发的操作。用户在发送请求以后可以继续当前的工作，包括浏览或提交信息。在服务器响应完成之后，Ajax 引擎会将更新的数据显示给用户，而用户则根据响应内容来决定自己下一步的行为。

　　基于 Ajax Web 程序的工作流程图如图 4.18 所示，由图 4.18 可知，在传统的用户行为和服务器端多了一层 Ajax 引擎，它负责处理用户的行为，并转化为对服务器的请求。同时它接收服务器端的返回信息，经过处理后显示给用户。由于 Ajax 在后台以异步的方式工作，用户无须等待服务器的处理，可以进行并发工作，这就在用户界面层次上更为接近 C/S 架构的客户端平台。

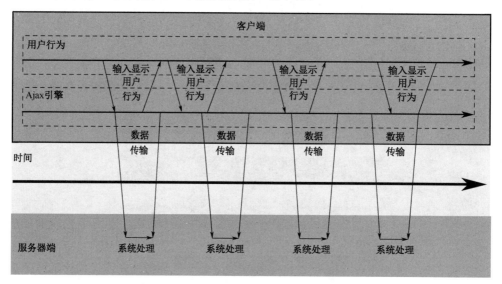

图 4.18　基于 Ajax Web 程序的工作流程图

　　同步和异步只是两种 Ajax 与传统 Web 开发模式区别中的一个。Ajax 还带来了性能的提高，因为用户的行为经过了 Ajax 引擎的处理，使得客户端可以只获取需要的数据。DOM 模型使得动态改变页面的层次结构成为可能，这样动态获取的数据可以动态嵌入到页面之中，避免了数据重复加载带来的速度和效率问题。服务器端的组织形式则可以将功能划分得更细，这样服务器就可以只为有用的数据进行工作，大大提高了运行效率。

4.3.3　移动 Ajax 应用

1. 移动 Ajax 应用场景

　　Ajax 的功能十分强大，最著名的实现体现在 Google 的一系列产品中，如 Google 搜索引擎、Google Maps 及 Gmail 等。其精髓是"按需读取数据"，让用户有极佳的用户体验。目前，典型的应用场景有：数据验证、按需读取数据、自动实时更新页面[58]。

（1）数据验证

在传统 Web 应用的表单用户名唯一性验证中，通常有两种方法。其一，用户全部填完后，把整个表单一起提交到服务器，验证时间长而且给服务器造成不必要的负担；其二，在需要验证的项后添加按钮，用户填入某项后可以单击验证按钮，把项值提交到对应的验证页面进行验证，该方法较前一种方法有所改进，但是需要新开窗口或者对话框，还需要编写专门的验证页面，比较烦琐。而在 Ajax 模式中，通过 XMLHttpRequest 对象发送异步的验证请求，根据服务器的响应信息及时地为用户反馈信息，整个过程提交整个表单，也不需要新开窗口，而且窗口可以动态地显示返回的信息，提供了良好的用户体验。

（2）按需读取数据

分类树或树形结构在 Web 应用中使用非常广泛，如家族、地区、文档的分类。传统 Web 应用模式一般是一次性把整个树形结构数据读取过来，再使用 JavaScript 脚本语言进行操作。但用户往往只对树形结构的某个分支进行操作，那么读取的数据就有相当的冗余，浪费资源。而 Ajax 应用模式是当用户单击某级节点时，只读取并显示对应分类的下一级数据，每次按用户需要读取数据，不出现冗余，因此在提高资源利用率的同时也大大缩短了用户的等待时间。

（3）自动实时更新页面

在传统 Web 应用中，用户为了得到新闻、聊天内容以及股市动态等实时性比较强的数据内容，不得不反复刷新页面，新内容和原已加载的内容都要重新加载一遍，浪费带宽，等待时间较长。而 Ajax 较之传统 Web 应用，其优势格外引人注目。Ajax 模式在页面加载后，通过后台 Ajax 引擎异步地和服务器交互，如果服务器有数据更新，则把更新部分的数据取回，动态更新页面，并以消息的方式告知用户。在减少资源浪费的同时，为用户提供了很好的用户体验。

2. 移动 Ajax 应用典型设计模式

目前，Ajax 应用已经渗透到诸多业务领域，对于不同的应用目的，应当有不同的设计方案。而在 Ajax 的广泛应用实践中，由于缺乏较为一致的设计思路和规范、清晰的体系结构，设计中不规范、不合理的状况相当严重。通过研究 Ajax 的基本设计理论并综合目前大量的应用实践，这里抽象提炼出几种最具代表性的 Ajax 应用设计模式，并将其通称为 Ajax 设计模式[59]。

（1）动态加载模式

在传统 Web 应用中，不存在异步通信的概念，"提交页面—等待响应—全屏刷新"是其固有的交互方式，客户端与服务器之间的每一次数据交换，哪怕只是获取或提交少量的数据，都会促使整个页面的重载和全屏的刷新，用户的操作也会因为屏幕刷新而被频繁中断。对于较为复杂的 Web 应用，由于页面上存在按钮、菜单等可视化元件，交互过程中这些元件一次次毫无意义地重载，不可避免地造成了冗余数据的批量加载，浪费了大量带宽。

Ajax 引入异步交互方式，可以实现交互过程中的动态加载，能够非常有效地避免加载与用户交互无关的冗余数据，从而加快了交互的速度，节省了带宽，使用户体验得到了有效改善。而且，由于异步交互在后台进行，通过对用户请求的异步提交和响应数据的动态加载，避免了提交整个页面和全屏刷新，整个交互过程中不会发生用户操作被阻断的现象。因此，可以将动态加载模式定义为：在 Web 程序中利用 Ajax 技术，采取异步通信方式，根据需要请求获取或提交所必需的数据，并将服务端响应数据或消息以动态方式加载到当前页面中的一种 Ajax Web 应用设计方案[60]。动态加载可视为最基本的 Ajax 应用设计模式，该模式对于提高程序响应速度、改善应用体验、节省服务器资源有着重要的意义。

（2）预见式缓存模式

尽管浏览器本身具有一定的数据缓存能力，但只能针对静态内容，对于时刻变化的动态数据，这种缓存模式会受到一定的限制。因此，需要在数据访问中引入比较智能的策略。预见式缓存模式可以定义为：在涉及庞大数据访问的 Web 程序中，利用 Ajax 来实现一种机制，这种机制通过监视用户的客户端行为，按照预先制定的判断逻辑，对用户下一步可能发出的数据请求进行预载，并将预载请求所得数据进行本地缓存或直接以动态增量的方式呈现到客户端视图界面中。预见式缓存模式重叠使用了动态加载模式，使得用户在浏览服务器端较庞大的数据时，可以获得非常迅速敏捷的响应，甚至能带来"数据持续不断"的用户体验，能够有效改善传统模式下庞大数据访问"卡壳"的状况[61]。

（3）内容分块模式

Web 页面视图的设计大都遵循 CSS 布局原则，即采用层的方式使页面布局更加有序。而传统应用通常以页面为功能单元，页面分块仅对视图进行分割，分块与服务器之间的通信需要提交整个页面。因此，页面能够实现的应用逻辑非常有限，这也成为限制客户端发展的重要因素。

内容分块模式可以定义为：在 Web 应用中利用 Ajax 对页面进行分块设计，每个页面由多个内容分块组成，各分块的动态加载及数据的引用均保持相对独立的运行逻辑的一种 Ajax Web 应用设计方案。Ajax 的页面内容分块模式能够克服传统应用的缺陷。利用 Ajax 分块模式可以实现页面结构的动态调整，使视图组织更加动态灵活，页面各部分的独立实现降低了耦合程度，各内容分块可以单独与服务器进行通信，有效避免了冗余数据的加载。而且，综合各分块可以实现更为复杂的逻辑功能，从而提高程序性能。

3. 移动 Ajax 应用案例

尽管 Ajax 的概念提出的时间不是很长，但目前网络上已经涌现出了许多基于 Ajax 技术的应用[62]。

（1）Google

Google Suggset、Google Maps、Google Gmail 等都是非常值得称道的 Ajax 应用。Google Suggset 设置了输入框的下拉区，可以为用户提供与输入字符相符的提示，帮助用户完成想要输入的搜索字符串。

Google Maps 是结合了地图浏览和搜索引擎的 Web 应用。其地图是基于 Ajax 技术的，用户可以用鼠标拖曳、放大和缩小地图。Google Maps 是由很多小图片栅格化无缝拼接而成的，当用户拖动需要显示新的区域时，新区域的图片将会异步加载。但这个下载数据的过程并不影响用户，用户依然可以继续其他的操作。另外，Google Maps 还提供动态的信息提示，比如某个宾馆位置的详细信息。这些信息是即时获取的，而不是事先下载到本地的，这就是 Ajax "按需获取数据" 原则的一个重要体现。

Google Gmail 的 Web 邮件服务早在 2004 年初推出时，除其大容量之外，最值得一提的就是它具有丰富的交互性用户界面。Google Gmail 允许用户一次性打开多个电子邮件，而且在用户写邮件的过程中，不必用户干预，邮件列表也能够自动更新，这与传统的 Web 邮件系统相比无疑是一个非常显著的进步。

（2）微软

微软将 Ajax 技术应用在 MSN Space 网站上，其中的提交回复功能就是基于 Ajax 技术的。除此之外，微软新推出的 Live 网站的地图服务以及其他在线服务，都大量采用了 Ajax 技术来构建。

微软 Live 网站的地图服务类似于 Google Maps，采用的技术大同小异，也是由很多小图片栅格化无缝拼接而成的，基于 Ajax 技术异步加载相关数据和信息。

微软的 Live 网站已开放的其他在线服务，将 Ajax 技术发挥得淋漓尽致，充分考虑了用户的个性化需求，为用户提供尽可能大的自定义空间和功能，允许用户进行如同桌面应用一样的个性化设置，定义自己的与众不同的个性化页面。诸如增加、删除和重命名页面选项卡和根据自己的需求添加、定制资讯项目等，非常便捷，几乎不用等待就能即时得到定制后的页面布局和相关内容，没有传统 Web 应用中频繁的提交和页面刷新。这些基于 Ajax 技术的 Web 应用，用户操作响应迅速，交互性内容丰富，带给用户近乎完美的 Web 新体验。

（3）Amazon

A9.com 是 Amazon（亚马逊）的搜索引擎，在其网页上提供了诸如"Web""Books""Images""Movies"等选项，当搜索结果出来以后，用户可以根据需要随时对搜索选项进行增减。当用户勾选或去除其中某一个选项时，页面会自动调整，增加或去除搜索结果，同时页面的布局也会发生相应的变化。在所有这些过程中，由于使用了 Ajax 技术，页面只是局部更新，而不是整个刷新，用户几乎不用等待，就可以立即看到结果。

Amazon 的钻石搜索基于 Ajax 技术采用了独特的方式，使得钻石的每一项特性都可以直观、快捷地通过可调节滑杆进行限定。调节的同时，用户可以即时看到符合当前条件范围的钻石产品，快速查询符合要求的钻石。在钻石搜索的应用中，Ajax 技术的使用避免了频繁的页面提交和刷新，提高了系统的性能。

4.4　云计算技术

云计算是当今信息技术产业正在经历着的一次巨大变革，通过"IT 即服务"的交付模式，云计算将大幅提高应用程序的部署速度、促进创新、降低成本，同时还可增强 IT 运营的敏捷性。云计算平台脱胎于现有的互联网技术和业务模型，经过逐渐演变之后，成为一个成功的运算平台。相关从业人员可以利用云计算平台最大限度地发挥其软件研发经验和能力，更加合理有效地利用各种资源。长期以来，云计算技术和相关服务经过不断探索和实践，有关云服务，各个方面的研究取得了丰硕成果。目前很多国内外著名企业都已经成功地构建面向各个层次及领域的云计算服务，同时也推出了众多经过验证的云计算解决方案。

对于用户来说，云计算能够带来的好处主要体现在降低成本、提高灵活性和可扩展性等方面。采用云计算的架构模式能够降低信息系统的复杂性，其主要原因就是在云计算的架构中，复杂的计算过程、资源的管理都集中在位于"云端"的数据中心层面实现，用户只是云计算产品的消费者，无须考虑云端后台的技术复杂性。而云计算之所以能够在提高效率的同时大幅度降低成本，主要原因是由于云端的数据中心集中了大量的计算资源，通过将资源整合、池化，并利用高度自动化的管理机制实现资源的动态分配和共享，从而在规模化的基础之上实现了对底层计算资源的充分有效利用，降低了单位运算的资源投入成本。

总体来说，云计算是以分布式计算和并行计算为基础，依托互联网技术和虚拟化技术，透明化平台内部数据存储和计算细节的一种计算服务。由于其具有优秀的可拓展性、较高的稳定性以及庞大的存储能力，在大规模数据处理领域备受瞩目，并且人们早已开始研究如何利用云计算来进行大规模数据挖掘[63]。所以，依靠云计算环境对大规模数据进行高效处理，是一个非常有发展潜力的方向。

4.4.1　云计算的概述

1. 云计算的基本概念

云计算是一种商业计算模型和信息服务模式，它将计算任务分布在大量计算机服务器或虚拟服务器构成的不同数据中心，使各种应用能够根据需要获取计算能力、存储空间和信息服务。云计算分为狭义云计算和广义云计算。

从狭义上来说，云计算就是一种像用水、电、煤气一样使用的 IT 服务，可随时获取、按需服务和按需付费，类似于市场化的供需关系，这种服务是无限、方便且透明的，它意味着计算能力可以作为一种商品进行流通，取用方便，费用低廉。最大的不同是它是通过互联网进行传输的。

从广义上来说，只要是与 IT 相关的软、硬件通过互联网所提供的服务，都可以理解为广义云计算。首先，由数据中心通过互联网把各种软、硬件资源虚拟成资源池（包括计算资源、存储资源、宽带资源等）构成服务端，即云端。之后，这种服务端就可以为各种服务提供软、硬件环境支持，其特点是资源集中、自动管理。如果云计算能够按理想来实施，那么服务提供商能够更加专注于自己的业务，有利于保证服务质量和降低成本。

云计算的核心是大量廉价资源虚化而成的资源池，云平台上各种应用程序根据自身需要获取计算力、存储空间和信息服务。云资源池的规模是可以动态扩展的，可以动态地回收并分配给用户的资源，并进行重用。云计算的计算模式能够极大地提高资源的利用率，从而提高整个平台的服务质量。

2. 云计算的特点

（1）规模和计算能力巨大

云计算将存储和计算分布在巨大的资源池上，这就需要大量的计算机和服务器，一般情况下云计算平台都具有相当大的规模。IBM、Amazon、微软等 IT 业巨头都为其云计算服务配备了数十万台服务器，而 Google 的云计算已经拥有数百万台的服务器，这样巨大的规模成就了巨大的存储和计算能力[64]。

（2）安全可靠

在可靠性方面，云计算使用数据多副本容错、计算节点同构可互换等措施保证用户存储在"云"上的数据和应用等服务具有很高的可靠性。

安全性方面，在不使用云计算的情况下可能会由于没有数据备份，在计算机系统出现故障意外损坏时丢失用户的数据，也可能由于系统漏洞或者受到病毒入侵造成数据被窃取。在使用云计算的情况下，存储在"云"里的数据由世界上顶尖的专业技术团队来管理和维护，同时还采用了多副本容错技术，有效地杜绝了数据的丢失和被窃取，从而解决了安全性问题[65]。

（3）虚拟化

在云计算模式下，底层的硬件，包括服务器、存储设备、网络设备等被全面虚拟化，从而形成一个按需使用的可以共享的基础资源池。用户根据需求建立虚拟状态下相互隔离的应用，而不需要考虑实际在"云"的哪一台服务器上运行。这是云计算的一个显著特点[66]。

（4）方便快捷

在不使用云计算的情况下，数据和信息可能存储在各式各样的计算机或者其他设备上，当需要这些数据的时候就要通过不同的设备或者软件来获取，而且由于存储设备不同经常会重复存储，这样既浪费资源又不好查找和更新；而在云计算模式下，可以将所有的数据整合在一起放到"云"上，这样只需要一台连接互联网的设备，通过浏览器就可以完整地读取数据而不需要使用不同的设备或者安装不同的软件，大大方便了用户的使用，同时提高了效率[67]。

（5）动态灵活

在云计算模式下，"云"可以支持各种各样不同的应用和服务，用户可以根据自身的需要灵活地选用相应的服务；同时，用户所使用"云"的规模也可以根据自身的需要进行动态伸缩，就像一个超市一样，想要什么就买什么，想买多少就买多少，具有很强的灵活性[68]。

（6）经济可持续

云计算的经济性和可持续性是很显著的，云计算提供商都是 IT 业巨头，它们都有大型数据中心和大量的服务器等硬件设施，这些硬件设施在很多情况下都得不到有效的利用。将这些冗余的硬件设施集中起来形成"云"，一方面为 IT 业巨头带来十分可观的收入，同时也大大提高了硬件使用效率，使硬件设施具有良好的可持续性。

　　对于用户而言，一方面省去了购买基础设施的巨额费用，省去了大量的人力资源费用和系统维护费用；另一方面得到了专业技术团队所提供的良好服务。

3. 云计算分类

　　以云计算的服务模式作为分类的依据，云计算分类如图 4.19 所示。

图 4.19　云计算分类

　　云计算按照服务类型大致可以分为 IaaS（基础设施即服务）、PaaS（平台即服务）和 SaaS（软件即服务）三类。

　　在 IaaS 中，企业将由多台服务器组成的"云端"基础设施作为计量服务提供给客户。据统计，中国大陆每周会有数万块个人硬盘因为各种原因损坏而不可恢复，其中还不包括各种损坏的移动终端。而云存储作为最早进入应用领域的云服务，让用户摆脱了硬件的束缚，按需存储数据。IaaS 就是将硬件设备等基础资源封装成服务提供给用户使用，用户相当于使用裸机和磁盘，比如金山快盘提供的云存储服务，甚至现在的小米手机也与金山合作，在手机中内置 15 GB 的金山快盘。

　　PaaS 做得最成功的莫过于苹果公司的 App Store，通常理解为应用商店，其本身不是应用软件，可以把其理解为出售或制造应用软件的工厂或商店。在 PC 时代，苹果采用的是操作系统（平台）与应用一体化开发的封闭模式，但 App Store 却从操作系统中分化出平台，向应用开放，从而把 App Store 最终推向了云计算的模式[69]。

　　SaaS（软件即服务）把软件作为一种服务来提供，应用软件统一部署在自己的服务器上，通过浏览器向客户提供软件。SaaS 的软件是真正拿来即用的，不需要用户安装，因为 SaaS 的软件真正运行在 ISP（互联网服务提供商）的云计算中心，SaaS 的软件维护与升级也无须终端用户参与，比方说如果用户使用安装版的 QQ 的话，每年可能都需要升级 QQ 版本，并且需要维护其正常运行，但如果用户用的是 Web QQ 就不会存在这些问题了。当然，这只是一个小小的即时通信软件，如果是公司用的商用软件，那么升级和维护就需要花费大量的人力、物力、财力。

SalesForce.com 就是一个典型的例子，起初这家公司想做自己的数据库管理类软件并把它卖给企业用户。可是该公司决策者发现就数据库管理类软件来说，他们永远打不过 Oracle。然而他们发现 Oracle 昂贵的价格让很多企业望而却步，更有很多工业企业和物流企业花大价钱买了 Oracle 的软件后却因为缺少专业知识而不能把它用好。SalesForce.com 在 1999 年首次通过自己的互联网站点向企业提供以客户管理为中心的营销支持服务软件——客户关系管理软件（CRM），使得企业不再像以前那样通过部署自己的计算机系统和软件来进行客户管理和营销服务，而只需通过云端的软件来管理。

4.4.2　云计算的工作原理

云计算的基本原理是使计算分布在大量的分布式计算机上，而非本地计算机或远程服务器中，企业数据中心的运行更与互联网相似。这使得企业能够将资源切换到需要的应用上，根据需求访问计算机和存储系统。云计算是一种革命性的举措，就如同从古老的单台发电机模式转向了电厂集中供电的模式一样，它意味着计算能力也可以作为一种类似于煤气、水、电的商品进行流通，取用方便，费用低廉。最大的不同在于，它通过互联网进行传输。

1. 云计算的基本架构

从体系结构的角度来看，一个云计算系统可以说是对一系列 IT 资源的配置，为了运行客户的应用程序而搭建的系统。在云计算环境中，用户发出从一个应用程序获取信息的请求（如通过虚拟桌面），云计算系统就必须调度资源来运行这个应用程序[70]。

无论何种形式的应用程序和资源调度，虚拟化都是其中的关键元素，也是云计算区别于已有并行计算的根本特点。云计算要求用户从虚拟化的视角看应用程序，并且绝对不能给应用程序资源分配一个静态地址，否则就会妨碍云环境中资源分配的灵活性。虽然所有云计算模型都必须支持一个与用户交互的虚拟"前端"接口，然而这些虚拟资源的管理方式对不同的实施方案可能各不相同。

云架构的下一步就是使用软件工具，这些工具构建使用云的应用。SalesForce.com 在其平台即服务（PaaS）模型中就使用了这些工具。这些工具确保该架构下的应用程序可以分配给多个服务器上的资源调度程序，并且仍然可以以不扰乱其他用户的方式运行。这种模型在云计算网络提供商中非常流行，并且使用提供商的应用程序工具，可以把该模型与同一个提供商的 SaaS 服务整合在一起。

一些云计算提供商通过融合网络虚拟存储技术和虚拟服务器技术，可以构建更复杂的模型。这个模型可以把应用程序作为一个"镜像"或者"实例"存储在云中。

在收到一个应用程序请求之后，该请求就被分配给一个虚拟服务器。这个虚拟服务器从存储的应用程序镜像备份中装载，并且被授权访问所需要的数据（这些数据存储在存储池中）。通过使用虚拟服务器可以实现操作系统的独立，只需要硬件系统有常规的二进制执行格式（如 X86 指令集），Amazon 的弹性云计算（EC2）就属于这个模型。另外，使用 Java 虚拟机技术也可以创建类似模型。Java 应用程序可以在任何硬件平台上运行，同时可以提供更多相互独立的资源。

云计算体系结构的特点包括：设备众多，规模较大，利用了虚拟机技术，提供任意地点、各种设备的接入，可以定制服务质量，等等。参考文献[71]提出了一种面向市场的云计算体系结构，如图 4.20 所示。

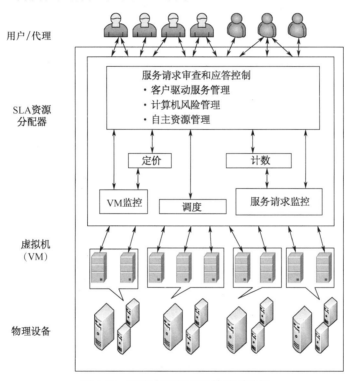

图 4.20　面向市场的云计算体系结构

（1）用户／代理

用户／代理负责在任意地点提交服务请求。

（2）SLA 资源分配器

SLA 资源分配器充当云后端和用户之间的接口，包括以下子模块。

● 服务请求检测和接纳控制模块：当服务请求首次提交时，服务请求检测和接纳控制模块检测该请求的 QoS 需求，决定是否接纳该请求。该机制确保不会出现资源过载，但是可能会因此导致部分请求因为资源问题被拒绝。

该模块需要协同虚拟机（Virtual Machine，VM）监视模块的资源可用信息和服务请求监视器模块的负载处理信息。

- 计价模块：负责服务请求的计价方式选择。
- 会计模块：负责根据计价方式和实际用量计算用户应付的费用，同时会保存用户的资源请求信息。
- VM 监视器模块：负责监测 VM 的可用情况和资源信息。
- 分发器模块：负责接纳服务请求并将其分配到 VM。
- 服务请求监视器模块：负责监视、跟踪已接纳服务的执行情况。

（3）虚拟机（VM）

在一个单独的物理机器上可以动态地建立或删除多个虚拟机来满足服务请求，从而为实现在一台物理机上的多个服务提供最大弹性的资源分配。此外，由于虚拟机彼此独立，在一台物理机器上可以通过虚拟机实现多个操作系统环境。

（4）物理设备

物理设备由大量服务器和存储设备以及连接它们的路由交换设备组成。

图 4.21[72]所示为一种面向系统的云计算体系结构示意图，该图主要从云计算体系的功能模块来划分，其中最下面两层属于硬件管理部分，主要是设备提供商和数据中心负责管理的内容；中间三层属于系统管理部分，主要是服务提供商负责管理的主要内容，它将面向用户的服务和面向资源的需求联系起来并妥善管理；最上面一层是用户服务部分，提供各种应用；最右边的测试监控模块则贯穿整个系统，需要设备提供商、服务提供商和用户共同协作来完成测试、监控、认证、核实功能。

图 4.21　面向系统的云计算体系结构示意图

较完善的云计算模型应该是所有资源虚拟化并且和资源调度程序在逻辑上融合，此时就需要考虑资源耗费、网络连接性、性能需求和用户地理学等各方面的问题。IBM 或者 Google 云计算模型就满足这样的要求：整合 Cisco 或者其他虚拟化商家的工具，就可以构建出一个类似框架。对云终端用户来讲，该模型和前面所提到模型的不同之处就在于更少的花费、更好的性能。当然，这些都需要有更优秀的资源调度程序。而且一般需要云计算架构和服务都构建在 Web Service 或者 SOA 框架之上，但是和两者的连接都不是必需的。实际上，云资源可以看作客户端 / 服务器装置架构中的服务器。因为许多公司把云计算作为一种支持特定应用程序集的方式，所以这个应用相对比较少。如果想要所有应用程序都像 Web Service 那样展现其灵活的能力，那么整合特定的应用程序和内部应用程序就需要性能最好、灵活性最强的虚拟工具。

2. 云计算的核心技术

云计算是分布式处理、并行处理和网格计算的发展，其基本原理是将计算分布在大量的分布式计算机中，存储数据中心的运行与互联网类似，用户只需要应用其所需的业务系统而不必考虑后台的各种支撑资源。云计算应用了多项复杂技术，其中，编程模型、分布式数据存储技术、海量数据管理技术、虚拟化技术和云计算平台管理技术最为关键[73]。

（1）编程模型

编程模型是一种简化的分布式编程和高效的任务调度模型，在过去的信息系统中，为了更好地利用多任务操作系统的优势，并行执行是一种较为常见的编程模型，比如采用多线程、多进程的技术来提高处理能力。对于云计算技术来说，高效合理的编程模型对于云计算系统中各个应用程序的开发非常重要。编程模型是一种高效的任务调度模型，能够准确处理大规模数据集，在执行命令时，可以通过操作将数据分割成不相关的模块区域，分配给计算机进行并行处理，然后将数据处理结果进行归纳，最终完成程序的开发。这种编程模型编程人员只需要关注应用程序本身，不需要考虑后台复杂的并行运算和任务调度过程。如何完善编程模型是一个云平台高效发展的重要技术，关系着整个云平台系统的性能。

（2）分布式数据存储技术

云计算系统面对的对象是数量较多的用户，其必须提供较高的数据处理能力和存储能力，因此采用分布式存储技术来存储大量的数据，并且通过冗余存储的方式来保证数据的安全性。对于数据存储技术来说，存储的可靠性、I/O 的吞吐能力和可扩展性是其核心的技术指标。传统信息系统的数据存储主要有直连式存储、网络接入式存储和存储局域网等。在存储可靠性方面，在提供 I/O 吞吐能力和可扩展性方面，由于直连式存储依赖于服务器的操作系统进行数据的 I/O 读写和存储维护管理，因此很难满足大型信息系统对性能的要求。网络接入式存储和存储局域网的基本策略都是将数据从服务器中分离出来，采用专门的硬件进行集中管理，其本质是计算和数据的分离。云计算的数据存储系统是指一个可以扩展的分布式文件系统，主要针对海量的数据访问和大规模的数据处理而设计，采用简单的存储灾备模式，在满足日常应用安全性之后，可以提升存储的运行性能，在大量客户端的分布式计算中，降低每个客户端的处理压力，从而保证了数据的存储要求，使数据的 IO 处理不成为系统运行的瓶颈。

（3）海量数据管理技术

海量数据管理是指对大规模数据的计算、分析和处理，云计算系统存储的数据量非常大，其必须具备能够管理大量数据的处理能力。在数据管理技术中，确保海量数据的管理是用户非常关心的问题。数据管理系统必须具有高效、高容错性和在异构网络环境中运行的特点，在目前的信息化建设中主要采用集中的数据管理方式。为了更好地提升系统的运行性能，也采用了数据缓存、索引和数据分区等技术手段，在服务器集群中进行任务分工的方法，从而降低数据库服务器负荷并提高系统整体性能。在云计算平台中，必须建立数据表结构，采用基于列存储的分布式数据管理模式，将数据分散在大量同构的节点中，从而将处理负荷均匀分布在每个节点上，提升数据库系统的性能，满足海量数据管理、高并发和极短的响应时间要求。

（4）虚拟化技术

虚拟化技术是云计算系统的核心组成部分之一，是将各种计算及存储资源充分整合、高效利用的关键技术。其实现了软件应用和底层硬件的隔离，包括将各个资源划分成多个虚拟资源的分裂模式和将多个资源整合成一个虚拟资源的聚合模式。虚拟化技术根据对象分为存储虚拟化、技术虚拟化和网络虚拟化等。计算虚拟化又可以分为系统级虚拟化、应用级虚拟化和桌面级虚拟化。借助于虚拟化技术，能够实现系统资源的逻辑抽象和统一标识，将计算机资源整合成一个或者多个操作环境，为上层的云计算应用提供基础架构。通过虚拟机可以降低云计算服务器集群的能耗，将多个负荷较轻的虚拟计算节点合并到一个物理节点上，提高资源的利用率，还可以通过使虚拟机在不同的物理节点上动态漂移，获得与应用相关的负载平衡性能。虚拟化技术有助于确保应用和服务的无缝链接，以及获得隔离的可信计算环境。

（5）云计算平台管理技术

云计算平台规模较大，其中的硬件设备较多，甚至分布在不同区域内，运行着成千上万种应用程序。云计算平台管理系统是云计算的"指挥中心"，通过云计算系统的平台管理技术能够使大量的服务器协同工作，更快捷地进行应用程序的部署和开通，快速发现问题，恢复系统故障，从而以自动智能化的手段实现大规模系统运行的可靠性和安全性。

4.4.3　云计算移动互联网的支撑

1. 云计算与互联网融合的必然性

云计算和移动互联网是当前信息科技领域的两大热门，从技术和商业角度而言两者是相辅相成的，带领信息科技走进 Clobile（Cloud+Mobile）时代。从技术角度看，云计算运用统一分布式运算（Consolidated Distributed Computing）机制，通过池化资源（计算、存储和网络）完成（往往是互联网尺度的）计算任务，如海量文档索引、大数据挖掘、SaaS 等应用。移动智能终端（以下简称终端）贴近用户，擅长捕捉用户和环境（Context）数据完成任务，如个人通信、基于位置的服务（LBS）、视频拍照等。3G/4G 等移动网络的部署应用正快速推动云和终端技术的交会融合，而融合产生的 Clobile 正是技术创新的源泉，其本质是对计算在互联网环境下的重构和延伸。

组成计算的基本要素包括处理器（计算单元）、存储器、I/O 设备、代码和数据。云和终端技术的融合发展正是在以上 5 个要素间不断协调平衡的过程，即所谓协调计算（Coordinated Computing），其中重要的推动力是提升用户体验和创造用户价值。总体上看，网络性能提升促使设备成为云中心的智能 I/O 设备，负责捕获和产生大量的、多形态的数据，云正成为强大的处理器和存储器，负责数据的处理和分析。代码成为协调云与端的黏合剂，在用户体验和计算效率间达到平衡。这种网络延伸作用下产生的云与端对计算的重构，极大地释放了云计算与终端的能力，正所谓距离产生美，分离产生价值。首先是功能分离，设备端不断增加的功能和性能提升，如多核、触摸屏、传感器和通信等，这些都令终端可以胜任更复杂的计算，捕获更多数据，提升用户体验；而云计算更侧重高性能的数据存储、处理和分析。这种功能分离的趋势使终端设备的设计理念中越来越多地包含云计算的元素，甚至已经出现类似云手机的概念。其次是规模分离，终端设备呈快速增长，其数量已经超过 PC，成为信息时代的主要设备，海量的移动设备更容易产生海量数据，而云中心成为这些海量数据的存储中心。而后是技能分离，终端变得越来越用户友好，人人都可以方便使用，云中心的基础设施和平台等复杂机制需要高技能的管理和开发团队支持。分离可以使云和端各自发挥优势，既有分离，也有合作，在协调中融合发展。

Clobile 和协调计算的模式给商业创新带来了机遇，利用手机拍照（如 Instagram）、位置（如 Foursquare）和声音（如 Siri）等发挥终端信息捕捉功能并结合后端云计算的应用层出不穷。

这些创新在某种程度上都是对上述功能、规模和技能分离模式的洞察和发挥，实现舒适的用户体验与强大复杂的后台系统完美结合。苹果 iCloud 的推出更是 Clobile 模式的一次成功尝试，为用户带来了崭新的体验和价值，包括开放技术（如 HTML5）、开放社区和开放平台的不断演进；用户行为和社交网络分析、商业智能、实时流数据处理等复杂的计算密集型服务将出现在云平台上；高清视频捕捉、近场通信、精密传感器等高端信息捕获功能也将进入终端设备，两者的发展正在逐步构建起一个具备良性循环的云计算和移动互联网生态系统，使大规模使用 Mashup 技术开发互联网服务，构建基于协调计算的 Clobile 应用门槛逐步降低，促进创新更加聚焦于深挖客户需求和生态系统整合层面，其创新主体也不局限于信息技术领域，大大拓展了创新渠道。

云存储是一个大规模的分布式存储系统，对第三方用户公开接口，用户可以根据自己的需求来购买相应的容量和带宽。云存储的应用形式包括个人用户磁盘、企业数据备份和数据中心等[74]。

面对如今越来越多的数据量，在本地进行存取对于手机等移动终端来说必然存在存储量不足的情况，如果运用"云存储"技术，问题便可以迎刃而解。除此之外还会带来另一个好处，就是数据分享更加便利快捷，对于商业用户来说，若利用"云存储"则可以很好地协调大家的工作进度，而且可以做到手机移动计算与公司的台式机固定计算协同，这对商业用户来说非常重要。因此，云存储不仅作为云计算的一个辅助，作为单独的数据分享平台也是十分有用的。

2. 云计算应用于移动互联网的优势

市场调研公司 ABI Research 在最近的《移动云计算》报告中提出了这样的理论："云计算不久将成为移动世界中的一股爆破力量，最终会成为移动应用的主导运行方式。"

而云计算技术在移动互联网应用中有哪些优势呢？

（1）突破终端硬件限制

虽然一些高端智能手机的主频已经达到 1 GHz，但是和传统的 PC 相比还是相距甚远。当单纯依靠手机终端进行大量数据处理时，硬件就成了最大的瓶颈。而在云计算中，由于运算能力以及数据的存储都是来自于移动网络中的"云"，所以移动设备本身的运算能力不再重要。通过云计算可以有效地突破手机终端的硬件瓶颈。

（2）便捷的数据存取

由于云计算技术中的数据是存储在"云"的，一方面为用户提供了较大的数据存储空间，另一方面为用户提供便捷的存取机制，在带宽足够的情况下，对云端的数据访问，完全可以达到本地访问速度，同时也方便了不同用户之间进行数据的分享。

（3）智能均衡负载

对于负载变化较大的应用，采用云计算可以弹性地为用户提供资源，有效地利用多个应用之间周期的变化，智能均衡应用负载，提高资源利用率，从而保证每个应用的服务质量。

（4）降低管理成本

当需要管理的资源越来越多时，管理的成本也会越来越高。通过云计算来标准化和自动化管理流程，可简化管理任务，降低管理成本。

（5）按需服务降低成本

在互联网业务中，不同客户的需求是不同的，通过个性化和定制化服务可以满足不同用户的需求，但是往往会导致服务负载过大。而通过云计算技术可以使各个服务之间的资源得到共享，从而有效地降低服务成本。

3. 云计算应用于移动互联网的前景

移动互联网业务从最初简单的文本浏览、图铃下载等形式发展到固定互联网业务与移动业务深度融合的形式，正成为电信运营商的重点业务发展战略。在云计算模式下，用户的计算机会变得十分简单，不大的内存、不需要硬盘和各种应用软件或许就可以满足我们的需求，因为用户的计算机除了通过浏览器给 "云" 发送指令和接收数据，基本上什么都不用做便可以使用云服务提供商的计算资源、存储空间和各种应用软件。

此外，云计算能够轻松实现不同设备间的数据和应用共享，在云计算的网络应用模式中，数据只有一份，保存在 "云" 的另一端，你的所有电子设备只需要连接互联网，就可以同时访问和使用同一份数据。

云计算为我们使用网络提供了几乎无限多的可能，为存储和管理提供了几乎无限多的空间，也为我们完成各类应用提供了几乎无限强大的计算能力。移动互联网发展迅速，其许多技术和应用都与互联网技术应用相关，而在全球范围内，移动互联网已成为一种全新的应用模式。云计算与互联网的结合，使互联网应用的功能更加强大，应用更加丰富广泛。云计算成为了互联网发展的新形式。

4.5　边缘计算技术

4.5.1　边缘计算的概述

1. 边缘计算的基本概念[75]

云计算服务是一种集中式服务，所有数据都通过网络传输到云计算中心进行处理。资源的高度集中与整合使得云计算具有很高的通用性，然而，面对物联网设备和数据的爆发式增长，基于云计算模型的聚合性服务逐渐显露出了其在实时性、网络制约、资源开销和隐私保护上的不足。

为了弥补集中式云计算的不足，边缘计算的概念应运而生，它是指在靠近物或数据源头的网络边缘侧，融合网络、计算、存储、应用核心能力的分布式开放平台，可就近提供边缘智能服务。由于传输链路的缩短，边缘计算能够在数据产生侧快捷、高效地响应业务需求，数据的本地处理也可以提升用户隐私保护程度。另外，边缘计算减小了服务对网络的依赖，在离线状态下也能够提供基础业务服务。边云协同的联合式服务能够充分利用云计算和边缘计算的联合优势，针对不同特征的业务需求进行灵活的部署和响应。据思科云指数估计，2019 年人、机、物产生的数据将达到 500 ZB，网络带宽将成为云计算的瓶颈，融入边缘计算的边云协同的联合式服务将成为更有效的服务构架。国际数据公司 IDC 也预测，到 2022 年，超过 40%的云部署结构将容纳边缘计算能力。

边缘计算最早可以追溯至内容分发网络（Content Delivery Network，CDN）中功能缓存的概念，2015 年边缘计算进入快速发展期后，以边缘计算为主题的协会与联盟相继成立，各类定义、标准与规范逐渐形成。旨在推动云操作系统的发展、传播和使用的 OpenStack 基金会，由华为技术有限公司、中国科学院沈阳自动化研究所等联合成立的边缘计算产业联盟（Edge Computing Consortium，ECC）等组织对边缘计算进行了定义，尽管这些定义的描述不尽相同，但在边缘计算的核心概念上达成了共识：边缘计算是指在网络边缘执行计算的一种新型计算模型，其中的"边缘"是从数据源到云计算中心之间的任意资源，其操作对象包括来自于云服务的下行数据和万物互联服务的上行数据。

与云计算模型不同的是，边缘计算中终端设备与云计算中心的请求与响应是双向的，终端设备不仅向云计算中心发出请求，同时也能够完成云计算中心下发的计算任务。云计算中心不再是数据生产者和消费者的唯一中继，由于终端设备兼顾了数据生产者和消费者的角色，部分服务可以直接在边缘完成响应，并返回终端设备，云计算中心和边缘计算分别形成了两个服务响应流。

边缘计算的核心是在靠近数据源或物的一侧提供计算、存储和应用服务，这似乎与雾计算将计算和分析能力扩展至网络"边缘"的定义非常相近。雾计算也是云计算模型的延伸，但雾计算的核心是将云计算中心的能力下沉至接近物的一侧，具有更平坦的构架，属于通用性较高的基础设施，仍然依赖于网络，多使用本地服务器或路由器实现。从实现构架上来讲，雾计算也属于边缘计算的一种，除雾计算中部署通用性较高的基础设施以外，边缘计算还可以将终端设备侧的能力进行升级，依赖于不构成网络的终端节点。

2. 边缘计算的基本特点[76]

（1）联接性

联接性是边缘计算的基础。所连接物理对象的多样性及应用场景的多样性，需要边缘计算具备丰富的联接功能，如各种网络接口，网络协议、网络拓扑、网络部署和配置、网络管理与维护。联接性需要充分借鉴吸收网络领域先进的研究成果，如 TSN、SDN、NFV、Network as a Service、WLAN、NB-IOT、5G 等，同时还要考虑与现有各种工业总线的互联互通。

（2）数据第一入口

边缘计算作为物理世界到数字世界的桥梁，是数据的第一入口，拥有大量、实时、完整的数据，可基于数据全生命周期进行管理与价值创造，将更好地支持预测性维护及资产效率与管理等创新应用；同时，作为数据第一入口，边缘计算也面临数据实时性、确定性、多样性等挑战。

（3）约束性

边缘计算产品须适配工业现场相对恶劣的工作条件与运行环境，如防电磁、防尘、防爆、抗振动，抗电流／电压波动等。在工业互联场景下，对边缘计算设备的功耗、成本、空间也有较高的要求。

边缘计算产品需要考虑通过软硬件集成与优化，以适配各种条件约束，支撑行业数字化多样性场景。

（4）分布性

边缘计算实际部署天然具备分布式特征，这要求边缘计算支持分布式计算与存储，实现分布式资源的动态调度与统一管理、支撑分布式智能、具备分布式安全等能力。

（5）融合性

OT 与 ICT 的融合是行业数字化转型的重要基础。边缘计算作为 OICT 融合与协同的关键承载，需要支持在联接、数据、管理、控制、应用、安全等方面的协同。

3. 边缘计算与云计算协同[77]

边缘计算与云计算各有所长，云计算擅长全局性、非实时、长周期的大数据处理与分析，能够在长周期维护、业务决策支撑等领域发挥优势。而边缘计算更适用局部性、实时、短周期数据的处理与分析，能更好地支撑本地业务的实时智能化决策与实现。

因此，边缘计算与云计算之间并非替代关系，而是互补协同的关系。边缘计算与云计算需要通过紧密协同才能更好地满足各种需求场景的匹配，从而放大边缘计算和云计算的应用价值。边缘计算既靠近执行单元，又是云端所需高价值数据的采集和初步处理单元，可以更好地支撑云端应用。反之，云计算通过大数据分析优化输出的业务规则或模型可以下发到边缘侧，边缘计算基于新的业务规则或模型运行。

边缘计算不是单一的部件，也不是单一的层次，而是涉及 ECIaaS、ECPaaS、ECSaaS 的端到端开放平台。所以，边云协同的能力与内涵，涉及 IaaS、PaaS、SaaS 各层面的全面协同，主要包括 6 种协同：资源协同、数据协同、智能协同、应用管理协同、业务管理协同和服务协同。边云协同的总体能力与内涵如图 4.22 所示。

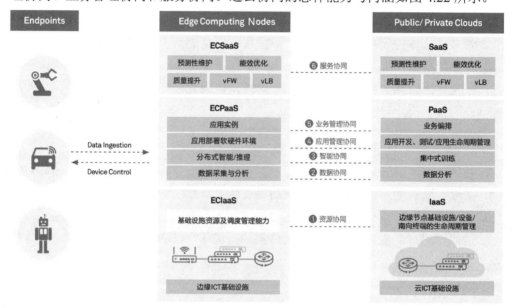

图 4.22　边云协同的总体能力与内涵

4.5.2　边缘计算的工作原理

1. 边缘计算的基本架构[78-79]

参考架构基于模型驱动工程（Model-Driven Engineering，MDE）方法进行设计。基于模型可以将物理和数字世界的知识模型化，从而实现以下特点。

① 物理世界和数字世界的协作，对物理世界建立实时、系统的认知模型。在数字世界预测物理世界的状态、仿真物理世界的运行、简化物理世界的重构，然后驱动物理世界优化运行。能够将物理世界的全生命周期数据与商业过程数据建立协同，实现商业过程和生产过程的协作。

② 跨产业的生态协作。基于模型化的方法，ICT 和各垂直行业可以建立和复用

本领域的知识模型体系。ICT 行业通过水平化的边缘计算领域模型和参考架构屏蔽 ICT 技术复杂性,各垂直行业将行业 Know-How 进行模型化封装,实现 ICT 行业与垂直行业的有效协作。

③ 减少系统异构性,简化跨平台移植。系统与系统之间、子系统与子系统之间、服务与服务之间、新系统与旧系统之间等基于模型化的接口进行交互,简化集成。基于模型,可以实现软件接口与开发语言、平台、工具、协议等解耦,从而简化跨平台的移植。

④ 有效支撑系统的全生命周期活动,包括应用开发服务的全生命周期、部署运营服务的全生命周期、数据处理服务的全生命周期、安全服务的全生命周期等。ICT 行业在网络、计算、存储等领域面临着架构极简、业务智能、降低 CAPEX 和 OPEX 等挑战,正在通过虚拟化、SDN、模型驱动的业务编排、微服务等技术创新应对这些挑战。边缘计算作为 OT 和 ICT 融合的产业,其参考架构设计需要借鉴这些新技术和新理念。同时,边缘计算与云计算存在协同与差异,面临独特挑战,需要独特的创新技术。

基于上述理念,ECC 提出了如图 4.23 所示的边缘计算参考架构 3.0。边缘计算参考架构 3.0 的主要内容包括以下三点

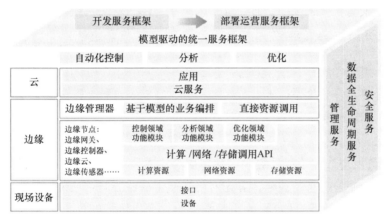

图 4.23 边缘计算参考架构 3.0

① 整个系统分为云、边缘和现场设备三层,边缘计算位于云和现场设备之间,边缘层向下支持各种现场设备的接入,向上可以与云端对接;

② 边缘层包括边缘节点和边缘管理器两个主要部分。边缘节点是硬件实体,是承载边缘计算业务的核心。边缘计算节点根据业务侧重点和硬件特点不同,包括以网络协议处理和转换为重点的边缘网关、以支持实时闭环控制业务为重点的边缘控制器、以大规模数据处理为重点的边缘云、以低功耗信息采集和处理为重点的边缘传感器等。边缘管理器的呈现核心是软件,主要功能是对边缘节点进行统一的管理。

③ 边缘计算节点一般具有计算、网络和存储资源,边缘计算系统对资源的使

用方式有两种：第一种，直接将计算、网络和存储资源进行封装，提供调用接口，边缘管理器以代码下载、网络策略配置和数据库操作等方式使用边缘节点资源；第二种，进一步将边缘节点的资源按功能领域封装成功能模块，边缘管理器通过模型驱动的业务编排方式组合和调用功能模块，实现边缘计算业务的一体化开发和敏捷部署。

从架构的横向层次来看，具有如下特点。

① 智能服务基于模型驱动的统一服务框架，通过开发服务框架和部署运营服务框架实现开发与部署智能协同，能够实现软件开发接口一致和部署运营自动化。

② 智能业务编排通过业务 Fabric 定义端到端业务流，实现业务敏捷。

③ 联接计算（Connectivity and Computing Fabric，CCF）实现架构极简，对业务屏蔽边缘智能分布式架构的复杂性；实现 OICT 基础设施部署运营自动化和可视化，支撑边缘计算资源服务与行业业务需求的智能协同。

④ 智能边缘计算节点（Edge Computing Node，ECN）兼容多种异构联接，支持实时处理与响应，提供软硬一体化安全等。

2. 边缘计算的关键技术

计算模型的创新带来的是技术的升级换代，而边缘计算的迅速发展也得益于技术的进步。本节总结了推动边缘计算发展的 7 项核心技术，它们包括网络技术、隔离技术、体系结构、边缘操作系统、算法执行框架、数据处理平台以及安全和隐私。

（1）网络技术

边缘计算将计算推至靠近数据源的位置，甚至于将整个计算部署于从数据源到云计算中心的传输路径的节点上，这样的计算部署对现有的网络结构提出了以下 3 个新的要求。

① 服务发现。在边缘计算中，计算服务请求者的动态性，计算服务请求者如何知道周边的服务，将是边缘计算在网络层面中的核心问题。传统的基于 DNS 的服务发现机制主要应对静态服务或者服务地址变化较慢的场景。当服务地址变化时，DNS 的服务器通常需要一定的时间以完成域名服务的同步，在此期间会造成一定的网络抖动，因此并不适合大范围、动态性的边缘计算场景。

② 快速配置。在边缘计算中，由于用户和计算设备动态性的增加，如智能网联车，以及计算设备由于用户开关造成的动态注册和撤销，服务通常也需要跟着进行迁移，由此将会导致大量的突发网络流量。与云计算中心不同，广域网的网络情况更为复杂，带宽可能存在一定的限制。因此，如何从设备层支持服务的快速配置，是边缘计算中的一个核心问题。

③ 负载均衡。在边缘计算中，边缘设备产生大量的数据，同时边缘服务器提供了大量的服务。因此，根据边缘服务器以及网络状况，如何动态地将这些数据调

度至合适的计算服务提供者，将是边缘计算中的另一个核心问题。

（2）隔离技术

隔离技术是支撑边缘计算稳健发展需要的研究技术，边缘设备需要通过有效的隔离技术来保证服务的可靠性和服务质量。隔离技术需要考虑以下两方面。

① 计算资源的隔离，即应用程序间不能相互干扰；

② 数据的隔离，即不同应用程序应具有不同的访问权限。

在云计算场景中，由于某一应用程序的崩溃可能带来整个系统的不稳定，造成严重的后果，而在边缘计算场景中，这一情况变得更加复杂。例如，在自动驾驶操作系统中，既要支持车载娱乐满足用户需求，又要同时运行自动驾驶任务满足汽车本身驾驶需求，此时，如果车载娱乐的任务干扰了自动驾驶任务，或者影响了整个操作系统的性能，将会引起严重后果，对生命财产安全造成直接损失。隔离技术同时需要考虑第三方程序对用户隐私数据的访问权限问题，例如，车载娱乐程序不应被允许访问汽车控制总线数据等。目前在云计算场景中主要使用 VM 虚拟机和 Docker 容器技术等方式保证资源隔离。边缘计算可汲取云计算发展的经验，研究适合边缘计算场景的隔离技术。

（3）体系结构

无论是如高性能计算一类传统的计算场景，还是如边缘计算一类的新兴计算场景，未来的体系结构应该是通用处理器和异构计算硬件并存的模式。异构硬件牺牲了部分通用计算能力，使用专用加速单元减小了某一类或多类负载的执行时间，并显著提高了性能功耗比。边缘计算平台通常针对某一类特定的计算场景设计，处理的负载类型较为固定，故目前有很多前沿工作针对特定的计算场景设计边缘计算平台的体系结构。

针对边缘计算的计算系统结构设计仍是一个新兴的领域，仍然具有很多挑战性问题亟待解决，例如，如何高效地管理边缘计算异构硬件、如何对这类系统结构进行公平而全面的评测等。在第三届边缘计算会议（SEC2018）上首次设立了针对边缘计算体系结构的 Workshop——ArchEdge，鼓励学术界和工业界对此领域进行探讨和交流。

（4）边缘操作系统

边缘计算操作系统向下需要管理异构的计算资源，向上需要处理大量的异构数据及应用负载，需要负责将复杂的计算任务在边缘计算节点上部署、调度和迁移，从而保证计算任务的可靠性以及资源的最大化利用。与传统物联网设备上的实时操作系统 Contikt 和 FreeRTOS 不同，边缘计算操作系统更倾向于对数据、计算任务和计算资源的管理框架。

（5）算法执行框架

随着人工智能的快速发展，边缘设备需要执行越来越多的智能算法任务，如家庭语音助手需要进行自然语言理解、智能驾驶汽车需要对街道目标检测和识别、手持翻译设备需要翻译实时语音信息等。在这些任务中，机器学习尤其是深度学习算法占有很大的比重，使硬件设备更好地执行以深度学习算法为代表的智能任务是研究的焦点，也是实现边缘智能的必要条件。而设计面向边缘计算场景的高效算法执行框架是一个重要的方法。

（6）数据处理平台

在边缘计算场景中，边缘设备时刻产生海量数据，数据的来源和类型具有多样化的特征，这些数据包括环境传感器采集的时间序列数据、摄像头采集的图片与视频数据、车载 LiDAR 的点云数据等，数据大多具有时空属性。构建一个对边缘数据进行管理、分析和共享的平台十分重要。

（7）安全和隐私

虽然边缘计算将计算推至靠近用户的地方，避免了数据上传到云端，降低了隐私数据泄露的可能性。但是，相较于云计算中心，边缘计算设备通常处于靠近用户侧，或者传输路径上，具有更高的被攻击者入侵的潜在可能，因此，边缘计算节点自身的安全性仍然是一个不可忽略的问题。边缘计算节点的分布式和异构性也决定其难以进行统一的管理，从而导致一系列新的安全问题和隐私泄露等问题。作为信息系统的一种计算模式，边缘计算也存在信息系统普遍存在的共性安全问题，包括应用安全、网络安全、信息安全和系统安全等。

在边缘计算的环境中，通常仍然可以采用传统安全方案来进行防护，如通过基于密码学的方案进行信息安全的保护、通过访问控制策略来对越权访问进行防护。但是需要注意的是，通常需要对传统方案进行一定的修改，以适应边缘计算的环境。同时，近些年也有些新兴的安全技术（如硬件协助的可信执行环境）可被使用到边缘计算中，以增强边缘计算的安全性。此外，使用机器学习来增强系统的安全防护也是一个较好的方案。

4.5.3　边缘计算移动互联网的支撑

1. 边缘计算与移动互联网融合

近年来，全球移动数据流量爆炸式增长，预计到 2021 年移动数据流量将达到 49 EB，相比 2016 年增长 7 倍，其中视频流量占比 78%。同时，新型业务层出不穷，例如，增强／虚拟现实（Augmented Reality/Virtual Reality，AR/VR）、工业物联网、车联网等低时延业务的涌现，对现有移动通信网络带来巨大挑战。在现有架构下，业务流量需要流经整个接入网和核心网，通过基站、转发设备等多重关键设备，即使无线侧的传输带宽得到提升，端到端业务仍然存在不可预知的拥塞，时延难以保证，严重影响业务体验。为了有效满足移动互联网、物联网高速发展所需的宽回传带宽、低时延的要求，欧洲电信标准化协会（European Telecommunication Standard Institute，ETSI）于 2014 年提出了移动边缘计算（Mobile Edge Computing，MEC）。

MEC 通过将网络侧功能和应用部署能力下沉至距离用户设备（User Equipment，UE）最近的无线接入网（Radio Access Network，RAN）边缘，为应用开发商和内容供应商提供云计算能力和 IT 服务环境，使得应用部署更加灵活，网络能力按需编排，业务处理更靠近用户，可更好地满足宽回传带宽、低时延等应用需求。其中，对于高清、超清视频等宽带宽业务，通过将热点内容缓存在网络边缘，可有效节约回传带宽资源，同时降低用户访问时延，有效提升业务体验；对于低时延业务，运营商通过开放网络边缘使得已授权的第三方能够为移动用户、企业及垂直行业灵活、快速地部署应用及服务，有效降低端到端时延。目前工业界和学术界对 MEC 展开了深入广泛的研究。

2. 边缘计算应用于移动互联网的优势

相比于传统网络架构和模式，MEC 具有很多明显的优势，能改善传统网络架构和模式下时延高、效率低等诸多问题，也正是这些优势，使得 MEC 成为未来 5G 的关键技术。MEC 主要具有以下几个优势。

（1）低时延

MEC 将计算和存储能力下沉到网络边缘，由于距离用户更近，用户请求不再需要经过漫长的传输网络到达遥远的核心网被处理，而是由部署在本地的 MEC 服务器将一部分流量卸载，直接处理并响应用户，因此通信时延将会大大降低。MEC 的时延节省特性在视频传输和 VR 等时延敏感的相关应用中表现得尤为明显。以视频传输为例，在不使用 MEC 的传统方式下，每个用户终端在发起视频内容调用请求时，首先需要经过基站接入，然后通过核心网连接目标内容，再逐层进行回传，最终完成终端和该目标内容间的交互。可想而知，这样的连接和逐层获取的方式是非常耗时的。引入 MEC 解决方案后，在靠近 UE 的基站侧部署 MEC 服务器，利用 MEC 提供的存储资源将内容缓存在 MEC 服务器上，用户可以直接从 MEC 服务器获取内容，不再需要通过漫长的回程链路从相对遥远的核心网获取内容数据。这样可以极大地节省用户从发出请求到被响应之间的等待时间，从而提升了用户服务质量体验。

（2）改善链路容量

部署在移动网络边缘的 MEC 服务器能对流量数据进行本地卸载，从而极大地降低对传输网和核心网带宽的要求。以视频传输为例，对于某些流行度较高的视频，如 NBA 比赛、电子产品发布会等，经常以直播这种高并发的方式发布，同一时间内就有大量用户接入，并且请求同一资源，这对带宽和链路状态的要求极高。通过在网络边缘部署 MEC 服务器，可以将视频直播内容实时缓存在距离用户更近的地方，在本地处理用户请求，从而减少对回程链路的带宽压力。同时也可以降低发生链路拥塞和故障的可能性，从而改善链路容量。

（3）提高能量效率，实现绿色通信

在移动网络下，网络的能量消耗主要包括任务计算耗能和数据传输耗能两部分，能量效率和网络容量将是未来 5G 实现广泛部署需要克服的一大难题。MEC 的引入能极大地降低网络的能量消耗。MEC 自身具有计算和存储资源能力，能够在本地进行部分流量数据的卸载，对于需要大量计算能力的任务再考虑上交给距离更远、处理能力更强的数据中心或云进行处理，因此可以降低核心网的计算能耗。另外，随着缓存技术的发展，存储资源相对于带宽资源来说成本逐渐降低，MEC 的部署也是一种以存储换取带宽的方式，内容的本地存储可以极大地减少远程传输的必要性，从而降低传输能耗。

（4）感知链路状况，改善用户服务质量体验（QoS）

部署在无线接入网的 MEC 服务器可以获取详细的网络信息和终端信息，同时还可以作为本区域的资源控制器对带宽等资源进行调度和分配。以视频应用为例，MEC 服务器可以感知用户终端的链路信息，回收空闲的带宽资源，并将其分配给其他需要的用户，用户得到更多的带宽资源之后，就可以观看更高速率版本的视频，在用户允许的情况下，MEC 服务器还可以为用户自动切换到更高的视频质量版本。当链路资源紧缺时，MEC 服务器又可以自动为用户切换到较低速率版本，以避免卡顿现象的发生，从而给予用户极致的观看体验。同时，MEC 服务器还可以基于用户位置提供一些基于位置的服务，例如餐饮、娱乐等推送服务，进一步提升用户的服务质量体验。

3. 边缘计算应用于移动互联网的前景

在 5G 新型网络架构中，移动边缘计算技术的建设能够为网络办公和娱乐方式带来新的转变，产品的内容将逐渐扩充到应用程序和安全数据库中，为移动用户带来全新的网络体验。同时在企业移动安全办公、基于开放平台的智能场馆以及和车联网结合的交通辅助系统中，移动边缘计算技术同样能够拓展应用场景。例如，在未来 5G 企业网的构建中，移动边缘计算技术能够建设企业虚拟私网，提高企业网的安全性，建设企业内部通信平台能够对企业产品进行货品追踪和视频监控，吸引企业客户使用。同时，还能在企业网内部开展视频会议等大流量实时性应用，降低线管终端设备的成本。

移动边缘计算本地化、低延时、近距离的特点能够在架构 5G 网络系统中创建新的价值链，使整个 5G 网络产业链中的各个角色在产业合作中获取利益。移动边缘计算将使 5G 网络建设的边缘进入云通用模式，对此，5G 网络架构中的技术、内容、商务等所有领域都将在移动边缘计算技术的推动下获得快速的发展，并且能够创造内容支付、优化连接和增强现实等一些新兴的发展机遇。移动边缘计算技术能够推动 5G 网络架构将其纳入到应用体系，建立新型的商业发展模式。

未来，移动边缘计算技术能够进一步推动 5G 网络的演进速度，最主要的是，移动边缘计算技术能够提供以传统移动互联网为基础的差异化网络服务，并能够在端到端的数据传输中根据不同的用户需求提供不同的数据交付质量等级，提高用户在网络连接能力、宽带保障等方面的满意度。同时，移动边缘计算还能为 5G 网络构建提供以开放网络基础设施和开放用户数据为基础的平台服务，在降低网络业务维护负责程度的同时，保护用户数据的安全和网络数据传输的稳定。

第5章 移动互联网典型应用

由于移动终端的智能化和无线网络的快速普及，中国移动互联网市场在近年来蓬勃发展。2018年8月20日中国互联网络信息中心发布第42次《中国互联网络发展状况统计报告》，报告显示，截至2018年6月，中国网民规模为8.02亿，其中，中国手机网民规模达7.88亿，2018上半年新增手机网民3509万人，较2017年末增加4.7%。值得一提的是，手机网民占网民总数的比重持续攀升，2018年占比已高达98.3%。中国手机网民规模及其占网民比例如图5.1所示。数据显示，随着智能手机的大量推广和普及，中国移动互联网市场规模保持稳定增长，报告评估2018年中国移动互联网市场规模有望突破8万亿元，达到8.42万亿元。

来源：CNNIC中国互联网络发展状况统计调查   2018.6

图5.1 中国手机网民规模及其占网民比例

虽然中国移动互联网市场还处于发展的初期阶段，但是庞大的移动用户群和积极的政策环境为其应用产品的发展提供了机遇。截至2018年5月，我国市场上监测到的移动应用程序（App）在架数量为415万款，如图5.2所示。其中，游戏类应用一直占较大比例，数量超过152万款，占比达36.6%；生活服务类应用规模排名第二，超过56.3万款，占比为13.6%；电子商务类应用规模排名第三，超过41.6万款，占比为10.0%；移动应用程序（App）分类占比如图5.3所示。本章将介绍其中6种具有代表性的移动互联网应用类别：社交应用业务、位置应用业务、视频应用业务、电子商务业务、移动广告业务和移动物联网业务。

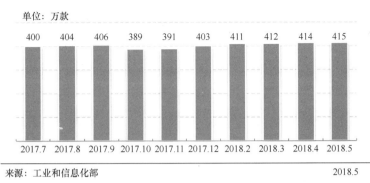

来源：工业和信息化部　　　　　　　　　　　　　　　　　　　　　2018.5

图 5.2　移动应用程序（App）在架数量

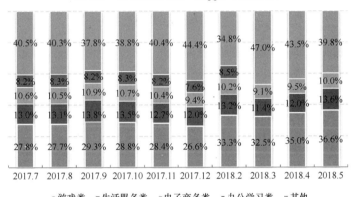

来源：工业和信息化部　　　　　　　　　　　　　　　　　　　　　2018.5

图 5.3　移动应用程序（App）分类占比

5.1　社交应用业务

移动社交业务一直是中国移动互联网的行业热点，特别是智能手机和 4G 网络的普及，更推动了以微信为代表的新型移动即时通信的快速发展，获取了大规模的移动用户群。新型移动即时通信的发展为互联网企业进一步抢占移动互联网市场奠定了坚实基础。

5.1.1　社交应用业务概述

移动互联网的社交应用业务是指用户以手机等移动终端为载体，以在线识别用户及交换信息技术为基础，通过移动互联网来实现的社交应用功能，包括社交网站、微博、微信、即时通信工具、博客、论坛等。社交类应用一直是移动互联网应用的主角，且处于不断变化和发展之中，中国移动社交应用发展历程主要可分为 3 个阶段，如图 5.4 所示。

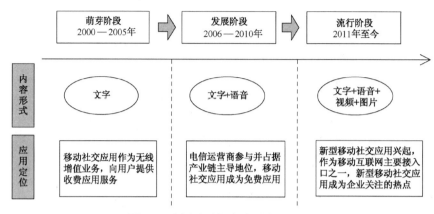

图 5.4　中国移动社交应用发展历程

1. 萌芽阶段

2000 年开始，社交应用是运营商提供给用户的一种无线增值业务，但是受限于手机用户规模、用户习惯和用户认知等因素，其发展速度较慢。

2. 发展阶段

中国移动推出免费的移动即时通信业务——飞信，腾讯推出手机 QQ 客户端。由于社交应用使用的免费化和移动用户规模的增大，移动社交应用得到了一定程度的普及。

3. 流行阶段

2010 年开始，社交类应用增加了实时语音对讲、信息分享和收发图片功能，并结合移动终端的特性，加入基于位置的服务（Location Based Service，LBS）元素，改变了传统社交沟通模式，促使移动社交应用平台化和多维化。

按照用户社交关系基础的不同，以及是否能够在移动终端构成新的移动社交关系，移动互联网的社交应用业务可以分为以下两种。

（1）传统移动社交应用

用户的社交关系主要基于互联网社交，大多数为互联网社交服务业务在移动终端的延伸，例如，手机 QQ、手机微博等。

（2）新型的移动社交应用

新型的移动社交应用即移动即时通信业务。用户社交关系主要基于手机通信录或移动互联网[80]，能够在移动终端独立构成新的移动社交关系的应用，如微信、陌陌等。

随着微信的成功商业化，微博、社交网站及论坛等传统移动社交应用使用率均下降，而以社交为基础的即时通信应用发展迅猛。截至 2018 年的 6 月，中国社交类应用市场，即时通信在整体网民中的覆盖率达到了 94.3%，其中微信朋友圈使用率为 86.9%，QQ 空间的使用率为 64.7%，微博使用率为 42.1%。2017 年 12 月—2018 年 6 月即时通信／手机即时通信用户规模及使用率和主流社交应用使用率分别如图 5.5 和图 5.6 所示。

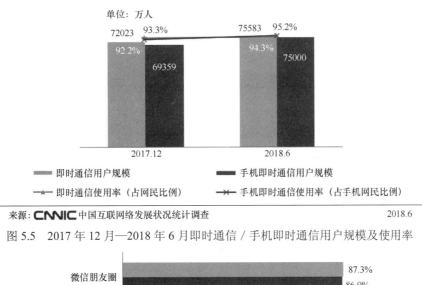

图 5.5　2017 年 12 月—2018 年 6 月即时通信／手机即时通信用户规模及使用率

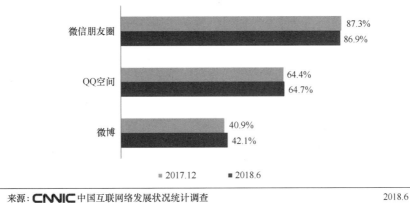

图 5.6　2017 年 12 月—2018 年 6 月主流社交应用使用率

5.1.2　社交应用业务的特点

如 5.1.1 节所述，社交类应用的使用量和使用频率都位居各类应用前列，在一定范围的用户群中影响和诱导用户行为，已经与人们的生活息息相关，具备以下 3 个方面的特点。

1. 分享性

分享性被认为是未来社交类应用业务的重要应用。在未来，需要对网上数字化内容进行存储、加工等，允许用户将图片、音频、视频等内容与朋友分享。随着终端、内容、网络等三个方面制约因素的消除，手机共享服务将快速发展，用户利用这种新服务可以上传自己的图片、视频至博客空间，还可以用它备份文件、与好友共享文件或者公开发布。开发共享服务，可以把移动互联网的互动性发挥到极致，内容是聚揽人气、吸引客户的基础。

移动互联网社交应用使用的内容都具有一定的分享性，大多为分享 / 转发信息、发布日志 / 日记 / 评论、上传照片、发布 / 更新状态等。以微博和微信为例，微博用户较多集中于分享 / 转发信息、搜索新闻 / 热点话题、发微博等；微信应用中 90% 以上为文字聊天和语言聊天。

2. 分散性

由于移动终端的移动特性，不同于桌面互联网，移动互联网社交应用的使用时间大多分散在生活和工作的休息间隙，例如早晨起床前、坐车途中、排队等候等时段。相对于社交网站，社交应用的使用时间更分散，使用频率更高。

移动互联网用户的上网频率和时长所形成的黏性，成为移动互联网产业快速发展的必要条件。而发展移动互联网，必须研究移动互联网用户的行为习惯，"尼尔森在线研究"机构调研发现，78% 的用户通过移动设备上网来消磨时间，72% 的用户在独自一人时会使用移动设备上网，70% 的用户会在交通工具上移动上网。人们在独处或者无聊的时候最容易使用移动互联网，碎片化的时间分配和随时随地可移动上网的便捷性，使得各类符合这些特点的移动设备应用和服务受到了越来越多人的青睐。以游戏为例，较难上手和较为复杂的游戏将很难在移动互联网时代取胜，而简单类型的游戏会更容易获得成功。如何更加巧妙地利用用户的碎片化时间进行产品的创新成为移动互联网产业链中的内容制造商们需要研究的重点。

得益于移动互联网的迅速发展，在忙碌的都市生活中，人们开始对碎片化时间善加利用，手机网络视频、手机网络游戏、移动搜索和手机购物等使用率都得到大幅上涨。正是由于碎片化时间的存在和手机的普及，造就了火爆的移动互联网行业。

3. 关联性

移动互联网的社交应用以用户的社交关系为基础衍生构成新的移动社交关系，当今移动互联网社交应用正在构成一种新型的社会关系。

在目前的社交应用中，微信的关联性最强，作为提供社交的平台，正迎合了现代社会人群的社交心理，朦胧之间，微信已经打造出一个全新的熟人与陌生人并存的社交关系圈。微信利用它的重构力量，突破时间与地域的限制，横纵双向扩大现代社交矩阵，不仅无缝整合 QQ、QQ 邮箱、腾讯微博、手机通信录等多个用户资源，其 LBS 定位、"摇一摇"等功能更是打破熟人社交圈，让人们可以根据自身兴趣和爱好，自由添加志趣相投、拥有共性的陌生人，让用户的社交圈不受空间与时间的限制，得以无限扩大。

5.1.3　社交应用业务的典型应用及分析

新浪微博是传统移动社交应用中的佼佼者，已经成为人们重要的信息来源和社会重要的信息传播渠道，政府、企业、公众人物都使用微博来进行营销或舆论引导；腾讯微信是移动即时通信业务的代表应用，使用率位居第一，已经成为网民最基础的应用之一。本节将简单介绍以上两种应用。

1. 新浪微博

在庞大的移动用户使用群体中，新浪微博作为重要的社交网络平台，为国内用户提供了优质且良好的沟通渠道，现 76%的新浪微博用户使用移动终端的微博客户端，已经成功地从 PC 端转换到移动终端。

（1）新浪微博的特点

新浪微博不同于传统 PC 社交应用，具有以下特点。

① 内容精悍。

新浪微博用户可任意发表文字和图片信息，但是对分享的信息有字数的限制，需控制在 140 个汉字（280 个字符）以内。这就要求发表的微博内容简短，只需只言片语。只要内容有吸引力，也能获取其他微博用户的关注。

② 分享便利。

由于移动互联网的移动特性，微博用户可以在任何时间、任何地点即时发布信息，其发布速率要远远快于传统纸媒和网络媒体。

③ 草根性和全民性。

由于微博字数的限制，没有过多技术上的要求，用户门槛较低，所有人都可以参与自己感兴趣的话题，因此成为草根性很强的社交应用。同时草根性使得微博用户群层次更加多元化，甚至包含政府企业，在一定程度上可称之为全民性的应用。

④ 原创性和随意性。

微博标志着个人互联网的来临，用户需要在微博平台上建立网上形象，特别是公众人物，如何在字数限制的情况下创作博文表现自我，是导致大量原创内容爆发性产生的原因。

（2）新浪微博提供的服务

目前，新浪微博提供的服务可以分为社交服务和企业服务。

① 社交服务。

作为时下火爆的社交平台之一，微博是基于用户关系的信息分享和传播的平台。微博的绝大多数用户会和与自己年龄相仿的人群建立社交关系，互粉年龄差异在 2 岁以内（含 2 岁）的人群占 62.3%；90 后、00 后已经逐渐成为微博用户的主力，而年龄层相对较大的 70 后与 70 年代之前出生的用户占比相对较小。由此不难看出，微博用户中目前的整体年龄层趋于年轻化。

② 企业服务。

企业微博，是品牌、企业对外进行品牌推广、新品发布以及产品功用宣传的重要阵地，在 2015 年度微博用户发展报告中，对用户关注企业微博的情况进行了调研与分析：目前新浪微博共有企业类账号 40.4 万余个，覆盖 IT／互联网、电子、汽车等多个行业，共覆盖 4.84 亿微博用户。根据对用户的调研结果显示，用户关注微博主要是通过广告活动、他人转发、企业宣传品 3 个途径；在关注企业微博的用户中，参与企业活动是用户与企业微博间使用量较高的应用，获取有价值信息、互动／客服以及购买前了解产品情况也是用户关注企业微博的主要应用。

2. 腾讯微信

腾讯微信（简称微信）在 2013 年获得了巨大的成功，是"流量变现"的成功案例，具有巨大的商业价值。由于即时通信与手机通信的契合度较大，同时，微信在社交关系的基础之上增加了信息分享、交流沟通、支付、金融等应用，极大提升了用户黏性，使微信获得了成功。如图 5.7 所示为 2018 年 3 月 TOP10 社交应用月活跃用户数及同比增长，微信的活跃用户量居各大社交应用首位。

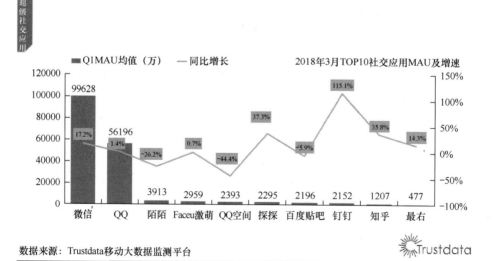

图 5.7　2018 年 3 月 TOP10 社交应用月活跃用户数（MAU）及同比增长

微信目前支持 iPhone、Android、Windows Phone、Symbian、Series、BlackBerry 六大平台，还具有 PC 端的网页版，自 2011 年上线至今，已推出 20 多个版本，如图 5.8 所示。从最初的简单通信软件拓展为一款具备多元化娱乐功能的即时通信应用和社交应用，微信的代表性业务模块主要有多维化社交、朋友圈、分享平台和公众平台。

图 5.8　微信版本

（1）多维化社交

微信的社交包括两部分：一是熟人社交，二是陌生人社交。这两部分共同构成了微信的多维化社交体系。

熟人社交可以通过导入 QQ 好友和手机通信录两种方式导入好友，庞大的 QQ 用户群体与通信录的结合为微信的用户拓展提供了良好的工具，与移动端的通信功能进行了良好的整合，将熟人好友关系从线上拓展到了线下，进一步深入到了用户日常的社交生活当中。

陌生人社交是移动端新兴的一种交友方式，用户通过移动 App 的位置信息认识周围的陌生人。微信的陌生人交友模块为查看附近的人和摇一摇。查看附近的人是基于位置的交友方式，摇一摇则是基于特定的互动方式认识陌生人，这两种陌生人交友模块分别针对不同的交友目的和方式，为微信用户提供了丰富的、多层次的社交体验。

（2）朋友圈

微信自 4.0 版本推出了朋友圈功能，建立了微信好友的图片社区，分享图片和状态（见图 5.9）。朋友圈的关系网具有一定的封闭性，微信用户的分享，只有与对话双方都是好友关系的人才可以看到，私密性很强。同时，微信用户的分享公开范围可以自行定义，实现了个人隐私的高度定制化。由于其对隐私的较好保护和朋友圈较强的关系网，微信朋友圈的活跃度非常高，用户黏性进一步增强。

图 5.9　微信朋友圈

（3）开放平台

2012 年 5 月 15 日，微信正式开放了注册开发者资格，第三方开发者可以在微信开放平台的官网上获取专有 App ID 上传应用，审核通过即可获得微信庞大的社交关系网。微信开放平台如图 5.10 所示，目前包括分享至微信好友和分享至朋友圈。前者更具有互动性，能够带来更高的点击率和转化率；后者曝光范围更广，更有望实现信息的"病毒化"传播。微信开放平台是微信从单纯的社交应用走向平台化的革命性举措，这也意味着微信开始探索流量转化变现的道路。

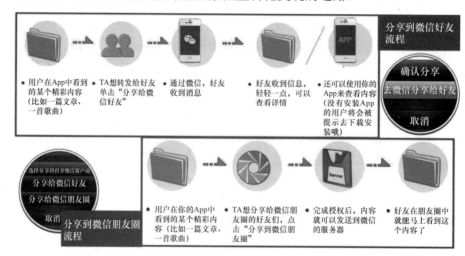

图 5.10　微信开放平台

（4）公众平台

微信公众平台是微信针对企业级用户发布的一款产品。公众账号每天可以群发一条信息，普通公众账号只能发送图片、文字及声音，认证的公众账号可以发送经过编排的图文信息。微信 5.0 推出后将公众账号划分为订阅号和服务号，如图 5.11 所示。

图 5.11　微信公众平台

订阅号定位的服务对象是媒体和个人，可以每天推送消息，但是在首页的消息列表被折叠在一个订阅号目录之下。服务号在首页消息列表不会被折叠，每周只能群发一条消息。相对于订阅号，服务号拥有更强的互动性。

5.2　位置应用业务

5.2.1　位置应用业务概述

随着第三代移动通信网络的推广商用和移动智能终端的不断普及，移动互联网应用呈现出爆炸性增长态势，位置服务在整个移动互联网产业链中起着基础、核心的作用已成业界的共识。

位置应用业务是基于 LBS 开发的移动互联网应用业务。基于位置的服务（Location Based Service，LBS）是通过电信运营商的无线电通信网络（如 GSM 网、CDMA 网）或外部定位方式（如 GPS 和 BDS）获取移动终端用户的位置信息（地理坐标或大地坐标），在地理信息系统（Geographic Information System，GIS）平台的支持下，为用户提供相应服务的一种增值业务[81]。

位置应用服务在移动互联网应用领域一直都是推动移动革命的催化剂之一。2012 年开始，位置服务在传统移动地图导航软件平台中发挥重要作用的同时，由 Foursquare 签到应用引发了大规模的位置应用业务转型。位置服务开始慢慢渗透到各种类型应用服务中，转换为后台服务，了解用户的行为模式，引导用户的移动体验[82]。

5.2.2 位置应用业务的特点

由于移动终端所具有的运动性、便携性和即时性特点，以及用户对空间信息使用方式的特殊性，其特点主要体现在以下方面。

1. 实效性

"位置""实时性"和"交互性"是移动互联网区别于传统互联网的关键特性，是移动互联网产生新技术、新产品、新应用和新商业模式的根源。这些特点与位置服务"随时（Anytime）、随地（Anywhere）为所有人（Anybody）和事（Anything）提供个性化信息服务"的宗旨是天然贴合的。

由于用户始终处于移动状态，位置应用对空间信息的实效性要求非常高，需达到所见即所得、所见即所需的实时性目标。如果不能及时给用户提供实时的信息，位置应用业务的存在就失去了意义。利用这一类应用业务，用户可以方便地获知自己目前所处的准确位置，并查询或接收其附近各种场所的资讯。该服务的巨大魅力在于，能在正确的时间、正确的地点把正确的信息发送给正确的人。

2. 多样性和连续性

位置应用业务能够给用户提供多样化的空间信息表现形式，包括矢量数据、栅格数据及文本数据。同时，依托后台强大的地理空间信息数据库支持，位置应用业务突破了空间局限性，向用户提供覆盖面广、信息量大且具有相对连续性的空间信息，满足用户空间定位的需求。同时它还可以对用户进行定位，并对指定目标（例如车辆或人员）的位置进行实时监测和跟踪，使所有被控对象都显示在电子地图上，一目了然。因此，在无线移动领域内具有广泛的应用前景。

3. 社会化

近年来，通过位置与人聊天互动的位置交友类应用非常热门，一旦置入了位置信息社交网站就活了，其可以将虚拟的网络关系转换为线下的真实关系，这也为商家提供了商机。目前主流的移动社交化平台都已经具备了"位置分享""位置签到""位置标识"等位置服务的初级功能。一个典型的例子就是，新浪微博通过博友的位置签到，在签到点上有哪些好友、用户所关注的对象是不是常来都可以容易地知道。有了位置和基于位置的服务以后，社交就变得更加方便、有趣了。

社交网络与位置服务有其结合的必然性。首先，用户的位置可以反映用户的社会属性，能够进一步促进社交的构成；其次，依附于位置的兴趣点、热点事件等形成了社交的话题，丰富了社交的内容；再次，"位置"连接起了虚拟空间与现实空间，促成了社会活动从线上到线下（Online to Offline，O2O）的互动。

4. 本地化

位置服务的另一个发展倾向是，通过定位和基于位置的社会感知，使服务自适应地"本地化"[83]。"本地信息"是用户获取信息服务的主要兴趣指向之一。围绕这些应用，将生活的各个方面汇集、互通、互联，使百姓生活方便快捷。当前的诸多位置应用业务已经实现了诸如周边兴趣点的评价和推荐、周边人群的社交推荐、周边商品售卖信息推送等。位置应用业务与用户自身环境相适应，形成对用户的个性化服务。

事实上，早在传统信息时代，以平面媒体为代表的信息服务商就已经重视"本地化信息"。在互联网时代，门户网站通过 IP 地址的分布信息，已经能够自动识别用户所在的城市等初级位置信息，从而向不同城市的用户提供不同的"本地门户"。随着移动互联网时代的来临，移动定位精度不断提高，隐伏区（如室内）定位的各种解决方案也开始投入应用，服务的"本地化"将呈现从城市到米级（甚至更高精度）多种尺度共同发展。

"周边局部化"信息的获取是服务"本地化"的初级形态。当前的诸多 LBS 应用已经完成了诸如周边兴趣点的评价和推荐、周边人群的社交推荐、周边商品售卖信息推送等本地化。

随着互联网移动性的不断增强和定位精度的不断提高，用户请求服务的"本地信息"也经常发生变化。对于一部分信息服务而言，即便是同一类型的服务，用户在不同时刻、不同地点对服务内容的期望也是不同的。因此，"本地化"的第二层意思是指，服务与用户自身环境相适应，形成针对用户的个性化服务。用户环境通过社会感知手段获得。位置服务能否自适应地根据用户位置变化，探知其请求服务时的真实需求，是当前位置服务发展的一个研究难题。

5.2.3　位置应用业务的典型应用及分析

目前主流的位置应用业务主要分为两种类别：移动电子地图和基于本地化服务的位置应用业务。本节将介绍一些典型应用。

1. 高德地图

电子地图正在个人生活中扮演着越来越重要的角色，人们通过移动终端的电子地图应用自我定位，查询交通路线，查询周围的餐馆和商铺。高德地图作为国内较早推出的地图应用之一，有超过 10 年的地理位置服务经验，并逐步通过手机地图和导航全面布局移动互联网。深厚的专业基础、广泛的数据累积和对产业链的率先布局，使高德地图在手机地图市场上获得较大竞争优势。2017 年中国手机地图账户市场份额如图 5.12 所示，2017 年手机地图 App 用户满意度排行如图 5.13 所示，可以看出高德地图的排名都十分靠前。

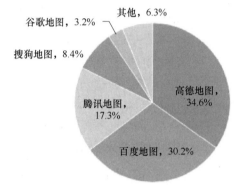

图 5.12　2017 年中国手机地图账户市场份额

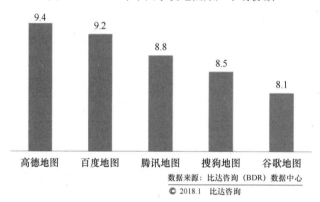

图 5.13　2017 年手机地图 App 用户满意度排行

高德地图旨在打造并提供最专业的地图导航、最全面的生活信息和最智能的出行指南的位置应用平台。

（1）专业的地图导航

高德地图导航支持多种方式一键定位，提供最基本的查询、定位和导航功能，具有友好的用户界面。

（2）全面的生活信息

高德地图为用户提供了多种常用的地点类别，如餐饮、住宿和购物等，将现实的商家店铺及场所搬至虚拟的地图上，每个地理位置对应一个兴趣点，导航界面如

图 5.14 所示。高德地图全方位提供海量深度兴趣点达 2600 多万条，为用户提供更多的便利，兴趣点界面如图 5.15 所示。

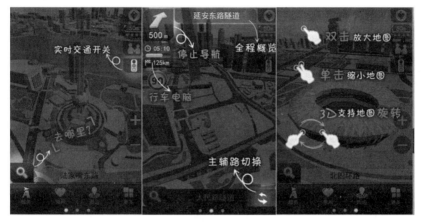

图 5.14　导航界面

（3）智能化的出行指南

高德地图根据用户需求能够自动生成"最短""最快""最省钱"等多种路线规划以供用户选择最优出行路线。高德地图提供了公交和自驾车 2 种乘车方式，按照不同用户的不同需求，公交方式具有"速度较快""换乘较少""步行较少""舒适优先"的方案；自驾车方案则具有"最短时间""最少费用""最短路线"和"少走高速" 4 种方式，基本上满足了用户需求，出行路线界面如图 5.16 所示。

图 5.15　兴趣点界面

图 5.16　出行路线界面

此外，高德地图还具备"离线地图下载"功能，提供全国各地的离线地图，以节省使用过程中的流量消耗，其功能更具人性化，在一定程度上增加了用户黏性。

　　高德地图的优势在于，覆盖全国的优质导航电子地图数据库、多元实时动态数据的专业处理能力，端到端一体化应用的专业服务能力，以及拥有与各类终端用户形成良性互动的数据生产平台和位置服务平台，高德地图的架构如图 5.17 所示。

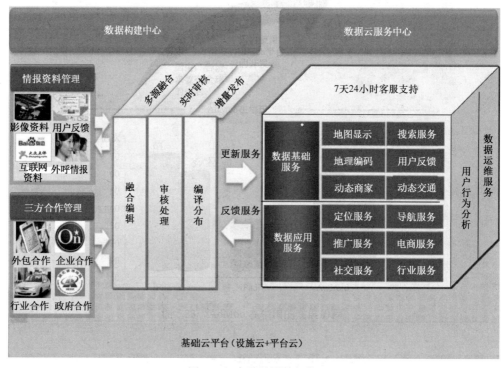

图 5.17　高德地图的架构

　　在 2017 年，高德地图成为行业"网红"，时不时就上行业头条热点。7 月，基于高德地图的公共出行服务平台——高德易行平台正式上线。该平台致力于为亿万用户提供一站式公共出行服务，目前已涵盖了包括驾车、网约车、公交地铁、骑行、步行、火车、客车、货车等众多出行方式，极大地方便了用户出行。

　　此外，高德地图在 2017 年不断针对用户的体验需求，不断升级自己的产品。高德地图在驾车、公交路线规划的基础上，升级或新增了步行导航、骑行导航、跑步模式、组队出行等众多新功能；为 3000 万货车司机上线了专业货车导航；为残障人士、老人、孕妇等行动不便人群上线了多个城市的地铁无障碍电梯等设施的标注；在众多知名景区中上线了旅游路线、语音导游、导览等智慧景区服务。

2. 滴滴出行

　　打车软件是针对中国出租车市场需求而产生的位置应用软件，它能够方便地匹配用户和司机的需求，减少车辆的空载率，提高运营效率。

滴滴出行（原嘀嘀打车）是由腾讯集团投资、北京小桔科技有限公司研发的打车软件。从 2013 年开始，滴滴出行的发展迅速，特别是在 2014 年宣布独家进入微信支持，通过微信实现叫车和支付后，用户数量猛增，已处于行业的领导地位，2018年第 2 季度国内网约车平台交易额分布情况如图 5.18 所示，2018 年 9 月主流汽车出行应用月活跃用户数及月环比如图 5.19 所示。

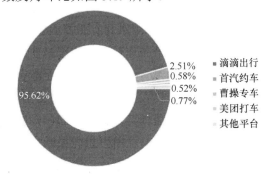

资料来源：德勤 前瞻产业研究院整理　　　@前瞻经济学人App

图 5.18　2018 年第 2 季度国内网约车平台交易额分布情况

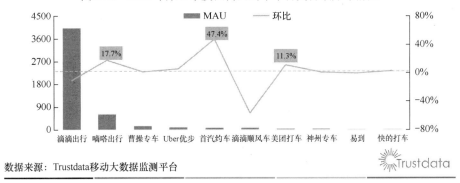

数据来源：Trustdata移动大数据监测平台

图 5.19　2018 年 9 月主流汽车出行应用月活跃用户数及月环比

滴滴出行最大的优势是，能够提供车辆及旅客双方的定位。将司机和乘客之间的交流变得更对称、更实时。通过提供 LBS 服务，乘客可实时掌握提供服务的司机开到哪里，司机对乘客在哪里一目了然，双方可以无障碍交流信息，避免了借助第三方传递而导致的信息丢失。

5.3　视频应用业务

截至 2018 年 6 月，中国手机视频用户数达 5.78 亿，占手机网民的 73.4%，较 2017 年底增长 2929 万，半年增长率为 5.3%，亦高于手机网民整体增速（4.7%），2010 年 12 月—2018 年 6 月年手机网络视频用户规模和使用率如图 5.20 所示。移动终端视频业务的快速增长主要由三方面原因促成：首先，整体网民互联网使用行为正在向移动终端转换，庞大的移动网民规模为移动终端视频的使用奠定了用户基础；其次，移动终端视频的使用环境逐步完善，具体包括智能手机的发展、WiFi覆盖率及使用率的提升，以及 4G 网络的落地，都成为移动终端视频增长的促进因素；最后，视频应用厂商在客户端的大力推广，提升了网民对于移动视频的认知，进而吸引更多网民使用移动视频应用。

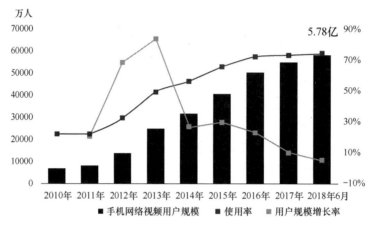

图 5.20　2010 年 12 月—2018 年 6 月年手机网络视频用户规模和使用率

5.3.1　视频应用业务概述

移动视频业务是一种通过移动网络和移动终端为移动用户提供视频内容的新型通信服务，它的主要特色在于传送的内容是比文本、语音更加高级的视频图像（Video），并可以伴有音频（Audio）信息。

网络视频市场经过多年的发展，在版权内容储备、自制内容水平、用户规模及黏性、品牌影响力等方面都已经拥有较强实力。广告收入、用户付费两种主要营收模式的并驾齐驱也使得平台拥有稳健增长的现金流，平台盈利未来可期。在移动端，短视频、直播两种新视频形态的出现更是为整个视频市场带来了活力及市场商机，引导了新一轮爆发式增长，其中的脱颖而出者也将在资本市场获得更好的市场前景。在移动互联网高速发展的今天，平台的移动视频广告形式不断优化，短视频广告、信息流广告、竖屏广告等创新广告形式逐渐博得广告主青睐，移动视频广告市场将持续推动整体网络视频广告市场的快速发展，预计到 2020 年中国移动视频广告市场规模将达到 737.3 亿元，占比预计为 85.4%。

5.3.2　视频应用业务的特点

1. 内容多元化，来源多样化

视频应用业务的内容涉及时事热点、原创、电影、电视、体育、音乐、游戏、动漫等各方面，满足各种类型用户的观看兴趣。其内容的来源更是多样化：网站合作、网友上传、购买版权、公版影片、原创制作、与电视台等传统影视媒体战略合作等，保证视频应用业务内容的多元化。内容数字化使视频应用业务内容丰富，结合手机多媒体的互动优势，让用户不但增加了新的观看感受，还可将这种感受随时带在身边，移动视频应用业务市场的繁荣是可以预见的。综合调研的结果，当前具备娱乐化和休闲化色彩的视频内容更易受到用户的青睐。

2. 使用时间碎片化

碎片化的时间管理被移动互联网升华了，移动互联网的产品能随时随地访问网络，这种碎片化的时间管理越来越受到重视。移动终端设备的主体使用人群多为上班族，使用地点集中在地铁、公交上，使用时间主要集中在上下班路上或是闲暇之余，都比较零散。而这些使用习惯又导致了使用时长也较短。

3. 用户群年轻化

通过对不同年龄段的手机视频用户使用频率的交叉分析，以及对不同年龄段手机视频用户使用时长的交叉分析可以看出，网络视频在年轻人中比传统电视更受欢迎，年轻用户在视频服务中具有较好的用户黏性和较高的服务依赖性，而且随着用户形成用手机、平板电脑和智能电视观看视频的习惯，在线视频的潜在收视人群还将进一步扩大。相比整体网民年龄结构，网络视频用户呈现年轻化的态势，图 5.21 所示为中国在线视频行业用户年龄分布—移动端。

4. 以点播和广告为主的盈利模式

视频应用业务都会在视频播放之前插播几十秒的广告，或者在暂停播放时展示广告以获取高额的广告宣传费用；同时，启用会员制度，对视频内容进行等级化区分，对付费用户提供更优化或更多的视频资源，并依此获取盈利。

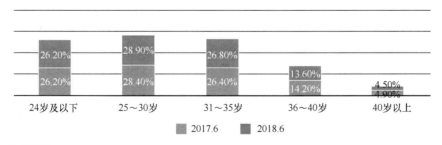

资料来源：mUserTracker

图 5.21　中国在线视频行业用户年龄分布—移动端

目前中国在线视频行业绝大部分的收入来源于上游广告主的广告投放，远远领先于其他形式的广告，因此视频行业虽然没有实现大规模盈利，但其巨大的市场潜力已经得到了市场认可。在线视频业务日益增长，涉足公司纷纷"跑马圈地"，这可能让该行业耗时已久的"盈利之战"进一步延长。搜狐视频日前发布财报显示，其广告业务年度收入增长超过 100%，其中，投放视频移动端广告的广告主数量不断增加，移动视频商业化正处于上升轨道。除搜狐视频外，爱奇艺视频网站前不久也指出移动端将是今年公司进行营销的重点平台。

5. 对网络质量要求高

带宽一直都是制约移动视频业务发展的瓶颈，在选择网站时，约四成用户考虑了"播放流畅"的因素。除此之外，手机／平板移动端更多考虑"内容丰富""操作简单、界面友好""内容更新及时""能很快找到所需内容"等因素，因为移动端用户常用视频客户端观看，要求界面更加友好、信息查询更加方便快捷、内容更加丰富及时。而 PC 端用户在"清晰度"的要求上更高，这是因为 PC 屏幕更大，清晰度低的视频在较大屏幕上的显示效果不佳，用户对清晰度的要求自然也更高。

根据调研的相关情况来看，视频的流畅性和清晰度等因素是手机视频用户普遍关注的两个问题。在"手机上网用户不使用手机视频的原因"中，网速慢和看不清楚成为突出的问题；而在"手机视频用户愿意付费的手机视频节目"的问题中，"观看速度流畅"位居首位，用户占比达到 44.4%，选择"画质清晰"的用户比重也达到近 40%。由上述分析可以看出，手机视频用户在选择手机视频网站或者相关视频内容时，流畅性和清晰度是重要的选择依据。因此，手机视频网站应当采取必要措施拓展传输速率，并在视频流畅性的基础上增强视频的清晰度，从而更好地服务于用户，增强网站在整体用户中的认可度。可以对已有视频通话服务和手机电视进行产品的升级蜕变，以实现用户需求。

移动视频本身对网络速率的要求就比较高，如果再有大量的用户同时使用，对网络的挑战就更大了。旺盛的使用需求和庞大的用户规模，使得运营商必须在网络质量上花更大的精力。从网络覆盖到网络速度，都要打造更好的用户体验。

5.3.3　视频应用业务的典型应用及分析

优酷作为一家获得广电双证的商业网站，成为正版影视节目发行、传播和营销的平台，在视频应用业务中占有举足轻重的一席之地。截至 2018 年 6 月，优酷移动终端的月活跃用户数为 4.93 亿，月使用时长为 20.46 亿小时。本节简单介绍优酷移动终端业务。

1. 人性化布局设计

优酷的多屏战略首先在内容上打通了 PC、平板电脑、手机、TV 之间的底层通道，而不是简单地将 PC 页面"迁移"到移动端，先进的"底层融合机制"保证了多屏化内容呈现的一致性，用户在不同屏幕上看到的优酷视频具有统一性和延续性，屏幕间的转换更加流畅。"大海报"板块式布局设计更是方便了用户在移动端进行指触操作。

2. 海量视频库

优酷欢迎以微视频形式出现的视频收藏、自创与分享，注重视频内容的实时性和新鲜性，创新节目制作模式，自主打造出海量精品视频库。同时，优酷在自主研发的定向搜索技术和海量数据精准处理模式支持下，实现便捷的专辑分类交叉搜索的功能。

3. 观看习惯的记录和同步

优酷的用户中心能够记录用户的观看习惯，并以此推荐相关视频，增加用户黏性。优酷在移动客户端应用了云记录技术，实现了跨平台、多终端即时同步上传观看记录的功能，近期又推出视频的二维码扫描——用户用移动设备扫描网页视频的二维码，就能将正在看的视频"转移"到移动设备在同一进度继续观看。

4. 即拍即传

优酷移动终端加强了手指滑动性能，支持离线拍摄上传，可进行简单的视频编辑，并就页面的交互应用进行了优化改进，更方便优酷拍客实时记录和分享信息，大大增加了视频库内容的实时性和趣味性，能够吸引大批崇尚自由创意、欣赏微视频的网民。优酷是国内首家为微视频免费提供无限量上传与存储空间的视频应用平台，并构架了擂台及评分系统。用户只要注册就可免费上传视频并参加所有的活动，扩展了视频应用业务的趣味性。

5.4　电子商务业务

5.4.1　电子商务业务概述

移动互联网的电子商务业务是指将 Internet、移动通信技术、短距离通信技术及其他信息处理技术完美结合，使人们可以在任何时间、任何地点进行各种商贸活动，实现随时随地、线上线下的购物与交易、在线电子支付，以及各种交易活动、商务活动、金融活动和相关的综合服务活动等[84]。2013 年是移动互联网飞速发展的一年，购物、支付、旅游、休闲娱乐、生活服务、订餐、酒店等传统互联网业务被移至移动端，用户消费习惯日益移动化，移动电商的疯狂崛起已成为必然。

伴随着智能手机的快速推广和普及，移动电商应运而生，凭借着便捷和碎片化购物方式，移动电商持续火热，用户逐渐从 PC 端向移动端倾斜。2013—2018 年中国移动电商用户规模及预测如图 5.22 所示，数据显示，2013—2017 年中国移动电商用户规模快速增长，从 2.17 亿人增长至 4.78 亿人，5 年间增长了 2.61 亿人，年均复合增长率为 21.8%。2018 年用户规模会进一步增长，可达到 5.17 亿人。在移动购物市场规模方面，2013 年以来中国移动购物市场规模快速发展，从 2681.7 亿元增长至 2017 年的 46416.4 亿元，5 年间增长了 43734.7 亿元，年均复合增长率为 104%，伴随着电商商务行业的逐步完善，消费者消费习惯的逐渐养成，推动了中国电子商务的发展，2018 年中国移动购物市场规模达到了 57427.4 亿元，2013—2018 中国移动购物市场规模及预测如图 5.23 所示。

图 5.22　2013—2018 年中国移动电商用户规模及预测

图 5.23　2013—2018 年中国移动购物市场规模及预测

5.4.2　电子商务业务的特点

1. 便捷性和灵活性

移动电子商务的最大优势就是，移动用户可随时随地获取所需的服务，具有"自由"和"个性化"的特点，可以灵活地选择访问和支付方法，并设置个性化的信息格式。移动终端从通信工具变成了"移动 POS 机"，可以满足用户任何时间、任何地点进行电子商务交易的要求。

传统电子商务已经使人们感受到了网络所带来的便利和快乐，但它的局限在于必须使用电脑并具备网络接入，而移动电子商务则可以弥补传统电子商务的这种缺憾。移动接入是移动电子商务的一个重要特性，也是实现移动电子商务便捷性和灵活性的基础。移动网络的覆盖面是广域的，用户可以随时随地方便地进行电子商务交易。移动支付是移动电子商务需要完成的一项重要任务，用户可以随时随地完成必要的电子支付业务。移动支付的分类方式有多种，其中比较典型的分类包括：按照支付的数额可以分为微支付、小额支付、宏支付等；按照交易对象所处的位置可以分为远程支付、面对面支付、家庭支付等；按照支付发生的时间可以分为预支付、在线即时支付、离线信用支付等。这些支付业务可以让人们随时随地下定金、预付款、结账，感受独特的商务体验。

2. 开放性和包容性

由于移动电子商务接入方式的无线化，任何人都可以无障碍地进入电子商务平台，从而使网络应用范围更广阔、更开放；同时，移动电子商务使网络虚拟功能带有现实性，更具有包容性。

由于移动电子商务的开放性，对传统电子商务而言，用户的消费信用问题一直是影响其发展的重要问题，而移动电子商务在这方面显然拥有一定的优势。SIM 卡的卡号是全球唯一的，每一个 SIM 卡对应一个用户，这使得 SIM 卡成为移动用户天然的身份识别工具。利用 SIM 卡可以存储用户的银行账号、CA 证书等用于标识用户身份的有效凭证，此外还可以用来实现数字签名、加密算法、公钥认证等电子商务领域必备的安全手段。对于移动商务而言，这就有了信用认证的基础。有了这些手段和算法，就可以开展比 Internet 领域更广阔的电子商务应用了。

3. 潜在性和机遇性

从消费用户群体来看，移动终端用户中基本包含了消费能力强的中高端用户，而传统的上网用户以年轻人为主。显然，从计算机和移动电话的普及程度来看，移动电话远远超过了计算机，也覆盖了更多年龄层的用户。由此不难看出，以移动终端为载体的移动电子商务不论在用户规模上，还是在用户消费能力上，都优于传统电子商务，会给企业和创业者带来更多商机。

移动电子商务易于推广使用。移动通信所具有的灵活、便捷的特点，决定了移动电子商务更适合大众化的个人消费领域。比如自动支付系统，包括自动售货机、停车场计时收费等；半自动支付系统，包括商店的收银柜机、出租车计价器等；日常费用交费系统，包括水、电、煤气、话费等费用的交费等；移动互联网接入支付系统，包括登录商家的 WAP 站点购物等。

移动电子商务领域更易于技术创新的特点也为移动电子商务的应用带了更大的机遇。移动电子商务领域因涉及 IT、无线通信、无线接入、软件等技术，且商务方式更加多元化、复杂化，因而在此领域内很容易产生新的技术。随着我国 4G 网络的普及和未来 5G 网络的兴起与应用，这些新兴技术将转化成更好的产品或服务，所以移动电子商务领域将是下一个技术创新的高产地。

5.4.3　电子商务业务的典型应用及分析

移动电子商务是对传统电商购物方式的延伸，与传统电商购物的品种可完全重合，差异之处在于购物终端的不同、购物应用软件的不同。与此相对应衍生的移动支付终端异军突起，带来了巨大的商机和竞争。天猫商城和支付宝无疑是其中的佼佼者。

1. 天猫商城

2018 年上半年 B2C 网络零售市场份额分布如图 5.24 所示，由图可知，天猫商城占据 B2C 网络购物交易市场份额的半壁江山。天猫商城在 B2C 网络购物交易市场中的份额占比为 55%，占 B2C 网络购物交易市场的半壁江山。而随着用户使用习惯的改变，移动终端的份额所占的比重越来越大。在 2018 年"双十一"活动期间，全网移动端交易占全渠道交易方式的比例再次上升，达到 93.6%，移动端交易规模达 2942 亿元。

与网页版天猫不同，天猫商城手机客户端的设计模块化显示更具人性化，更适合用户操作和理解。

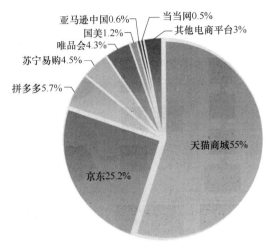

图 5.24　2018 年上半年 B2C 网络零售市场份额分布

（1）主题化精品推荐

天猫商城手机终端以主题化的形式在首页向用户推荐商品，帮助用户发现并收藏感兴趣的宝贝，其主题往往与时下热点相关，吸引用户的同时也增加了用户"逛店"的乐趣。此外，天猫商城手机终端还特地开辟了一个模块——关注，展示近期的人气店铺、实时优惠信息，以供用户关注，增强了商家和用户之间的互动，并提高了用户"购"的可能性。

（2）方便的类目导航和精准搜索功能

天猫手机终端更突出搜索和导航功能，它为用户提供了便捷的类目导航和精准搜索筛选功能，以便用户在海量商品中选到心仪的物品。

（3）随心管理，随时掌控

利用购物车功能，用户可随心管理心仪商品；收藏宝贝、收藏店铺记录用户中意的店铺和商品，随时可点击购买；订单管理、收货地址等管理功能帮助用户随时随地掌握订单状态。

2. 支付宝

近些年来，随着移动互联网的发展，移动支付成为我国"新四大发明"之一，而且伴随着智能手机和互联网的普及，移动支付也普及到全国各地，在全球范围内中国也是移动支付普及率最高的国家。其中，以支付宝为首的第三方支付交易平台在国民经济体系中起到越来越重要的作用。2018 年第二季度中国移动支付市场交易份额占比，如图 5.25 所示。

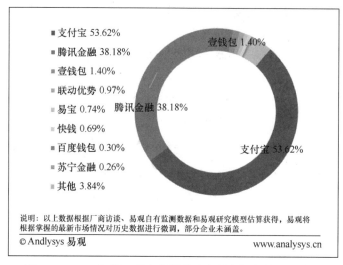

图 5.25　2018 年第二季度中国移动支付市场交易份额占比

（1）设置手势密码，提高安全性

设置一个打开支付宝的手势密码，使用户在无网络情况下依然可以快捷地打开软件，并提升了支付的安全指数。支付宝手势密码如图 5.26 所示。

图 5.26　支付宝手势密码

（2）提供转账、还款和缴费功能，渗透日常生活，提高用户黏性

支付宝嵌入生活类应用，免去烦琐的交费流程，为用户提供了便捷的平台，扩大了应用受众群，优化了用户体验。支付宝生活类应用如图 5.27 所示。

图 5.27　支付宝生活类应用

（3）收付款

收付款是一种基于二维码技术的当面支付方式，在首页界面中，独立集成了付款与收款功能，更清晰直观地满足了大众需求，使手机终端成为虚拟世界的钱包，收付款如图 5.28 所示。

（4）余额宝

余额宝是 2013 年 6 月 13 日由阿里巴巴集团支付宝上线的存款业务。通过余额宝，用户不仅能够得到较高的收益，还能随时消费支付和转出。截至 2017 年 12 月 31 日，余额宝总规模达 1.58 万亿元，相比 2016 年底几乎翻倍！余额宝用户共计 4.74 亿人，其中绝大多数是个人投资者，持有份额占比 99.94%，平均每人持有 3329.57 元。2017 年，余额宝实现利润 524 亿元，平均每天赚 1.44 亿元，收益率达 3.92%。

图 5.28　收付款

（5）公众服务平台

在支付宝中，用户可以根据需求添加公众号，享受公众号提供的便捷服务。以圆通速递为例，你可在支付宝"生活号"的圆通速递公众号中进行寄件、查询服务等操作，如图 5.29 所示。

图 5.29　支付宝公众服务平台

5.5　移动广告业务

5.5.1　移动广告业务概述

移动终端已经成为当前人们生活不可缺少的一部分，与此同时，移动广告产业链不断完善，推动着网络广告规模的快速增长。2017 年移动广告规模达2549.6 亿，占总体网络广告比例近 70%，预计 2020 年这一比例将达到 84.3%，移动广告未来仍将继续引领网络广告市场发展，移动广告平台发展历程如图 5.30所示。

图 5.30　移动广告平台发展历程

目前中国移动广告平台类型主要有三类：第一类为移动应用商城，即商城内置广告平台；第二类为第三方移动广告平台，服务于普遍的移动应用，具有跨操作系统和展现形式多样化等特点；第三类是广告优化平台，支持国内外数十家广告平台自由转换，实现广告收益最大化，中国移动广告平台如图 5.31 所示。

图 5.31　中国移动广告平台

5.5.2　移动广告业务的特点

1. 高效性

在智能手机普及的今天，移动广告接收者的数量已超过纸媒广告或者电视广告，而且效果比传统广告要好。在预先定位的基础上，广告主可以选择用户感兴趣的或者能够满足用户当前需要的信息，确保用户所接收的就是他想要的信息。通过对广告的成功定位，广告主就可以获得较高的广告阅读率和购买转化率。

传统广告是在几乎不考虑情境的情况下将相同的信息发送给众多的接收者。对广告业主来说，通过移动设备发送广告的诱人之处在于，能够在正确的地点和时间锁定目标用户，因为越来越多的移动电话和设备都采用全球定位系统（GPS）技术。举例来说，当一位顾客从麦当劳餐厅旁边经过时，麦当劳可以用短信形式向他推送一张炸薯条免费券。

2. 低成本

移动广告业务大大降低了广告成本，同电视、大型广告牌相比，把更多的资金投入到广告内容传递方面，而不是广告制作方面。

移动广告业务降低了了广告成本，尤其是电话广告业务的广告制作比较简单，主要是广告词的构思和语音的录制成本非常低。同电视、大型广告牌相比，电话广告方式把更多的资金投入到广告内容传递方面，而不是广告制作方面。除电话广告以外，移动广告业务随着移动通信技术的进步还将进行多媒体广告视频播放，届时广告制作和发布成本将有所提高，但是与电视、电台等媒体相比，移动广告业务的成本具有较大优势。

3. 二元性

广告的二元性是指广告产业附属于其他产业，并且对媒体具有很强的依附性。移动广告属于厂商对外传递商品信息的具体表现，不能脱离具体的企业、商品和服务活动。移动广告对媒体的依附性即指移动广告只能依附于其他移动业务或移动终端，才能体现出其存在的价值。

通过移动媒介，广告的传播方和接收方可以相互影响。对于一则广告，消费者可以使用移动电话、短信、邮件、登录网站等形式向广告商做出回应，甚至还会将广告转发给自己的朋友们，当这种转发数量大且传播面广时便形成了所谓的"病毒式"营销。这种方式对广告商极为有利，因为在转发信息的过程中用户自身成了发送者，增加了信息的可信度。

4. 受众群体年轻化

个性化的广告业务很受年轻群体的欢迎。手机用户可自主选择感兴趣的广告信息或进行广告信息的点播、定制，商家可以根据移动网网管的统计数据获得广告信息的收听用户数及信息抵达率，从而对广告效果做到心中有数，以便及时调整业务策略和投资成本。

5.5.3　移动广告业务的典型应用及分析

AdMob 于 2006 年创建于美国加州，在 2009 年被 Google 收购后正式投入移动广告市场，是全球领先的移动广告公司，覆盖全球 160 多个国家，AdMob 的发展历程如图 5.32 所示。

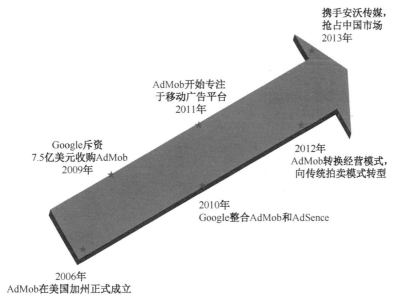

图 5.32　AdMob 的发展历程

AdMob 拥有世界上最大的广告网络，覆盖成千上万的手机网络。AdMob 每月在手机网络上提供数以亿计的针对性强、富有个性的广告，通过 AdMob 的网络，发布者可以轻松将其手机广告流量转变成收益。国内大多数移动广告平台均采用了 AdMob 的广告平台模式。

2013 年 Google 与 Yahoo 达成协议，雅虎部分联名网站将使用 AdMob 服务。同年 10 月，Google 把移动广告网络平台 AdMob 搬上了 Windows Phone 8 系统。以上措施大大提升了 AdMob 的行业竞争力和品牌效应。2013 年 AdMob 进驻中国市场，迅速抢夺中国移动广告业务市场并占有了一席之地。AdMob 在中国的发展历程如图 5.33 所示。

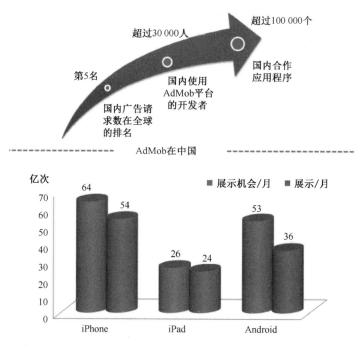

图 5.33　AdMob 在中国的发展历程

5.6　移动物联网业务

5.6.1　移动物联网业务概述

2010 年 7 月，中国移动物联网基地正式落户重庆，负责物联网和 12582 农信通（简称 "12582"）全网标准产品的运营支撑、全网运营管理平台的建设和运营、数据支撑、二级客服等工作；为移动物联网标准应用模板收集、整理、优化、形成标准应用模板白皮书，以及提供移动农村信息化应用方案，支撑营销推广，打造中国移动低成本、标准化、开放性物联网发展体系，切入物联网发展关键环节，促进移动信息服务应用拓展，取得移动物联网市场的领先地位。

据权威机构预测，到 2020 年，全球 "物物互联" 业务将是 "人与人通信" 业务的 30 倍，物联网市场规模将突破千亿，成为下一个极具吸引力的万亿级信息产业。

5.6.2 移动物联网业务的特点

1. 全面感知

感知是给物体赋予智能的基础。通过安装在各类物体上的电子标签（RFID，射频识别）、传感器、二维码等随时随地获取物体的信息，实现对物体的感知。

物联网应用场景中其前端感知设备获取的信息一般均为实时产生的信息，而这些信息即时通过网络层传输至用户控制终端，从而完成相应的实时监测及反馈控制操作。而传统的 IT 应用往往是获取结果信息，只能做到事后处理，无法实施控制，改变结果。这也体现了物联网应用于需求实时监测及反馈控制的场景的明显优势。

物联网应用更注重产生结果的过程信息，这些过程信息既包括了类似温度、湿度等渐变量的变化，也包括了结构应力等可能发生突变的物理量的变化等，因此其更可以确保信息的准确性。除此之外，这些信息也可以为进一步进行精细的数据分析处理提供良好的基础，有助于对物联网应用进行有效改善。

2. 可靠传输

传输是实现物体间通信的关键。通过各种通信网络与互联网的融合，将物体的信息实时准确地传递到处理中心。

网络是物联网的核心部分，网络分为有线网络和无线网络两大部分。对于无线网而言，终端的功能基本上都是基于无线网络实现的，但是地面的管控一体化功能又都离不开有线网络，因此，网络的可靠性关乎可靠传输，对于整个物联网系统的功能实现至关重要[85]。

物联网中的通信机制与一般网络通信机制不同，由于物联网规模庞大，节点数量众多，而且其网络通信机制不是简单的一对一通信，而是存在多对一通信的模式。另外，物联网中网络许多类通信节点是移动的，网络通信链路存在动态变化的过程，因此极易导致网络通信链路的不稳定，直接对网络通信的实时性和数据完整性产生影响。

3. 智能处理

物联网利用云计算、模糊识别等各种智能计算技术，对海量的数据和信息进行分析和处理，对物体实施智能化的控制。

物联网应用往往可实现自动采集、处理信息、自动控制的功能。某些构架可通过将原来在终端中的信息处理功能的一部分移交到收集前段感知设备信息的汇聚节点中，从而分担少部分的信息处理工作。除此之外，通过对收集信息的存储及长期积累，可分析得出适应特定场景下的规则的专家系统，从而使信息处理规则适应业务的不断变化。

物联网的应用有可能需要通过多个基础网络连接，这些连接有可能是有线、无线、移动或是专网，多个网络、终端、传感器组成了业务应用。物联网应用可将众多行业及领域整合在一起，形成具有强大功能的技术架构，因此，物联网也为众多行业及企业提供了巨大的市场和无限的机会。一方面，物联网的应用涉及无线传感网、通信、网络等多种技术领域，因此其可提供的相应产品及服务形态也有实现多种组合的可能。例如，物联网的应用架构中前段感知既可采用无线传感网实现，亦可通过 RFID 等多种手段实现，因此其所能够提供的前端感知的信息亦为多种多样的，这也决定了物联网可应用到的领域亦具有多样化的特点。另一方面，物联网涉及各个技术领域的产品形态及技术手段，因此可提供的物联网应用构架亦有多种可能。随着现代通信网络的不断普及，特别是移动通信网络的普及和广域覆盖，为物联网应用提供了网络支撑基础，到了 3G 时代，多业务、大容量的移动通信网络又为物联网的业务实现奠定了基础，而作为物联网的信息网络连接载体也可以是多样的。

5.6.3　移动物联网业务的典型应用及分析

1. 移动物联网的应用

移动物联网的应用领域已经涉及智能农业、交通与物流、能源与公用事业、智能环保、城市安监、灾害防治、智能家居、智能金融、医疗卫生、市政管理和节能减排等方面，下面简述中国移动开发的 12 款物联网产品。

（1）宜居通

宜居通是 TD-SCDMA 无线通信技术和物联网技术带来的家庭信息化新产品，在现有 TD 无线座机的基础上，通过接入无线传感设备，采集处理各类环境信息，经由无线网络传递，方便用户实时监控与管理。

（2）物联通

"物联通"是中国移动为物联网终端设备提供的专用通信模组，该模组与 SIM 卡组合在一起，能够直接接入中国移动物联网专网，在提供基础通信能力的同时，为客户提供终端设备远程管理等其他增值服务。

（3）关爱通

关爱通是针对老年人行为能力减弱、记忆力衰退、视力及听力下降等生理特点，为满足老年人通信及关爱需求而开发的一项手机终端与业务相结合的产品。

（4）爱贝通

爱贝通是专门从广大家长担心孩子安全的角度出发，特别针对未成年人设计的通信终端和业务配套的产品。

（5）电梯卫士

中国移动的电梯卫士产品能够轻松实现实时监控、故障管理、维修保养管理等功能，从而全面提高电梯安全性，降低物业及维修保养单位运营成本，提高电梯运行管理效率。

（6）车务通

车务通（原神州车管家）是中国移动开发的一套远程车辆监控管理系统，通过对车辆加装具有 GPS 功能的监控终端，辅以 LBS 技术，采集车辆运行数据，并通过 GPRS/EDGE/TD-SCDMA 网络，将数据传送至后台管理服务器，从而实现对车辆的实时监控、远程调度、告警、里程油耗统计等功能，方便用户通过计算机、手机灵活监控管理。

（7）危险源监控管理信息系统

危险源监控管理信息系统是对各类危险点的数据进行实时采集，并对危险源进行告警管理的信息化系统。

（8）基站监控系统

基站监控系统对基站动力、安防、消防进行远程、实时、全方位的无线监测和控制，其具有完善的预警机制，实现多级告警，保障基站的可靠性，有效降低运维成本。

（9）直放站监控系统

中国移动直放站监控系统是中国移动推出的直放站远程监控信息化管理产品，它通过在直放站旁边安装监控终端来采集供电情况、输入 / 输出功率、功放温度、巡检等直放站运行信息，并通过 GPRS/USSD/SMS 传输模块将数据传送回直放站监控平台，从而实现直放站高效运维的各项功能，包括相应的统计报表功能。

（10）企业安防监控管理系统

企业安防监控管理系统不仅将告警信息存储起来作为事后分析的依据，还能在远端随时监控安防设备的工作状态；在数据处理上，提出了细分布防区间，按客户需求进行布防和功能搭配，在统一平台上查看企业所有告警记录以便于综合分析告警数据，帮助客户管理公司。

（11）地质灾害防治系统

地质灾害防治系统采用专业群测群防信息终端采集监测数据，基于现代移动通信技术实现数据的可靠传递，通过专业行业软件对海量数据进行智能分析处理，是一套集地质灾害预警、信息管理与决策支持服务于一体的智能化信息系统。

（12）城消通

城消通即中国移动城市消防远程监控系统，是通过中国移动 TD-SCMA/GSM 网络将各建筑物独立的火灾自动报警系统联网，综合利用地理信息系统、数字视频监控等信息技术，通过统一平台，在集中监控中心内对所有联网建筑物的消防安全情况进行实时监控，对消防设施及值班人员进行实时巡检的消防信息化应用系统。

2. 移动物联网应用案例

本节将以智慧安徽为例，简单介绍该平台的特点。

智慧安徽是立足于公众打造的民生服务平台，旨在打造差异化核心竞争力，形成小型生态圈。如图 5.34 所示为智慧安徽小型生态链，智慧安徽令城市生活智能化，资源利用高效化，节约成本和能源，改进服务和生活质量，实现智慧技术高度集成、智慧产业高端发展、智慧服务高效便民，完成从数字城市向智慧城市的跃升。

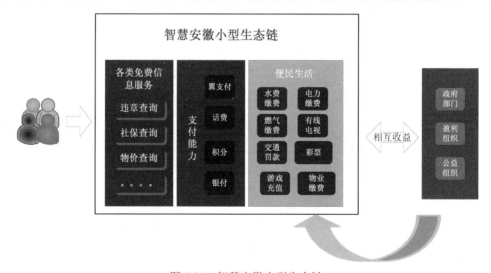

图 5.34　智慧安徽小型生态链

（1）首页"千人千变"

首页展示内容随用户喜好和习惯而改变。8 个推荐栏目中，4 个根据点击量推荐，4 个根据用户的喜好推荐。其中，Q 币充值、违章查询、彩票、资讯等热门栏目以窗口组件方式直接在首页实现功能，方便用户点击使用，首页展示如图 5.35 所示。

图 5.35　首页展示

（2）应用实用性强

智慧安徽从用户的角度出发，抛弃"大而全"的开发方式，做"精而实用"的物联网终端。其嵌入的应用涉及用户日常生活，使用频率高，能够在一定程度上提高用户黏性，应用展示如图 5.36 所示。

图 5.36　应用展示

（3）功能个性化

个人中心能够对用户私人的业务或者应用实现个性化设置，并利用与其他社交性应用平台的分享信息的交互，提高用户使用的乐趣。同时，智慧安徽能够根据用户的个性化设置有针对性地提供个性化服务，功能个性化界面如图 5.37 所示。

图 5.37　功能个性化界面

3. 移动物联网前瞻性应用

随着移动互联网的发展及终端感知功能的普及，移动用户对物理世界的实体信息获取的实时性与便捷度要求越来越高，面对越来越多的智能终端、传感器及其所产生的物理世界实体状态数据，只有运用实体搜索技术，才能体现这些数据的生命力，实现移动物联网感知资源的价值[86]。下述内容对移动物联网中具有前瞻性实体搜索的概念进行了概述，简要介绍了实体搜索的特点，列举了移动物联网实体搜索的典型参考架构。

（1）物联网实体搜索的概念[87]

物联网实体搜索是指运用适当的策略与方法从物联网上获取实体（如物体、人、网页）信息，并对获取的信息进行有组织、有序的管理与存储，以方便用户进行搜索。实体搜索策略直接反映了用户的需求，可以根据搜索精度、搜索条件、搜索响应时间的不同进行划分。

物联网实体搜索根据搜索精度的不同分为以下 3 种类型。

① 实体存在性搜索：搜索是否存在满足指定条件的实体。例如，搜索库房是否有黑色真皮座椅。

② 实体模糊搜索：搜索条件没有明确指定。例如，搜索附近人少的西餐厅。

③ 实体精确搜索：明确给出了搜索条件。例如，搜索用户的车钥匙在家里什么地方。

根据搜索条件的不同可以分为以下 4 类。

① 基于编码的实体搜索：搜索指定编码物体的相关信息，包括实体的详细信

息和位置信息。

② 基于静态属性的实体搜索：静态属性指实体的物理属性，在实体的生命周期内不会发生变化的属性，例如实体的类型、材质、生产日期、保质期、生产厂商、编号等。基于静态属性的实体搜索是根据指定的实体静态属性搜索定位满足条件的实体。

③ 基于动态属性的实体搜索：动态属性是指在实体的生命周期内可以改变的实体属性，例如实体的隶属关系、位置与状态信息等。基于动态属性的实体搜索是根据指定的动态属性搜索满足条件的实体。

④ 混合实体搜索：结合了以上 3 类搜索的特点，组合了多种搜索条件的复杂搜索模式。例如，搜索用户所在办公楼里空闲的会议室。该搜索包括 2 个过程：首先，定位用户所在位置；然后，搜索符合条件的会议室。其中涉及的静态属性包括"办公楼""会议室"，动态属性包括"位置""空闲的"。

不同的应用对实体搜索的及时性需求也不相同，根据实体搜索响应时间的不同，实体搜索可分为实时性搜索和非实时性搜索。

① 实时性搜索是指在较短的时间内返回用户搜索结果。现有的互联网搜索引擎大多数是实时性搜索。

② 非实时性搜索指搜索时长不确定，只能提供尽力交付的搜索服务。

传统搜索引擎以时间为维度组织信息并基于关键词实现搜索匹配。而物联网中实体的搜索有多个维度，包括时间、空间、属性等。互联网搜索和物联网实体搜索比较见表 5.1。

表 5.1　互联网搜索和物联网实体搜索比较

维度	互联网	物联网
搜索空间	信息世界	信息世界和物理世界
搜索维度	一维（时间）	三维（时间、空间、属性）
搜索对象	信息实体	信息实体和物理实体
对象属性	静态	静态和动态
对象索引	容易	困难
搜索限制	非实时	实时
搜索方案	存在性搜索	智慧搜索
发展现状	较为成熟	刚刚起步

（2）物联网实体搜索的特点

物联网中搜索的对象是由传感器观测的快速实时变化的结构化实体状态信息。而现有的互联网搜索引擎，其搜索对象主要是互联网上的网页、文档、数据库、图片等人工上传的静态或缓变的非结构化内容。相比互联网搜索服务，物联网实体搜索服务的特点如下。

① 搜索对象的广泛性。传统搜索引擎的搜索对象是人工输入的静态内容，而物联网搜索的搜索对象非常广泛，不仅包含传统互联网的搜索对象，还包括实时动态变化的实体状态信息。

② 传感器资源的受限性。由于传感器的电池容量、存储容量、计算能力、通信能力都较为有限，所以传感器必须要避免大量的、复杂的计算和频繁的通信。因此，如何对资源受限的传感器进行搜索是物联网实体搜索面临的又一难题。

③ 传感器节点的移动性。通常情况下，传感器附着在实体表面或被嵌入到物理实体中以感知物理实体的信息，因此，传感器会随着物理实体的移动而移动，这导致在搜索系统中维护传感器的注册信息变得极为困难。

④ 数据的高度动态性。物理实体的状态信息随着时间与外界条件的变化而变化，因此，传感器观测到的信息也是实时、高速变化的。相对而言，互联网上的网页信息是静态或缓变的（更新频率为几周甚至几个月）。

⑤ 搜索内容的高度时空性。物联网实体搜索往往需要在指定时间范围内查找特定空间区域中的实体信息，具有很强的时空特性。

⑥ 搜索意图的准确理解。物联网实体搜索需结合用户搜索内容的上下文、用户的情绪及历史偏好、搜索对象的情景信息、时空特性等因素在语义上对用户的搜索意图进行理解，从而明确搜索的目标和任务。传统搜索引擎针对不同用户的同一个搜索内容将返回相同的结果，而物联网搜索则根据用户及其所处环境的不同返回不同的结果。

⑦ 搜索语言的复杂性。传统互联网搜索是基于关键字的搜索，而物联网实体搜索不仅需要基于关键字进行搜索和匹配，还需要支持更通用的谓词来搜索物理实体的状态信息。

⑧ 智慧搜索。搜索引擎的意义在于其如何给出最符合用户需求的信息。物联网实体搜索是一种智慧搜索，基于传感网获取的数据集合，通过统一的知识与关系表征模型进行描述，进而通过融合、关联、统计、推理、众包等技术进行智慧的挖掘搜索。

（3）物联网实体搜索的架构

目前，物联网实体搜索作为一个新兴研究方向，其研究成果还较为有限，业内还未对其架构达成共识。针对其架构的研究大多与具体的物联网应用场景相关，典型的物联网实体搜索系统参考架构如图 5.38 所示。

① 数据采集。物联网实体搜索中的数据采集与获取是紧密围绕着解答搜索要求进行的，包括语法与语义上相关的数据。

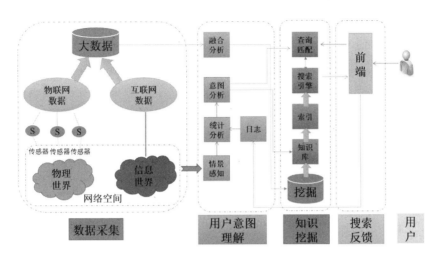

图 5.38　典型的物联网实体搜索系统参考架构

② 多源数据的融合分析。物联网的搜索对象不再是单纯的网页或文档，而是由人、机、物有机互联的复合内容。物联网实体搜索需要通过各种途径感知搜索者的需求。而源自物联网的信息在性质、形式和内容上多种多样，具有多元、多属性、多维度等与传统互联网信息不同的特征，所以在物联网实体搜索中需要利用各种物联网终端设备实时感知用户的需求，同时对获取的各类搜索数据进行深度分析与融合，才能准确得到所需的搜索结果。

③ 搜索意图的理解。为了准确地搜索到用户所需的信息，首要问题是精确理解用户的搜索意图。物联网实体搜索中感知用户搜索意图的方式，除了传统的文本输入，还可通过物联网的各种终端设备感知用户的上下文环境，并对上下文环境信息进行分析，从而对用户的搜索意图进行更准确的理解。

④ 知识挖掘。知识挖掘为基于意图理解表示和索引后的知识聚合与索引，经过快速匹配、排序等技术，形成若干个满足用户真正需求的解决方案，并通过结果评价方式给出其相关性排序。

⑤ 搜索反馈。为用户提供一个或多个智能解决方案，包括涉及用户需求的、多层面的诸多要素。通过人的参与（对用户的提问与引导、对用户需求的跟踪、对用户结果的反馈学习）来定义智慧模式。针对不同类型的问题，生成不同类型的智慧模式，用以发现符合模式的主体集合。

（4）物联网实体搜索的典型应用[88]

物联网实体搜索技术已经引起了业内研究人员的广泛关注，并且已经有了初步的应用。例如，Xively 与微软的 SenseWeb 为结构化传感器数据的发布提供了 API，使得用户可以通过 Web 浏览器查看传感器所关联实体的实时状态；研究人员为室内植物装配传感器并与互联网相连，便可将室内植物的实时状态通过传感器发布到

Twitter 中供用户查询；在城市道路上部署图像传感器并与谷歌地图相结合使得用户可以实时查询路况信息；西班牙巴塞罗那自行车租借系统 Bicing 通过在停车位站点部署传感器，使得用户可以实时查询自行车可用数量。目前，物联网实体搜索的典型应用领域主要包括基于位置的搜索、基于状态的搜索和基于内容的搜索。

① 基于位置的搜索。实时提供人和物的位置信息搜索服务，例如，在智慧物流应用中可以提供根据产品电子码进行实时位置查询服务。用户可以通过移动终端查询物资仓库在什么地方？运输工具的行进位置？最佳的运输路线是哪条？运输路线上休息区、食宿地点在哪？在移动物联网中可以通过搜索服务随时掌握实体的位置信息。

② 基于状态的搜索。实时提供人和物体时序状态的搜索，例如，在食品安全物联网中，需要提供每种食品在生产、加工、存储、运输和销售过程中的时序状态搜索服务。比如，在每只生猪出生时就为其配备一个唯一的电子标签，在生猪养殖、出笼、屠宰、运输、销售的各个环节，养猪户、屠宰场、销售商都要记录生猪在各个阶段的状态信息。消费者购买猪肉时，可根据标签随时用手机或计算机上网查询猪是在哪里养殖的？猪仔养殖过程中是否按时注射防疫针、是否有生病记录？猪体重的增长曲线？防疫站检疫是否合格？生猪屠宰日期是什么时间？在移动物联网中，消费者可以方便快捷地通过搜索服务获得所购买食品的所有状态信息，做到放心食用，同时也便于政府部门对食品安全进行监管。

③ 基于内容的搜索。提供基于给定时序信息的搜索，如在监控物联网中，提供人、物体信息随着时序变化过程的搜索服务。例如，在搜寻丢失儿童时，通过将孩子的照片与各录像监控设备记录的图像内容进行实时对比找到小孩；车辆被盗，也可以采用相似的方法寻找；在灾难救护时，通过救援人员佩戴的 RFID 腕带，可快捷追踪被疏散人群，从而及时为受伤人群提供医疗救护。

此外，目前已存在许多移动物联网的雏形应用，例如儿童监控手环、老人健康监控、智能交通、智慧医疗等，但这些应用都比较分散，无法有效联动处理。通过物联网搜索可以将这些应用整合在一起。例如，当独居老人在家生病时，自动联系附近医院，搜索最佳救护路线，以最快速度实施救护。未来，相信随着移动物联网技术与数据搜索技术的发展，将会出现更多更具智能化、人性化、多元化的实体搜索应用。

第6章 移动互联网标准化与运营

6.1 移动互联网标准化

6.1.1 国际标准化组织（ISO）

国际标准化组织（International Organization for Standardization，ISO）是一个全球性的非政府组织，是国际标准化领域中一个十分重要的专业组织。ISO 的任务是促进全球范围内的标准化及其有关活动，以利于国际间产品与服务的交流，以及在知识、科学、技术和经济活动中发展国际间的相互合作。它显示了强大的生命力，吸引了越来越多的国家参与其活动。

国际标准化活动最早开始于电子领域，于 1906 年成立了世界上最早的国际标准化机构——国际电工委员会（IEC）。其他技术领域的工作原先由成立于 1926 年的国家标准化协会国际联盟（International Federation of the National Standardizing Associations，ISA）承担，重点在于机械工程方面。ISA 的工作由于第二次世界大战在 1942 年终止。1946 年，来自 25 个国家的代表在伦敦召开会议，决定成立一个新的国际组织，其目的是促进国际间的合作和工业标准的统一。于是，ISO 这一新组织于 1947 年 2 月 23 日正式成立，总部设在瑞士的日内瓦。

许多人注意到国际标准化组织（International Organization for Standardization）的全名与缩写之间存在差异，为什么不是"IOS"呢？其实，"ISO"并不是首字母缩写，而是一个词，它来源于希腊语，意为"相等"，现在有一系列用它作为前缀的词。从"相等"到"标准"，内涵上的联系使"ISO"成为该组织的名称。

6.1.2 电气和电子工程师协会（IEEE）

电气和电子工程师协会（Institute of Electrical and Electronics Engineers，IEEE）的前身是 AIEE（美国电气工程师协会）和 IRE（无线电工程师协会），1963 年 1 月 1 日 AIEE 和 IRE 正式合并为 IEEE。

IEEE 是一个非营利性科技协会，它管理着推荐规则和执行计划的分散组织，总部设在美国纽约市。IEEE 在 150 多个国家中拥有 300 多个地方分会，拥有全球近 175 个国家 36 万多名会员。通过多元化的会员，该组织在太空、计算机、电信、生物医学、电力及消费性电子产品等领域中都是主要的权威组织之一。在电气及电子工程、计算机及控制技术领域中，IEEE 发表的文献占了全球将近 30%。IEEE 每年也会主办或协办 300 多个技术会议，IEEE 定义的标准在工业界有极大的影响。

学会成立的目的在于为电气电子方面的科学家、工程师、制造商提供国际联络交流的场合，并提供专业教育和提高专业能力的服务。

自成立以来，IEEE 一直致力于推动电工技术在理论方面的发展和应用方面的进步。作为科技革新的催化剂，IEEE 通过在广泛领域的活动规划和服务支持其成员的需要，促进从计算机工程、生物医学、通信到电力、航天、用户电子学等技术领域的科技和信息交流，开展教育培训，制定和推荐电气、电子技术标准，奖励有科技成就的会员等。

1. IEEE 的组织结构

IEEE 有着严密的组织机构，由主席（首席执行官 CEO）和执行委员会共同领导，每年选举一次。重大事项由理事会和代表大会进行决策，日常事务由执行委员会负责完成。IEEE 设有电子自控设计、超导、毫微米工艺、传感器和系统 5 个技术联合会（Council）（跨多个专业学会）和 39 个专业学会（Society），如动力工程、航天和电子系统、计算机、通信、广播、电路与系统、控制系统、电子装置、电磁兼容、工业电子学、信息理论、工程管理、微波理论和技术、核和等离子科学、海洋工程、电力电子学、可靠性、用户电子学等。此外，IEEE 还根据会员的来源将 IEEE 的全球会员分为美国东北部、美国东部、美国中部、美国西南部、美国西部、加拿大、欧洲中东与非洲、拉丁美洲和亚洲与太平洋地区等 10 个大区（Region），并设立了 311 个地区分会（Section）。对应 IEEE 全球总部的设置，IEEE 每个大区和地区分会都设有执行委员会；对应 IEEE 的专业学会，每个地区分会下还设有专业委员会（Chapter）以及在拥有一定数量学生会员的大学和科研机构下设立学生支会（Student Branch）。目前，IEEE 有 1570 个专业委员会和 1430 个学生支会。

2. IEEE 标准的制定

作为全球最大的专业学术组织，IEEE 也非常重视标准的制定工作。IEEE 专门设有 IEEE 标准协会（IEEE Standard Association，IEEE-SA），负责标准化工作。IEEE-SA 下设标准局，标准局下又设有两个分委员会，即新标准制定委员会（New Standards Committees）和标准审查委员会（Standards Review Committees）。IEEE 的标准制定内容包括电气与电子设备、试验方法、元器件、符号、定义以及测试方法等多个领域。

IEEE 现有 42 个主持标准化工作的专业学会或者委员会。为了获得主持标准化工作的资格，每个专业学会必须向 IEEE-SA 提交一份文件，描述该学会选择候选建议提交给 IEEE-SA 的过程和用来监督工作组的方法。当前有 18 个学会正在积极地制定标准，每个学会又会根据自身领域设立若干个委员会进行实际标准的制定。例如，我们熟悉的 IEEE 802 系列标准就是 IEEE 计算机专业学会下设的 P802 委员会负责主持的。IEEE 802 又称为 LMSC（LAN /MAN Standards Committee，局域网 / 城域网标准委员会），致力于研究局域网和城域网的物理层和 MAC 层规范，对应 OSI 参考模型的下两层。LMSC 执行委员会（Executive Committee）又下设工作组（Working Group）、研究组（Study Group）、技术顾问组（Technical Advisory Group），等等。

新标准制定委员会的职能是负责推荐属于 IEEE 专业学会所属域内的各种新的标准，并将经过推荐的新标准课题提交给其所属修正技术委员会（Correct Technical Committees）和新标准课题编制工作组，然后将其编制成项目授权申请书（Project Authorization Requests，PAR）推荐到 IEEE-SA 大会审核。在 IEEE-SA 中将进一步评审、修改推荐的新标准课题，以确保 IEEE 成员评审的一致通过。最后，将修改完成的新标准课题返回标准局颁布。

通常，一个 IEEE 标准通过的流程如下：首先由发起人提出标准课题，接着形成由发起人组成的研究组，由此研究组向新标准制定委员会提交项目授权申请书并申请批准；依据该委员会批准的项目授权申请书，组织对此课题有兴趣的专家工作组进行审议，推荐的项目授权申请书原则上应在 4 年内完成。一旦标准草案起草完成，则先后经工作组、研究组两次无记名投票表决。若两次投票表决同意者均超过 75%，则标准草案获得通过，经 IEEE-SA 最后批准后，便可形成正式标准发布。

如我们熟知的 IEEE 802 标准，其标准草案首先在 WG 内进行投票，当达到 75% 以上同意后，则视为通过，提交到 LMSC 进行 Sponsor Ballot 的投票。在 LMSC 投票过程中，如果 90% 以上同意，则视为通过，IEEE 802 就可以将其发布为正式的标准，如 IEEE 802.2、IEEE 802.3、IEEE 802.11。IEEE 802 一般会将标准提交到 ISO，ISO 采纳后会以 ISO 的名义发布。已经被 ISO 接受并发布的标准有：ISO/IEC 8802-1、ISO/IEC 8802-2、ISO/IEC 8802-3、ISO/IEC 8802-5、ISO/IEC 8802-11 等。

6.1.3　互联网工程任务组

互联网工程任务组（Internet Engineering Task Force，IETF）是非赢利型民间学术组织，成立于 1985 年底，其主要任务是负责互联网相关技术规范的研发和制定。

IETF 是一个由为互联网技术工程及发展做出贡献的专家们自发参与和管理的国际民间机构，它汇集了与互联网架构演化和互联网稳定运作等业务相关的网络设计者、运营者和研究人员，并向所有对该行业感兴趣的人士开放。任何人都可以注册参加 IETF 的会议。IETF 大会每年举行 3 次，规模均在千人以上。

IETF 大量的技术性工作均由其内部的各类工作组协作完成。这些工作组按不同类别，如路由、传输、安全等专项课题而分别组建。IETF 的交流工作主要是在各个工作组所设立的邮件组中进行，这也是 IETF 的主要工作方式。

目前，IETF 已成为全球互联网界最具权威的大型技术研究组织，但是它有别于像国际电信联盟（International Telecommunication Union，ITU）这样的传统意义上的标准制定组织。IETF 的参与者都是志愿人员，他们中大多数是通过 IETF 每年召开的 3 次会议来完成该组织的如下使命的。

① 鉴定互联网的运行和技术问题，并提出解决方案。

② 详细说明互联网协议的发展或用途，解决相应问题。

③ 向 IESG 提出针对互联网协议标准及用途的建议。

④ 促进互联网研究任务组（IRTF）的技术研究成果向互联网社区推广。

⑤ 为包括互联网用户、研究人员、行销商、制造商及管理者等提供信息交流的论坛。

1. IETF 相关组织机构

（1）互联网协会（Internet Society，ISOC）

ISOC 是一个国际的、非营利性的会员制组织，其作用是促进互联网在全球范围的应用。实现方式之一便是对各类互联网组织提供财政和法律支持，特别是对 IAB 管理下的 IETF 提供资助。

（2）互联网架构委员会（Internet Architecture Board，IAB）

IAB 是 ISOC 的技术咨询团体，承担 ISOC 技术顾问组的角色。IAB 负责定义整个互联网的架构和长期发展规划，通过 IESG 向 IETF 提供指导并协调各个 IETF 工作组的活动，在新的 IETF 工作组设立之前 IAB 负责审查此工作组的章程，从而保证其设置的合理性，因此可以认为 IAB 是 IETF 的最高技术决策机构。

另外，IAB 还是 IETF 的组织和管理者，负责召集特别工作组对互联网结构问题进行深入的研讨。

（3）互联网工程指导组（Internet Engineering Steering Group，IESG）

IETF 的工作组被分为 8 个重要的研究领域，每个研究领域均有 1～3 名领域管理者，这些领域管理者均是 IESG 的成员。

IESG 负责 IETF 活动和标准制定程序的技术管理工作，核准或纠正 IETF 各工作组的研究成果，有对工作组的设立终结权，确保非工作组草案在成为请求注解文件（RFC）时的准确性。

作为 ISOC（互联网协会）的一部分，它依据 ISOC 理事会认可的条例规程进行管理。可以认为 IESG 是 IETF 的实施决策机构。

IESG 的成员也由任命委员会[Nominations Committee（NomCom）]选举产生，任期两年。

（4）互联网编号分配机构（Internet Assigned Numbers Authority，IANA）

IANA 在 ICANN 的管理下负责分配与互联网协议有关的参数（IP 地址、端口号、域名以及其他协议参数等）。IAB 指定 IANA 在某互联网协议发布后对其另增条款说明协议参数的分配与使用情况。

IANA 的活动由 ICANN（The Internet Corporation for Assigned Names and Numbers，互联网名称与数字地址分配机构）资助。IANA 与 IAB 是合作的关系。

（5）RFC 编辑者（RFC Editors）

RFC 编辑者主要职责是与 IESG 协同工作，编辑、排版和发表 RFC。RFC 一旦发表就不能更改。如果标准在叙述上有变，则必须重新发表新的 RFC 并替换原先版本。该机构的组成和实施政策由 IAB 掌控。

（6）IETF 秘书处（RFC Secretariat）

在 IETF 中进行有偿服务的工作人员很少。IETF 秘书处负责会务及一些特殊邮件组的维护，并负责更新和规整官方互联网草案目录，维护 IETF 网站，辅助 IESG 的日常工作。

（7）互联网研究任务组（Internet Research Task Force，IRTF）

IRTF 由众多专业研究小组构成，研究互联网协议、应用、架构和技术。其中多数是长期运作的小组，也存在少量临时的短期研究小组。各成员均为个人代表，并不代表任何组织的利益。

2. IETF 标准的种类

IETF 各工作组的标准研究包括互联网草案（Internet-Draft）和技术规范（RFC），对所有人都免费公开。

任何人都可以提交互联网草案，没有任何特殊限制，而且其他的成员也可以对它采取一个无所谓的态度，而 IETF 的一些很多重要文件都是从这个互联网草案开始的。

互联网技术规范 RFC（Request For Comments）是 IETF、IESG 和 IAB 的正式

出版物，有多种类型。应该注意的是：并不是所有的 RFC 都是技术标准，其中只有一些 RFC 是技术标准，另外一些 RFC 只是参考性报告。

相较于 IETF，RFC 更为正式，而且它历史上都是存档的，一经被批准出台，RFC 的内容就不再做改变。

3. IETF 的研究领域

IETF 的实际工作大部分是在其工作组（Working Group）中完成的。这些工作组又根据主题的不同划分到若干个领域（Area），如路由、传输和网络安全等。每个领域由一到两名主管（Area Directors）负责管理，所有的领域主管组成了互联网工程组指导组（Internet Engineering Steering Group，IESG）。IETF 工作组的许多工作是通过邮件列表（Mailing List）进行的。IETF 每年召开 3 次会议。

目前，IETF 共包括 8 个研究领域，132 个处于活动状态的工作组。

① 应用研究领域（app—Applications Area），含 20 个工作组（Work Group）。

② 通用研究领域（gen—General Area），含 5 个工作组。

③ 网际互联研究领域（int—Internet Area），含 21 个工作组。

④ 操作与管理研究领域（ops—Operations and Management Area），含 24 个工作组。

⑤ 路由研究领域（rtg—Routing Area），含 14 个工作组。

⑥ 安全研究领域（sec—Security Area），含 21 个工作组。

⑦ 传输研究领域（tsv—Transport Area），含 1 个工作组。

⑧ 临时研究领域（sub—Sub-IP Area），含 27 个工作组。

6.1.4　国际电信联盟（ITU）

1. 国际电信联盟（ITU）的历史

国际电信联盟（ITU）是世界各国政府的电信主管部门之间协调电信事务的一个国际组织，成立于 1865 年 5 月 17 日。当时有 20 个国家的代表在巴黎签订了一个"国际电信公约"。1906 年有 27 个国家的代表在柏林签订了一个"国际无线电报公约"。1924 年在巴黎成立了国际电话咨询委员会。1925 年成立了国际电报咨询委员会，1927 年在华盛顿成立了国际无线电咨询委员会。1932 年 70 多个国家的代表在西班牙马德里开会，决定把上述两个公约合并为一个"国际电信公约"，并将电报、电话、无线电咨询委员会改名为"国际电信联盟"，此名一直沿用至现在。

ITU 现有 191 个成员国和 700 多个部门成员及部门准成员，总部设在日内瓦。我国由工业和信息化部派常驻代表。ITU 使用 6 种正式语言，即中、法、英、西、俄、阿拉伯文。ITU 是联合国的 15 个专门机构之一，但在法律上不是联合国附属机构，它的决议和活动不需要联合国批准，但每年要向联合国提出工作报告，联合国办理电信业务的部门可以顾问身份参加 ITU 的一切大会。

ITU 的宗旨是：维持和扩大国际合作，以改进和合理地使用电信资源；促进技术设施的发展及其有效运用，以提高电信业务的效率，扩大技术设施的用途，并尽量使公众普遍利用；协调各国行动，以达到上述目的。ITU 的原组织有全权代表会、行政大会、行政理事会和 4 个常设机构：总秘书处，国际电报、电话咨询委员会（CCITT），国际无线电咨询委员会（CCIR），国际频率登记委员会（IFRB）。CCITT 和 CCIR 在 ITU 常设机构中占有很重要的地位，随着技术的进步，各种新技术、新业务不断涌现，它们相互渗透，相互交叉，已不再有明显的界限。如果 CCITT 和 CCIR 仍按原来的业务范围分工和划分研究组，已经不能准确地反映电信技术的发展现状和客观要求。1993 年 3 月 1 日 ITU 第一次世界电信标准大会（WTSC-93）在芬兰首都赫尔辛基隆重召开，这是继 1992 年 12 月 ITU 全权代表大会之后的又一次重要大会。ITU 的改革首先从机构上进行，对原有的 3 个机构 CCITT、CCIR、IFRB 进行了改组，取而代之的是电信标准部门（TSS，即 ITU-T）、无线电通信部门（RS，即 ITU-R）和电信发展部门（TDS，即 ITU-D）。这在 ITU 历史上具有重要意义，它标志着 ITU 新机构的诞生。

2. ITU 的组织部门

（1）电信标准化部门（TSS，或称 ITU-T）

国际电信联盟因标准制定工作而享有盛名。标准制定是其最早开始从事的工作。身处全球发展最为迅猛的行业，电信标准化部门坚持走不断发展的道路，简化工作方法，采用更为灵活的协作方式，满足日趋复杂的市场需求。

来自世界各地的行业、公共部门和研发实体的专家定期会面，共同制定错综复杂的技术规范，以确保各类通信系统可与构成当今繁复的 ICT 网络与业务的多种网元实现无缝的互操作。

合作使行业内的主要竞争对手握手言和，着眼于新技术达成全球共识，ITU-T 的标准（又称建议书）是各项经济活动命脉的当代信息和通信网络的根基。

对制造商而言，这些标准是他们打入世界市场的方便之门，有利于在生产与配送方面实现规模经济，因为他们深知，符合 ITU-T 标准的系统将通行全球，无论是对电信巨头、跨国公司的采购者还是普通的消费者，这些标准都可确保其采购的设备能够轻而易举地与其他现有系统相互集成。

当今的工作方法与传统的纸上工作程序大不相同，传统的程序使标准协议的达成过程冗长而烦琐。20 世纪 90 年代末问世的电子工作方法，加上 2001 年对批准程序的重大调整，使通过最终技术文案的时间缩短了 95%。

然而，如果说程序改革五年前是 ITU-T 议程的重心，那么今天的主旨基调便是合作与协作。

如今人们对 ICT 市场的普遍看法是绝不可特立独行。为此，ITU-T 在过去八年间以高屋建瓴的姿态与其他标准制定组织开展了合作，从大型行业实体到小型技术团体。国际电信联盟作为唯一一家实至名归的全球性 ICT 标准化组织，在召集全球 ICT 标准化团体的资深人士方面发挥着主导作用，以促进国际组织之间的合作并避免重复工作。

其他旨在弘扬合作精神的活动包括通常与行业团体合作，定期就行业热门议题举办的研讨会。此类研讨会不仅可以作为加强标准制定协调工作的平台，亦可促进对新技术迅速发展不可或缺的知识共享，发展中国家尤为如此。最近的一项举措吸引了学术界的更多参与，并鼓励成长中的青年才俊熟悉国际电信联盟的工作。

展望未来，电信标准化部门面临的主要挑战之一是不同产业类型的融合。随着传统电话业务、移动网络、电视和无线电广播开始承载新型业务，一场通信和信息处理方式的变革业已拉开序幕。

当初，变革使仅有电报的世界产生了有线电话，随后无线电、卫星系统、光纤网络和蜂窝移动业务相继面世。如今，ITU-T 在创建新的融合环境中仍然一如既往地发挥着核心与关键作用。ITU-T 负责协调全球开展相关工作，促进技术进步与标准制定的公正性。

（2）无线电通信部门（RS，或称 ITU-R）

管理国际无线电频谱和卫星轨道资源是国际电信联盟无线电通信部门（ITU-R）的核心工作。国际电信联盟《组织法》规定，国际电信联盟有责任对频谱和频率进行指配，以及卫星轨道位置和其他参数进行分配和登记，"以避免不同国家间的无线电电台出现有害干扰"。因此，频率通知、协调和登记的规则程序是国际频谱管理体系的依据。

TU-R 的主要任务亦包括制定无线电通信系统标准，确保有效使用无线电频谱，开展有关无线电通信系统发展的研究。

此外，ITU-R 从事有关减灾和救灾工作所需无线电通信系统发展的研究，具体内容由无线电通信研究组的工作计划予以涵盖。与灾害相关的无线电通信服务内容包括灾害预测、发现、预警和救灾。在"有线"通信基础设施遭受严重或彻底破坏的情况下，无线电通信服务是开展救灾工作的最为有效的手段。

在最近几十年中，无线电通信系统以令人难以置信的速度迅猛发展。无线电通信系统作为发展的基础设施，以及各国政府、通信行业和普通公众宝贵财富的地位已不容置疑。

无线电频谱是一种自然资源，合理并有效使用频谱资源不仅能够提高一个国家的生产力，而且有助于改善该国公民的生活质量。为了充分实现无线电频谱的效益，制定并落实高效的国家频谱管理框架至关重要。

国际电信联盟《无线电规则》及其"频率划分表"定期得到修订和更新，以满足人们对频谱的巨大需求。这一修订和更新工作对于适应现有系统的迅速发展并满足开发中的先进无线技术对频谱的需求十分重要。每 3～4 年举行一次的国际电信联盟世界无线电通信大会（WRC）是国际频谱管理进程的核心所在，同时也是各国开展实际工作的起点。世界无线电通信大会审议并修订《无线电规则》，确立国际电信联盟成员国使用无线电频率和卫星轨道框架的国际条约，并按照相关议程，审议属于其职权范围的、任何世界性的问题。

发达国家和发展中国家的需求不尽均等引发的公平获得频谱和轨道资源问题得到特别关注。有鉴于此，我们对频谱和轨道资源考虑采用先验规划的原则，并同时按照各届无线电通信大会制定的一系列规划行事。

从实施《无线电规则》，到制定有关无线电系统和频谱／轨道资源使用的建议书和导则，ITU-R 通过开展种类繁多的活动在全球无线电频谱和卫星轨道管理方面发挥着关键作用。数量巨大、增长迅速且有赖于无线电通信来保障陆地、海上和空中人身安全的各类业务，如固定、移动、广播、业余、空间研究、气象、全球定位系统和环境监测等，对频谱和轨道这些有限的自然资源的需求与日俱增。

（3）电信发展部门（TDS，或称 ITU-D）

国际电信联盟电信发展部门（ITU-D）成立的目的在于帮助普及以公平、可持续和支付得起的方式获取信息通信技术（ICT），将此作为促进和加深社会和经济发展的手段。每 4 年召开一次的世界电信发展大会（WTDC）确定切实可行的工作重点以帮助实现上述目标。电信发展部门与政府和业界的伙伴通力合作，通过一系列配合综合国家计划的区域性举措、在全球层面开展的活动和多重目标项目，为发展 ICT 网络和服务筹措必要的技术、人力和财务资源，将未连接者连接起来。为此，ITU-D 正在推进无处不在、方便简单且人人支付得起的全球宽带连接的发展，实现向下一代网络（NGN）的过渡。

为应对 ICT 迅速增长所带来的挑战，ITU-D 通过一系列面向政策制定机构和监管机构的工具，促进建立有利的监管和商业环境，由此实现了电信市场的创新和增效。ITU-D 支持利用农村社区接入的项目来部署新的无线和移动技术，同时，在必要的情况下为赈灾提供应急通信。此外，ITU-D 还通过在全球范围内开展的多项技术和政策培训举措，帮助培养具备 ICT 知识的劳动大军，特别关注青年、妇女和残疾人的具体需求。

ITU-D 在 ICT 发展中发挥着推动和促进作用。通过与政府领导人和国际捐资机构的接触，在公众和私营投资之间寻求适当的平衡。对于创造数字机遇而言，没有"放之四海而皆准"的战略。为此，ITU-D 帮助各成员国详细拟定具有针对性的国家信息通信战略，包括电子政务和远程教育战略等领域。此外，ITU-D 努力帮助发展中国家加强网络安全，促进形成网络安全文化，以提高网络空间的安全性。ITU-D 还通过广泛引经据典，提供了有关 ICT 领域趋势和发展的可靠统计数据，同时针对政府和业界面临的关键问题开展研究组活动。

ITU-D 为有志于结成新的发展伙伴关系的政府和私营部门企业提供独一无二的一站式服务，明确合作所带来的"双赢"机遇，为外部伙伴和经验丰富的国际电信联盟项目专家牵线搭桥，确保项目的成功实施。

ITU-D 的活动、政策和战略方向由各国政府决定，并顺应国际电信联盟所面向的行业的需求。发展部门的成员来源广泛，其中包括电信政策制定机构和监管机构、网络运营商、设备制造商、硬件和软件开发企业、区域性标准制定组织和融资机构。

6.1.5　中国的标准化组织

中国通信标准化协会（China Communications Standards Association，CCSA）于 2002 年 12 月 18 日在北京正式成立。该协会是国内企、事业单位自愿联合组织起来的，经业务主管部门批准，国家社团登记管理机关登记，开展通信技术领域标准化活动的非营利性法人社会团体。

协会的主要任务是为了更好地开展通信标准研究工作，把通信运营企业、制造企业、研究单位、大学等关心标准的企事业单位组织起来，按照公平、公正、公开的原则制定标准，进行标准的协调、把关，把高技术、高水平、高质量的标准推荐给政府，把具有我国自主知识产权的标准推向世界，支撑我国的通信产业，为世界通信做出贡献。

6.1.6　其他标准化组织

1. 国际电工委员会（IEC）

IEC 成立于 1906 年，是世界上最早的国际性电工标准化机构，总部设在日内瓦。1947 年 ISO 成立后，IEC 曾作为电工部门并入 ISO，但在技术上、财务上仍保持其独立性。根据 1976 年 ISO 与 IEC 的新协议，两个组织都是法律上独立的组织，IEC 负责有关电工、电子领域的国际标准化工作，其他领域则由 ISO 负责。

IEC 的宗旨是促进电工、电子领域中标准化及有关方面问题的国际合作，增进相互了解。为实现这一目的，出版包括国际标准在内的各种出版物，并希望各国家委员会在其本国条件许可的情况下使用这些国际标准。IEC 的工作领域包括电力、电子、电信和原子能方面的电工技术，现已制定国际电工标准 3000 多个。

2. 第三代合作伙伴计划（3GPP）

3GPP 是积极倡导 UMTS 的第三代标准化组织，成立于 1998 年 12 月。3GPP 最初的工作范围是为第三代移动系统制定全球适用的技术规范和技术报告。第三代移动系统基于发展的 GSM 核心网络及其所支持的无线接入技术。随后 3GPP 的工作范围得到了改进，包括制定全球系统适用的移动通信（GSM）技术规范和技术报告，并且包括无线接入技术（GPRS，EDGE）的维护。目前欧洲 ETSI、美国 T1、日本 TTC、ARIB 和韩国 TTA 以及我国 CCSA 都作为组织伙伴（OP）积极参与了 3GPP 的各项活动。

3GPP 主要的研究领域有以下几方面。

① UTRAN（包括 FDD 和 TDD 模式）。

② 3GPP 核心网络（由 GSM 发展而来的第三代网络能力，这些能力包括移动管理、全球漫游、相关互联网协议的使用）。

③ 接入到以上网络的终端。

④ 系统和服务方面。

⑤ 全球移动通信系统，包括由 GSM 发展而来的通用分组无线数据业务（GPRS）和增强型数据速率 GSM 演进技术（EDGE）。

3. 第三代合作伙伴计划 2（3GPP2）

"伙伴计划"的概念是早在 1998 年 ETSI（欧洲电信标准化协会）为创建致力于全球移动系统（GSM）技术的第三代合作伙伴计划（3GPP）的提议而提出的。虽然 ETSI 与 ANSI-41 团体就巩固所有 ITU "家庭成员"协作努力进行了讨论，但最终还是认为应该建立一个与 3GPP 类似的伙伴计划——"3GPP2"（3rd Generation Partnership Project 2）。

3GPP2 是一个制订第三代（3G）通信规范的协作计划，是由关注 ANSI/TIA/EIA-41 蜂窝无线电通信系统运营网络向 3G 演进和支持 ANSI/TIA/EIA-41 的无线传输技术的全球规范发展的北美和亚洲地区组成的。3GPP2 的工作目标是着力推进 ITU IMT—2000 计划中的（3G）移动电话系统在全球的发展，涵盖高速、宽带和以网络到网络互联为特点的基于互联网协议（IP）的移动系统、功能／服务透明、全球漫游及不受地域限制的无缝服务。IMT—2000 致力为全球市场引进高质量移动多媒体电信服务，通过解决增长的电信数据传输要求所面临的问题和提供"任何时间、任何地点"的服务来实现提高无线通信速率和舒适度的目标。

该组织于 1999 年 1 月成立，由美国的 TIA、日本的 ARIB、日本的 TTC、韩国的 TTA 四个标准化组织发起，中国无线通信标准研究组（CWTS）于 1999 年 6 月在韩国正式签字加入 3GPP2，成为主要负责第三代移动通信 cdma2000 技术的标准组织的伙伴。中国通信标准化协会（CCSA）成立后，CWTS 在 3GPP2 的组织名称更名为 CCSA。

美国的 TIA、日本的 ARIB、日本的 TTC、韩国的 TTA 和中国的 CCSA 这些标准化组织在 3GPP2 中称为 SDO。3GPP2 中的项目组织伙伴 OP 由各个 SDO 的代表组成，OP 负责进行各国标准之间的对应和管理工作。此外，CDMA 发展组织（CDG）、IPv6 论坛作为 3GPP2 的市场合作伙伴，给 3GPP2 提供一些市场化的建议，并对 3GPP2 中的一些新项目提出市场需求，如业务和功能需求等。

3GPP2 下设 4 个技术规范工作组：TSG-A，TSG-C，TSG-S，TSG-X。这些工作组向项目指导委员会（SC）报告本工作组的工作进展情况，SC 负责管理项目的进展情况并进行一些协调管理工作。

4. IMS 论坛（IMS Forum）

IMS 论坛是一个着力促进 IP 多媒体子系统应用和服务互用性的全球性非营利性的行业协会。论坛由服务提供商、解决方案提供商、系统集成商以及将行业标准转化为创收业务的政府机构共同组成。IMS 论坛建立在成立于 2003 年的国际分组通信联盟（IPCC）、1998 年成立的国际软交换协会（ISC）和成立于 1996 年的 IP 与多媒体承载联盟的开创性工作之上。

IMS 论坛的主要任务就是加速 IMS 应用和服务的互用性，使企业和住宅用户尽快从电缆、移动和固定网络中交付的语音、视频、互联网和宽带上的移动业务四重播放中获益。

IMS 应用和服务包括住宅 VoIP、IPTV 和游戏等娱乐设备、IP Centrex/IP PBX 以及固网移动融合业务、视频会议和网站合作等企业统一通信。IMS 网络包括 DSL、电缆、GSM、UMTS、WiFi 和 WiMAX。

IMS 论坛着力为 IMS 接口制定认证方案，为技术、商业和产品要求推广最佳实践，以及为服务提供商和销售商提供顾问和咨询等活动。

5. 其他地区性的标准化组织

① 美国国家标准学会（American National Standards Institute，ANSI）。

② 日本无线工业及商贸联合会（Association of Radio Industries and Businesses，ARIB）。

③ 美国电子工业协会（Electronic Industries Alliance，EIA）。

④ 欧洲电信标准化协会（European Telecommunications Standards Institute，

ETSI）。

⑤　美国通信工业协会（Telecommunications Industry Association，TIA）。

⑥　电信工业解决方案联盟（The Alliance for Telecommunications Industry Solutions，ATIS）。

⑦　日本电信技术委员会（Telecommunication Technology Committee，TTC）。

⑧　韩国电信技术协会（Telecommunications Technology Association，TTA）。

⑨　亚太地区电信标准化机构（Asia-Pacific Telecommunity Standardization Program，ASTAP）。

6.2　移动互联网运营分析

电信运营商曾经长期引领移动互联网业务的创新主导权。21 世纪初，以 NTT DoCoMo 的 i-Mode、沃达丰的 Vodafone Live！、中国移动的移动梦网（Monternet）为代表的"围墙花园"模式，创造了以短信（SMS）、彩信（MMS）、手机上网（GPRS/WAP）为技术基础的从语音向内容过渡的第一波移动通信革命。然而，随着 Apple 公司 2007 年推出的 iPhone 对手机进行重新定义和业务功能重新整合，以及 2008 年推出的 App Store，使得电信运营商的"围墙花园"式业务创新聚合模式逐步被产业链上游的"终端+操作系统（OS）+内容应用"的新型平台竞争模式所取代，电信运营商也很快失去了内容资源聚合的主导权和用户互联网入口的掌控权，逐步沦为"哑管道"。

在此之后，电信运营商也进行了一系列移动互联网业务的创新以摆脱"哑管道"的困境。包括大部分主流电信运营商纷纷推出自主或合作运营的手机应用商店，自主研发手机操作系统和智能终端设备，以及以 Vodafone 360 为代表的电信运营商对多媒体（音乐、视频、游戏等）、社交网络服务（SNS）等移动互联网业务的跟进模仿或整合创新模式。然而，这一阶段电信运营商发起的一系列移动互联网业务创新在很短的时间内就纷纷宣告失败。与此同时，如雨后春笋般涌现的移动互联网应用极大地激发了用户的移动数据消费需求，一方面免费 VoIP/IM 应用对电信运营商传统的语音、短信（SMS）和彩信（MMS）造成明显替代现象；另一方面，数据流量的暴涨对电信运营商的网络造成极大的压力。这一切使得电信运营商不得不对自身的优劣势和业务发展模式进行二次反思和新的转型模式的探索。

因此，在移动互联网时代，传统电信运营商面临网络压力不断加大、客户能力明显欠缺、硬件创新很少参与、封闭花园行将失败、流量费用众矢之的、自营业务不够专业、规模个性难以兼顾等困局[89]。面临困局，电信运营商必须全面反思，反思的关键是要认清自身的优势和弱势，结合移动互联网的内在规律和发展趋势，明确自身在移动互联网时代的角色定位。只有角色定位合理清晰，才能发挥优势，通过合作求得生存与发展。

1. 通信运营商目前所面临的挑战

（1）数据流量指数式激增，数据响应快速

目前，各类业务应用层出不穷，与此相对的是移动数据流量的指数式激增，同时由于用户体验要求的不断提高，对于数据流的传输也提出了快速响应的新要求。在这种情况下，移动运营商仍然固守现有的技术设备，在平台搭建、业务结构、管理模式以及客户需求分析等方面的发展受到明显约束[90]。

（2）移动数据服务与资费明显不匹配

目前移动运营商正在努力提高移动数据服务水平，以适应移动通信客户的要求，而资费收入却仍然处于较低水平，出现了明显的量收失衡的现象。另外，如果一味地根据数据服务成本计算提高服务资费，又很容易造成移动客户的流失。

（3）移动互联网模式对传统移动运营模式的冲击

移动互联网模式是在传统移动通信模式和互联网通信模式上再生的，但其对传统移动通信运营方式是一种明显的冲击，甚至是排斥。双向融合的模式要求移动运营商必须改变原有的资源出租这种低级单一的运营模式，而是依托现有客户资源进军互联网体系[91]。

2. 移动互联网时代的通信运营商应对策略

（1）干好本职工作——传统管道守江山

虽然通信运营商经营"哑管道"面临诸多难题而不得不寻求转型，但必须看到，构建"智能管道"并不是一朝一夕的事情。除所采用的技术手段并不十分成熟且不能很好地部署到网络中以外，"智能管道"的建设、营销以及管理模式等也需要一个全新的思维。因此，传统的管道还是要重视并建设、经营好。况且，运营商的最大优势恰恰在于拥有管道，任何业务的开展都离不开这些基础设施，就像基本的语音业务一样，运营商还得依靠它生存。通信运营商需要思考如何能够逐步扭转或改变一些不合理的商业模式现状，使上层业务提供者甚至用户认识到使用基础设施资源需要合理付费。

（2）不只做管道——智能管道寻出路

移动互联网已经成为拉动经济增长的引擎。因此，对于运营商来说，只做管道不足以抵抗移动互联网企业的冲击。当前运营商最主要的目标是要着眼于解决数据流量增长和收入不匹配所带来的一系列问题，逐步建立流量经营体系，摆脱传统的

经营带宽的"哑管道"模式，向引领产业新发展的"智能管道"转型。

"流量经营"是以运营商智能管道和产业链聚合平台为基础，重点聚焦小流量产品，以扩大流量规模、改善流量结构、丰富流量内涵为经营方向，以释放流量价值为目的的一系列理念、策略和行动的集合。要分别从管道管控、终端运营、内容运营和用户运营等方面开展流量经营，包括建立流量指标的集中化、智能化、常态化监控体系，对流量数据进行深度分析，精确定位用户需求，实现个性化流量服务，精准化业务推广与运营策略支撑手段，等等。只有从整个体系建立的角度着手，才能真正实现流量价值的提升、网络利用率的提升、客户上网体验的提升和运营商业务收入的提升。运营商管道化趋势难以避免，实施精细化流量经营是其必然出路。

打造智能管道，不同运营商可能有不同的实现方法，但其目标基本一致，即要达到用户可识别、业务可区分、流量可调控、服务可分级、资源可管理等目标，以此来应对 IP 流量的冲击，实现差异化、精细化管控和网络运营[92]。当前最主要的目标还是要着眼于解决流量增长和收入不匹配所带来的一系列问题，优化流量经营。对于运营商而言，要从打造智能化管道和实施智能化运营两个方面做起。打造智能化管道，就是要寻求资源与业务的智能优化配置，即以最优成本适配流量来提升资源效率，以最优资源适配业务来提升流量效能，实行并优化流量经营和流量管理。首先，应夯实 IT 基础设施，打造高效综合管道；其次，应推行管道差异化运营，提升现有管道价值，例如实现对接入质量的优先级设置，对用户进行流量限制约定，对不同业务种类进行区分以设置不同服务等级等；再次，推行流量差异化管理，重建流量增长和收入增长的关联性。通过引入策略控制架构等机制实现智能管道，意味着运营商可以针对差异化需求设计更有针对性的管道服务。例如，将高价值流量赋予较高的优先级，低价值流量赋予较低的优先级、分配较少网络资源等。这种精细化、差异化的管道运营服务能力将为运营商带来更高的价值。在应对收入成本方面，可通过实施分级分类管理模式，根据带宽资源占用情况、用户及收入规模等因素，确定带宽资源分配的优先级，从而逐步重建流量增长和收入增长的关联性。实施智能化运营，就是要积极推进基于网络能力开放的产业链整合和资源整合；同时，适应智能化运营的一整套管理体系也需要逐步建立和完善[93]。

（3）探索蓝海——移动互联网走向云平台

回顾移动互联网的发展，变革无处不在。由于 2G 移动网络带宽不足，网速有限，使得用户不得不更多地依靠手机端来完成各种作业。而借此机会，苹果开创了新的模式，用户利用苹果手机基于 iOS 的操作系统，从 App Store 下载应用软件，得到了前所未有的良好体验。然而，随着 3G、4G 网络的兴起，网络条件逐渐改善，加之未必每一个终端都能够适应基于端的模式，基于云的模式也开始逐渐兴起[94]。

云计算为建立高水平的处理系统提供了很好的能力，将改变互联网的基础设施、平台架构以及服务模式，使其更加集中化、智能化和服务化。目前，国内三大运营商都在积极布局基于基础资源和平台资源的云基础架构研发，基于业务管理和开放性开发能力的业务云平台研发，以及基于个人云和终端中间件的研发。

但是在庞大的用户需求之下，云的魅力需要通过管道的传递才能在终端实现。而目前逐渐兴起的轻应用，也需要管道来连接"云"和"端"[95]。在移动互联网走向高速发展的今天，端、管、云是移动互联网发展过程中不可或缺的三个环节。大数据和云计算等新型技术对通信领域的渗透，对运营商的网络运营、服务提供和业务管理带来了新的机遇和挑战。

（4）加强基于移动通信网络的新体系建设

移动运营商在激烈的市场竞争中必须加强融合新体系建设，在现有移动通信平台的基础上，加强互联网的开发。这一点也是国内三个移动运营商新竞争的开端。例如，进一步加强 3G 网络搭建，提高网络品质，挖掘更多客户；加强云计算、点对点传输等新技术的开发与应用，大幅提高网络应用效果，降低运营成本，提高产出比；此外，加强各代通信网络标准的研究融合，争取尽早制定一套科学合理的涵盖 2G、3G 以及移动互联的移动通信新标准体系，即加强移动通信和互联网通信两种通信模式各自技术服务的解耦，而促成其联合。

（5）加强互联网跨行业合作创新

在移动互联网业务蓬勃发展的时代，由于移动网络与互联网之间既存在内容与服务层面的竞争，也存在相互的合作，在充分借鉴互联网成功经验的基础上，移动互联网业务在创新中突出移动应用特色，在力求移动互联网业务多元化的同时，形成移动互联网业务自身的特色，避免与传统互联网业务同质化。

（6）加强客户需求细分

在移动互联网融合的新形势下，随着信息服务种类、方式的不定向爆炸式发展，客户需求也呈现多元化发展。在互联网向移动互联网融合变迁的过程中，只有把握住用户的需求才能真正实现对市场的把握。因此移动运营商加强客户需求划分能够最大限度地理顺客户需求分类，从而制定科学的需求方式，在子系统构建、营销方式等运营流程中能够尽量做到减少资源浪费，而且最大限度地满足最广泛客户的需求。

3. 小结

随着移动互联网的发展，通信运营商为了不被边缘化为管道提供者，必须从管理、业务、产业链、网络等方面进行全面改造完善，为移动互联网产品提供一个从基础架构、管理平台、统一认证、产业集群角度来搭建开发的体系，构建一个良好的移动互联网生态链。同时，积极采取创新超越战略，把握客户的核心需求，以互联网与人们生活方式结合，以及传统行业与互联网行业融合为切入点，借助新媒体、大数据，通过融入客户生活等多种方式，加强与客户的互动，提高洞察客户潜在需求的能力，发现客户未被满足的需求，并在此基础上进行产品创新，从而在市场竞争中赢得差异化优势。

缩　略　语

0～9

3G	3rd Generation Mobile Communication	第三代移动通信
3GPP	3rd Generation Partnership Project	第三代合作伙伴计划
4G	4rd Generation Mobile Communication	第四代移动通信
5G	5rd Generation Mobile Communication	第五代移动通信

A

AIE	Air Interface Evolution	空中接口演进
ARP	Address Resolution Protocol	地址解析协议
API	Application Program Interface	应用程序接口
ANSI	American National Standards Institute	美国国家标准学会

B

B2C	Business to Consumer	商家对客户
BAE	Browser based Application Engine	基于浏览器技术的应用引擎
BTS	Base Transceiver Station	基站收发台

C

CNNIC	China Internet Network Information Center	中国互联网络信息中心
CDMA	Code Division Multiple Access	码分多址
CCSA	China Communications Standards Association	中国通信标准化协会

D

DSP	Digital Signal Processing	数字信号处理
DHCP	Dynamic Host Configuration Protocol	动态主机配置协议
DLL	Dynamic Link Library	动态链接库
DOM	Document Object Model	文档对象模型

E

| ETSI | European Telecommunications Standards Institute | 欧洲电信标准化协会 |

F

FDMA	Frequency Division Multiple Access/Address	频分多址
FDD	Frequency Division Duplexing	频分双工
FTP	File Transfer Protocol	文件传输协议

G

GSM	Global System For Mobile Communications	全球移动通信系统
GPRS	General packet Radio Service	通用无线分组数据业务
GIS	Geographic Information System	地理信息系统

H

HLR	Home Location Register	归属位置寄存器
HSDPA	High Speed Downlink Packet Access	高速下行分组接入
HARQ	Hybrid Automatic Repeat Request	混合自动重传请求
HTML	HyperText Markup Language	超文本标记语言

I

IP	Internet Protocol	互联网协议
ISP	Internet Service Provider	互联网服务供应商
IPv4	Internet Protocol version 4	互联网协议版本 4
ISDN	Integrated Services Digital Network	综合业务数字网
ITU	International Telecommunications Union	国际电信联盟
ICMP	Internet Control Message Protocol	Internet 控制报文协议
ISA	International Federation of the National Standardizing Associations	国家标准化协会国际联盟
ISO	International Organization for Standardization	国际标准化组织
IEEE	Institute of Electrical and Electronics Engineers	电气和电子工程师协会
IEC	International Electrotechnical Commission	国际电工委员会

L

LTE	Long Term Evolution	长期演进
LBS	Location Based Service	基于位置的服务
LDPC	Low Density Parity Check	低密度奇偶校验码

M

MAP	Mobile Application Part	移动应用部分
MIMO	Multiple-Input Multiple-Out-put	多输入多输出
MBMS	Multimedia Broadcast Multicast Service	多媒体广播多播业务
MWC	Mobile World Congress	世界移动通信大会
MID	Mobile Internet Device	移动互联网设备

N

| NOMA | Non-Orthogonal Multiple-Access | 非正交多址接入 |

O

OFDM	Orthogonal Frequency Division Multiplexing	正交频分复用
OEM	Original Equipment Manufacturer	代工生产
O2O	Online To Offline	线上到线下

P

PDA	Personal Digital Assistant	个人数字助理
PSTN	Public Switched Telephone Network	公共交换电话网络
PSDN	Packet Switched Data Network	分组交换数据网
PDCP	Packet Data Convergence Protocol	分组数据汇聚协议

Q

| QoS | Quality of Service | 服务质量 |

R

RAN	Radio Access Network	无线接入网
RTT	Radio Transmission Technology	无线传输技术
RNC	Radio Network Controller	无线网络控制器
RAM	Random Access Memory	随机存储器
ROM	Read-Only Memory	只读存储器
RIA	Rich Internet Applications	富互联网应用
RFID	Radio Frequency IDentification	射频识别

S

SINR	Signal to Interference plus Noise Ratio	信号与干扰加噪声比
SSL	Secure Sockets Layer	安全套接层
SDK	Software Development Kit	软件开发工具包

SaaS	Software-as-a-Service	软件即服务
SNS	Social Networking Services	社交网络服务
SOA	Service Oriented Architecture	面向服务的体系结构

T

TDMA	Time Division Multiple Access	时分多址
TDD	Time Division Duplexing	时分双工
TDM	Time-Division Multiplexing	时分复用
TD-SCDMA	Time Division-Synchronous Code Division Multiple Access	时分同步码分多址

U

UIM	User Identity Module	用户识别模块
UMTS	Universal Mobile Telecommunications System	通用移动通信系统
UTRAN	UMTS Terrestrial Radio Access Network	UMTS 陆地无线接入网
UMIS	Urban Management Information System	城市管理信息系统
UE	User Equipment	用户设备
UPE	User Plane Entity	用户平面实体
URI	Universal Resource Identifier	统一资源标识符

V

| VLR | Visitor Location Register | 拜访位置寄存器 |

W

WAP	Wireless Application Protocol	无线应用通信协议
WLAN	Wireless LAN	无线局域网
WCDMA	Wide band Code Division Multiple Access	宽带码分多址
WiMAX	Worldwide Interoperability for Microwave Access	全球微波互联接入
WARC	World Administrative Radio Conference	世界无线电行政大会
WiFi	Wireless-Fidelity	无线保真

X

| XAML | EXtensible Application Markup Language | 可扩展应用程序标记语言 |
| XML | EXtensible Markup Language | 可扩展标记语言 |

参 考 文 献

[1] 郑凤. 移动互联网技术架构及其发展[M]. 北京: 人民邮电出版社, 2013.

[2] 魏传林. 移动互联网的终端、网络与服务研究[J]. 通讯世界, 2016(02): 49.

[3] 程高飞. 移动互联网信息安全现状与对策[J]. 电子技术与软件工程, 2018(20): 209.

[4] 尤肖虎, 张川, 谈晓思, 金石, 邬贺铨. 基于 AI 的 5G 技术——研究方向与范例[J]. 中国科学: 信息科学, 2018, 48(12): 1589-1602.

[5] 许爱装. 数字移动通信综述[J]. 移动通信, 1994(06): 12-16.

[6] 张松磊, 陈小倩, 陈功伯. 5G 移动通信发展趋势与若干关键技术探究[J]. 数字通信世界, 2018(03): 60.

[7] 张然. 5G 移动通信网络关键技术研究[J]. 信息与电脑（理论版）, 2018(23): 168-169.

[8] 陈威兵. 移动通信原理[M]. 北京: 清华大学出版社, 2016.

[9] 李睿, 刘旭峰, 高敏, 迟建. 5G 发展动态与运营商应对策略[J]. 信息通信技术, 2018, 12(04): 59-65.

[10] 杜滢, 朱浩, 杨红梅, 王志勤, 徐杨. 5G 移动通信技术标准综述[J]. 电信科学, 2018, 34(08): 2-9.

[11] 3GPP.TS23.501-2018,System Architecture for the 5G System[EB/OL].2018(06-19).https://portal. 3gpp.org/desktopmodules/Specifications/SpecificationDetails.aspx? specificationId=3144.

[12] 王爱宝, 仝建刚, 崔勇. 移动互联网技术基础与开发案例[M]. 北京: 人民邮电出版社, 2012.

[13] 国家工业和信息化部电信研究院发布《移动终端白皮书》[J]. 物联网技术, 2012, 2(06): 89.

[14] 王敬, 移动互联网技术的发展趋势和热点业务[J]. 通讯世界, 2016(23): 15-16.

[15] 崔勇, 张鹏. 无线移动互联网[M]. 北京: 机械工业出版社, 2012.

[16] 杨建中. 移动智能终端发展趋势探析[J]. 中国新通信, 2018, 20(15): 28-29.

[17] 张笛, 何双旺. 移动终端人工智能发展趋势[J]. 中国电信业, 2018(10): 40-43.

[18] 吕克.浅谈 5G 时代移动终端发展趋势[J/OL].中国培训:1[2019-02-26].https://doi.org/10.14149/j. cnki.ct.20170614.153.

[19] 杨彦格. 3G 移动终端软硬件技术发展趋势[J]. 移动通信, 2012, 36(03): 74-78.

[20] 宋绍义, 吕廷杰, 陈霞. 移动互联网发展及其核心业务运营预测研究[J]. 移动通信, 2014, 38(09): 80-84.

[21] 岳园. 构建移动互联网应用基础设施——打造"开放花园"[J]. 通讯世界, 2016(07): 238.

[22] 落红卫. 移动操作系统现状分析与发展建议[J]. 保密科学技术, 2015(07): 25-29.

[23] 王昕. 计算机物联网关键技术及应用[J]. 电子技术与软件工程, 2018(21): 136.

[24] 魏传林. 移动互联网的终端、网络与服务研究[J]. 通讯世界, 2016(02): 49.

[25] 刘谦, 朱锁. 对智能终端发展关键技术研究[J]. 中国新通信, 2016, 18(01): 14.

[26] W3C．Requirement For Standardizing Widgets[S/OL].W3C Working Group Note 27 September 2011.(2011.9.27)[2010.10.26].http：//www.w3.org/TR/Widgets-reqs/.

[27] 廖军. 移动微件技术及标准进展[J]. 移动通信., 2010, 34(Z1): 82-85.

[28] OMTP and BONDI 规范. BONDI, http：//www.omtp.org/.

[29] 黎芳萍. 面向物联网的跨平台移动应用设计与实现[D]. 海南大学, 2017.

[30] 牛安琪. 基于安卓 Widget 的业务解耦引擎研究[D]. 北京邮电大学, 2018.

[31] Richard Y. jQuery JavaScript 与 CSS 开发入门经典[M]. 北京: 清华大学出版社, 2010.

[32] 程宝平, 杨晓华, 朱春梅. 移动微技应用开发权威指南[M]. 北京: 电子工业出版社, 2010.

[33] 刘通. 移动 Widget 技术探讨[J]. 通讯世界, 2015(08): 85.

[34] 何畔龙. 基于 WebKit 的移动多 Widget 应用平台的研究与实现[D]. 电子科技大学, 2013.

[35] ikipedia. Mashup (Web application hybrid) [EB/OL].http：//en.wikipedia.org/wiki/Mashup_(Web_appli cation_hybrid)，2009-11-20.

[36] Autodesk. 当数字设计遇到混搭[EB/OL]. http：//usa.autodesk.com/adsk/servlet/item?siteID= 117 0359&id=13584347.

[37] 何政儒. 网站新技术 Web2.0 在本会信息业务之应用研究[EB/OL]. http：//www.cepd.gov.tw/att/0012896/0012896.pdf, 2009-01-11.

[38] Autodesk. 当数字设计遇到混搭[EB/OL]. http：//usa.autodesk.com/adsk/servlet/item?siteID= 11703 59&id=13584347.

[39] 任呈祥. 面向 Mashup 的服务开发环境分析与仿真实现[D]. 海南大学, 2017.

[40] FrancisShanahan. Mashups Web 2.0 开发技术: 基于 Amazon.com[M]. 北京: 清华大学出版社, 2008.

[41] 代金晶. 基于 Mashup 的大学生个人学习环境构建研究[J]. 图书馆研究, 2017, 47(05): 81-85.

[42] 李赛男. 一种服务端 mashup 框架的设计与实现[D]. 华侨大学, 2013.

[43] 刘建勋, 石敏, 周栋, 唐明董, 张婷婷. 基于主题模型的 Mashup 标签推荐方法[J]. 计算机学报, 2017, 40(02): 520-534.

[44] 曹步清, 文一凭, 王少伟. 基于 Restful 的 Mashup 应用服务系统[J]. 计算机应用与软件, 2016, 33(02): 17-20+50.

[45] 薛扬. 基于 REST 服务的 Mashup 平台研究与实现[D]. 北京邮电大学, 2016.

[46] Ke X , Xiaoqi Z , Meina S , et al. Mobile mashup: Architecture, challenges and suggestions[C]// International Conference on Management & Service Science. IEEE, 2009.

[47] Qian Z , Xianglong W . The Research and Implementation of a RESTful Map Mashup Service[C]// Second International Conference on Communication Systems. 2010.

[48] Wang A , Jun Z , Jiang W . Useful resources integration based on Google Maps[C]// International Conference on Computer Science & Education. IEEE, 2009.

[49] 黄佳音. Mashup 研究现状、机遇与挑战[J]. 中国电子商情: 通信市场, 2011, (6): 140-144.

[50] Tim O Reilly. *What is Web2.0*.China Internet Weekly [J]. 2005 年, 40 期.

[51] 何伟, 崔立真, 任国珍, 李庆忠, 李婷. 移动计算环境下基于动态上下文的个性化 Mashup

服务推荐[J]. 中国科学: 信息科学, 2016, 46(06): 677-697.

[52] Jesse James Garrett. Ajax：A New Approach to Web Applications.2005．http：//www.adaptivePath.
com/Publications/essays/arehives/000385.php.

[53] 黄金山. 基于 AJAX 与 J2EE 的新型 Web 应用的设计与实现[J]. 网络安全技术与应用, 2014(9).

[54] 阎宏，Java 与模式[M]. 北京: 电子工业出版社, 2002.

[55] Zepeda J, Chapa S. From Desktop Applications Towards Ajax Web Applications.2007 4th
International Conference on Electrical and Electronics Engineering(ICEEE2007), Mexico City,
2007: 194-195.

[56] 冯曼菲. 精通 Ajax:基础概念、核心技术与典型案例[M]. 北京: 人民邮电出版社, 2008.

[57] 田太平.Ajax 技术在 Web2.0 中的应用[J]. 电脑编程技巧与维护, 2010(18): 93-94.

[58] 张升平.Ajax 在优化 Web 系统中的应用[J]. 通信技术, 2009, 42(2): 286-288.

[59] 郝洁.ASP. NET AJAX 框架在 Web 开发中的应用[J]. 电子技术与软件工程, 2017(17): 55.

[60] 温立辉.AJAX 异步交互技术浅析[J]. 山东工业技术, 2017(04): 213.

[61] 刘近勇，张建嵘. 邮电设计技术[J]. 2007, 9(7): 49-53.

[62] 赵威. 云计算环境下的大规模图数据处理技术研究[J]. 科技传播, 2017, 9(19): 53-54+65.

[63] 续蕾. 基于云计算技术的 IT 业应用研究[J]. 电脑学习, 2010, (3): 8-10.

[64] 史煜玲. 面向云计算的网络化平台研究与实现[J]. 电子制作, 2013(08): 160.

[65] 吴宏杰. 借助大数据和云计算技术挖掘计量数据增值价值[J]. 中国计量, 2017(12): 27-32.

[66] 刘义军. 基于云计算平台的个人信息融合系统的研究与实现[D]. 北京邮电大学, 2010.

[67] 贾如春，叶慧仙. 浅析基于云计算安全架构 Google 云原理应用与发展[J]. 电脑迷, 2018(02):
19+31.

[68] 姜奇平. APP Store 的经济学. 互联网周刊, 2011 年第 9 期.

[69] 张子妍. 大数据和云计算环境下的 Hadoop 技术研究[J]. 中国管理信息化, 2017, 20(13):
177-179.

[70] R. Buyya, C.S. Yeo, S. Venugopal, "Market-Oriented Cloud Computing: Vision, Hype, and Reality
for Delivering IT Services as Computing Utilities", The 10th IEEE International Conference on
High Performance Computing and Communications.

[71] Cloud computing in the Enterprise, http://csis.pace.edu/marchese/CS865/ Cloud computing in the
enterprise.ppt.

[72] 郭旭. 云计算在医院信息化建设中的应用研究[J]. 电子世界, 2017(12): 31-31.

[73] 郗小明，徐军库. 云计算在移动互联网上的应用[J]. 计算机科学, 2012, 39(10): 101-103.

[74] 李子姝，谢人超，孙礼，黄韬. 移动边缘计算综述[J]. 电信科学, 2018, 34(01): 87-101.

[75] 边缘计算参考架构 2.0（中）[J]. 自动化博览, 2018.

[76] 施巍松，张星洲，王一帆，张庆阳. 边缘计算: 现状与展望[J]. 计算机研究与发展, 2019, 56(01):
69-89.

[77] 齐彦丽，周一青，刘玲，田霖，石晶林. 融合移动边缘计算的未来 5G 移动通信网络[J]. 计算
机研究与发展, 2018, 55(03): 478-486.

[78] 李子姝，谢人超，孙礼，黄韬. 移动边缘计算综述[J]. 电信科学, 2018, 34(01): 87-101.

[79] 周玮，王凤明. 移动边缘计算促进 5G 发展的分析[J]. 数字通信世界, 2018(12): 68.

[80] 李荟娆. 电子商务中的社交网络服务应用研究[J]. 现代经济信息, 2018(10): 338.

[81] 刘经南，郭迟，彭瑞卿. 移动互联网时代的位置服务[J]. 中国计算机学会通讯, 2011, 12(7): 40-50.

[82] 马强，付艳茹. 基于手机 LBS 位置服务的社交网络分析[J].宁波职业技术学院学报，2016, 20(04): 92-96.

[83] 陈月峰，李炳泉，彭凌西，等. LBS 移动社交资源共享平台的设计与实现[J]. 电子技术应用, 2013, 39(9): 139-141.

[84] 叶健明. 移动电子商务应用与发展趋势探究[J]. 中国高新区, 2017(07): 122.

[85] 周洪波. 物联网：技术、应用、标准和商业模式[M]. 北京：电子工业出版社, 2010.

[86] 张普宁. 面向物联网搜索服务的实体状态匹配估计方法研究[D]. 北京邮电大学, 2017.

[87] 高云全，李小勇，方滨兴. 物联网搜索技术综述[J]. 通信学报, 2015, 36(12): 57-76.

[88] 方滨兴，刘克，吴曼青，等. 网络空间搜索技术白皮书[R]. 北京：国家自然科学基金委员会信息科学部, 2015.

[89] 彭华. 移动互联网时代的商业模式创新[J]. 中外企业家, 2017(11): 7.

[90] 郭宇. 移动互联网时代电信运营商商业模式创新研究[D]. 江西财经大学, 2014.

[91] 张小波. 大数据背景下运营商移动互联网发展策略研究[J]. 无线互联科技, 2018, 15(18): 31-32.

[92] 冯伟，周江卫，彭海燕. 在互联网+时代运营商智能管道发展思路探讨[J]. 广东通信技术, 2016, 36(03): 2-5.

[93] 郭振江，王琳. 基于移动互联网的智能管道系统解决方案实践与应用[J]. 科技风, 2016(07): 196-197.

[94] 陈希. 移动互联网环境下的云计算安全技术体系与架构[J]. 中国新通信, 2018, 20(17): 61-62.

[95] 张丁. 面向云端融合的移动互联网应用运行平台[J]. 数字通信世界,2017(05): 147-148.

反侵权盗版声明

　　电子工业出版社依法对本作品享有专有出版权。任何未经权利人书面许可，复制、销售或通过信息网络传播本作品的行为；歪曲、篡改、剽窃本作品的行为，均违反《中华人民共和国著作权法》，其行为人应承担相应的民事责任和行政责任，构成犯罪的，将被依法追究刑事责任。

　　为了维护市场秩序，保护权利人的合法权益，我社将依法查处和打击侵权盗版的单位和个人。欢迎社会各界人士积极举报侵权盗版行为，本社将奖励举报有功人员，并保证举报人的信息不被泄露。

举报电话：（010）88254396；（010）88258888

传　　真：（010）88254397

E-mail：　dbqq@phei.com.cn

通信地址：北京市万寿路 173 信箱

　　　　　电子工业出版社总编办公室

邮　　编：100036